1 MONTH OF
FREE
READING

at
www.ForgottenBooks.com

By purchasing this book you are eligible for one month membership to ForgottenBooks.com, giving you unlimited access to our entire collection of over 700,000 titles via our web site and mobile apps.

To claim your free month visit:
www.forgottenbooks.com/free456939

ISBN 978-0-483-16586-1
PIBN 10456939

This book is a reproduction of an important historical work. Forgotten Books uses state-of-the-art technology to digitally reconstruct the work, preserving the original format whilst repairing imperfections present in the aged copy. In rare cases, an imperfection in the original, such as a blemish or missing page, may be replicated in our edition. We do, however, repair the vast majority of imperfections successfully; any imperfections that remain are intentionally left to preserve the state of such historical works.

For support please visit www.forgottenbooks.com

BIBLIOTHÈQUE UNIVERSELLE

DES

SCIENCES, BELLES-LETTRES ET ARTS,

RÉDIGÉE A GENÈVE.

1834. — Tome II.

SCIENCES ET ARTS.

GENÈVE,

IMPRIMERIE DE LA BIBLIOTHÈQUE UNIVERSELLE.

PARIS,

ANSELIN (SUCCESSEUR DE MAGIMEL), LIBRAIRE, RUE DAUPHINE, Nº 9.

BRUXELLES,

L. HAUMANN ET COMPᵉ, LIBRAIRES, RUE NEUVE, Nº 103.

BIBLIOTHÈQUE

UNIVERSELLE

DES

SCIENCES, BELLES-LETTRES ET ARTS,

RÉDIGÉE A GENÈVE.

FAISANT SUITE A LA BIBLIOTHÈQUE BRITANNIQUE.

XIXme ANNÉE.

SCIENCES ET ARTS. — Tome LVI.

GENÈVE,
IMPRIMERIE DE LA BIBLIOTHÈQUE UNIVERSELLE.

PARIS,
ANSELIN (SUCCESSEUR DE MAGIMEL), LIBRAIRE, RUE DAUPHINE, Nº 9.

BRUXELLES.
L. HAUMANN ET COMPe, LIBRAIRES; RUE NEUVE, Nº 103.
—
1834.

PFr 129.1

PFr 129.1

1861, Nov. 22.

BOTANIQUE.

FRAGMENT D'UN DISCOURS SUR LA GÉOGRAPHIE BOTANIQUE ;
prononcé à Genève, le 16 juin 1834, dans une cérémonie académique; par M. Alph. DE CANDOLLE, Pro-
fesseur de botanique rurale.

————————

(Ce discours n'ayant pas été rédigé pour l'impression, l'auteur a
dû supprimer le commencement, qui n'avait trait qu'à la cérémonie
académique dans laquelle il a été prononcé. Les preuves de plusieurs assertions, omises par égard pour un auditoire en partie
étranger aux questions scientifiques, ont été ajoutées sous forme
de notes).

————

..... Une seule branche de la botanique importe
également et à la recherche des espèces indigènes et
à la culture des plantes étrangères. Je veux parler de la
géographie botanique.

Son but est l'examen des végétaux, sous le point de
vue de leur distribution à la surface de la terre ; étude
dont on recueille les élémens et les preuves dans les herborisations, les voyages et les travaux purement botaniques de quelques auteurs, et qui a des applications importantes à l'horticulture. Celle-ci consiste souvent, en effet,
à imiter pour chaque espèce, les circonstances physiques

de son pays natal. Dans un jardin botanique surtout, où l'on reçoit dés graines de pays lointains et d'espèces inconnues, le problème principal est de varier la dose et les alternatives de chaleur, d'humidité, de lumière, suivant les pays d'où proviennent les plantes que l'on cultive. Je ne connais rien, si ce n'est l'espace et la dépense, qui empêche de réunir dans un jardin la presque totalité des productions végétales du globe; mais il faudrait grouper les espèces d'après leur origine et leur manière de vivre dans le pays où elles croissent naturellement. Aux plantes des forêts épaisses des régions intertropicales une demi-obscurité, un riche terreau de feuilles décomposées, une atmosphère uniformément chaude et humide ; aux plantes des sables de l'Afrique, beaucoup de soleil, un terrain léger, échauffé quelquefois jusqu'à 3o ou 35 degrés, un air sec, chaud pendant le jour, froid pendant la nuit.

Pour un amateur d'horticulture, ce serait un but intéressant de se proposer l'imitation complète d'un pays très-différent du nôtre, et de réunir dans une même serre les plantes qui le caractérisent avec le climat qui leur convient. Cette réflexion m'est venue en parcourant le jardin royal de Kew, près de Londres, celui peut-être où la diversité des climats est le mieux imitée. Les serres y sont petites, mais nombreuses, et le visiteur passe avec intérêt du climat de l'Inde, à celui de la Nouvelle-Hollande, du Cap ou du Brésil.

Sans doute un jardin botanique aussi modeste que celui de Genève, ne peut pas viser à une culture aussi savante ; mais il n'est pas rare que nous soyons obligés de recourir à la géographie physique, pour nous guider dans la culture de quelques plantes. Ainsi nous livrons, en pleine terre, aux hasards de nos sécheresses prolongées et de nos variations de température, les espèces du Chili, ou des hautes montagnes de l'Inde, tandis que nous abritons avec soin celles de la Nouvelle-Hollande, du Cap, ou des bords de la mer Méditerranée.

Dans les herborisations, l'examen des circonstances qui conviennent à chaque espèce et la comparaison des végétations propres à diverses localités, sont les points de vue les plus intéressans à suivre.

Quel pays d'ailleurs est plus propre que le nôtre à des recherches de ce genre! La nature du terrain varie à chaque pas. Nous avons des collines et des marais, le littoral d'un lac et de deux rivières, des forêts de nature diverse, et surtout des montagnes qui offrent toutes les expositions, toutes les hauteurs, du niveau du lac jusqu'à la neige éternelle.

N'est-ce pas un problème intéressant de comparer la végétation dans des circonstances si variées, d'étudier la station habituelle des espèces, leur degré de fréquence ou de rareté, de dispersion ou de réunion, de suivre leur analogie avec les plantes de pays éloignés?

Lorsque, fatigués d'avoir gravi péniblement, au plus fort de l'été, la Dôle ou le Mont Vergy, nous nous reposons sur une pelouse fleurie que la neige vient à peine d'abandonner, combien de réflexions ne font pas naître ces plantes alpines qui nous entourent! Ce sont, pour la plupart, les mêmes espèces que foulent aux pieds les habitans de la Laponie, du Groënland; les mêmes espèces qui ont réjoui la vue des intrépides voyageurs Franklin, Ross, Parry, lorsque les régions polaires, jusqu'à eux inconnues, se dépouillaient sous leurs pas, pour quelques semaines, de leur triste manteau de neige. Les sommités de nos montagnes sont aussi couvertes de neige pendant la plus grande partie de l'année, et dans une atmosphère aussi rare, l'intensité de la lumière doit agir sur les végétaux, comme la longueur excessive des journées d'été, dans les régions polaires.

Est-ce donc que les formes végétales seraient distribuées uniquement d'après les conditions physiques de chaque localité?

Mais alors éloignons notre point de comparaison.

Sur la chaîne immense de l'Himalaya, prenons un point aussi semblable que possible à l'une de nos sommités des Alpes, avec un hiver de la même longueur, une exposition semblable, une distance égale de la neige perpétuelle. Eh bien! les genres seront souvent les mêmes, mais les espèces presque toutes différentes.

Y a-t-il donc des lois qui président à la distribution des espèces végétales? Sont-elles nées dans les lieux mêmes où nous savons, par d'antiques monumens, qu'elles végètent depuis tant de siècles? Ont-elles été transportées d'un centre commun, ou de plusieurs centres divers, par les cours d'eau, par le vent, par ces oiseaux dont les migrations nous étonnent, ou par l'homme, cet être qui domine la nature, qui change de vastes déserts en pays fertiles, qui porte la hache et le feu dans les forêts primitives, et dont l'activité croissante modifie de plus en plus la surface de la terre?

L'imagination fait concevoir l'étendue et l'intérêt de ce genre de questions, sur lesquelles les sciences historiques ne donnent que bien peu de renseignemens.

Linné a posé les premières bases de la géographie botanique ; mais c'est surtout dans le commencement de notre siècle, que des savans distingués en ont fait un objet spécial d'examen. Je crois même que toutes les lois qui expriment la distribution des végétaux, se trouvent établies ou indiquées dans les ouvrages de quatre naturalistes seulement, MM. De Humboldt (1), De Candolle (2), R. Brown (3) et Schouw (4). Plusieurs années se sont écoulées depuis la publication de leurs ouvrages 'sur ce point de la science, et il est curieux de voir combien les faits nouvellement découverts, confirment les lois que ces naturalistes ont reconnues.

A aucune époque cependant le champ de la science ne s'était étendu subitement comme dans ces dernières années. Les voyages lointains devenus faciles se sont beaucoup multipliés. L'extension des colonies a permis

---

(1) Humb. *Essai sur la géographie des Plantes*, Paris 1807. *Tableau de la nature*, 2 vol. in-12. Paris 1808. *Prolegomena* en tête des *Nov. gen. amer.* In-4°. Paris, 1815. *Dict. des Sc. Nat.* vol. 18, année 1820.

(2) DC. *Fl. franç.* 1805. *Mém. d'Arcueil*, T. III, 1817. *Essai de géog. bot.* dans le *Dict. des Sc. Nat.* 18, année 1820.

(3) Br. *General remarks on the botany of Terra Australis*, in-4° Londres 1814. *Observations on herb. of Congo*, broch. in-4°. Londres 1818. *Chloris Melvilliana*, broch. in-4°. Londres 1823.

(4) Schouw, *de sedibus plantarum originariis*. Havniæ 1816. *Géographie des plantes*, en danois et en allemand. In-8°, 1825.

aux naturalistes de séjourner dans des pays où leurs prédécesseurs n'avaient fait que passer ; avantage immense pour la géographie botanique, car pour comparer utilement des végétations diverses, ils faut des Flores complètes ou à peu près, et pour en recueillir les élémens, un séjour prolongé est nécessaire, surtout dans les pays d'une grande étendue.

Quelques Flores d'îles petites et éloignées sont des modèles à suivre dans ce genre d'ouvrages. Il est vrai qu'elles ont été faites depuis les progrès récens de la botanique, et qu'elles concernent des pays non cultivés, où le nombre des espèces indigènes est peu considérable.

La végétation de Tristan d'Acunha, volcan insulaire, perdu, comme Sainte-Hélène, au milieu de l'océan le plus vaste, a été fort bien décrite successivement par deux voyageurs Du Petit-Thouars et Carmichaël. On vient de publier une Flore très-complète de la petite île de Norfolk, située entre la Nouvelle-Hollande, la Nouvelle-Zélande et la Nouvelle-Calédonie (1). Un officier de marine distingué, M. d'Urville, a fait une Flore des îles Malouines, remarquable par son exactitude, par des aperçus de géographie botanique, et par l'emploi d'un moyen numérique pour apprécier le degré de fréquence des espèces.

Les voyageurs qui ont exploré depuis quelques années des pays plus vastes, accablés sous le fardeau des

(1) Endlicher, *Prodr. Flor. Norfolk.* Vindob. 1833 ; ouvrage rédigé d'après les matériaux recueillis par feu F. Bauer, le célèbre peintre-botaniste.

richesses botaniques par eux découvertes, n'ont pas encore achevé les publications importantes qu'ils ont commencées. Ce que l'on en connaît surprend les botanistes par le nombre immense d'espèces qu'elles ajoutent à la portion déjà connue du règne végétal. On peut croire sans exagération que, depuis une quinzaine d'années, les voyageurs ont rapporté dans les herbiers ou les jardins d'Europe, plus d'un millier d'espèces nouvelles par année, dont, il est vrai, une partie est encore inédite. A la mort de Linné on ne connaissait guère que 8,000 espèces; on en connaît maintenant plus de 60,000 !

Nous avons vu quatre voyageurs, MM. de St. Hilaire, Pohl, de Martius et Sello, revenir séparément du Brésil, chacun avec une collection de cinq à six mille espèces, dont les deux tiers paraissent absolument nouvelles et différentes d'une collection à l'autre.

Un naturaliste envoyé par la Société d'Horticulture de Londres, au nord-ouest de l'Amérique, dans les Montagnes Rocheuses, a recueilli deux ou trois mille espèces, dont plusieurs ornent aujourd'hui nos jardins. M. le Dr. Hooker publie une Flore très-bien faite de la région arctique de l'Amérique du nord, au moyen des collections rapportées à l'Amirauté anglaise par divers voyageurs.

M. le Dr. Blume possède les matériaux d'une Flore de Java et Sumatra, dont le gouvernement des Pays-Bas avait commencé la publication, et dont un abrégé presque complet a déjà paru à Batavia.

Les vastes possessions de la Compagnie des Indes, ont été explorées en tout sens par des naturalistes, surtout par l'infatigable et généreux Wallich, qui, non content d'avancer la science par ses propres ouvrages, a fait partager, au nom de la Compagnie des Indes, entre les principaux botanistes de l'Europe, un herbier de dix mille espèces, fruit des travaux de vingt années. Son exemple est suivi par MM. Royle et Wight, qui ont séjourné dans les hautes montagnes de l'Inde.

Les botanistes russes pénétrant vers le centre de l'Asie, à la suite des légations ou des armées victorieuses de leur souverain, ont visité le nord de la Chine (1), la longue chaîne des Monts Altaï (2), le Caucase et même le Mont Ararat,

Ainsi le plateau situé au centre de ce vaste continent, a été reconnu de tous les côtés, par les naturalistes des deux nations. Ils l'ont investi comme une forteresse ; mais cette forteresse a 300 lieues de diamètre, et personne encore n'a pu y pénétrer.

Une grande partie de la Nouvelle-Hollande est également inconnue, de même que le centre de l'Afrique, ce tombeau des voyageurs.

On avance néanmoins dans cette partie du monde comme dans les autres. Le district central de l'île de Madagascar a été exploré par deux Allemands, MM. Bojer et Hilsenberg, et le Sénégal par MM. Le Prieur et Perrottet, qui publient, à Paris, une Flore intéressante de cette région.

Je ne rapelle ici que les botanistes qui ont séjourné dans des pays peu connus avant eux. D'autres, en grand

---

(1) Bunge, *Enum. plant. chin. bor.* Mém. de l'Acad. de Pétersb.

(2) Ledebours, *Fl. Alt.* Trois volumes ont déjà paru à Berlin.

nombre, ont enrichi les collections et les ouvrages de botanique, par des voyages plus rapides, moins célèbres, ou dans des pays moins nouveaux pour la science.

En recherchant jusqu'à quel point les nouvelles découvertes modifient les lois de géographie botanique, je ne parlerai pas de la distribution des végétaux par stations, c'est-à-dire dans des localités différentes d'un même pays, comme les forêts, les montagnes, les eaux douces ou salées, les marais, etc. Il est trop évident que dans l'intérieur d'un même pays, les graines sont entraînées d'un point à l'autre, par le vent et par d'autres causes accidentelles, et que dans chaque localité il ne peut s'établir que les espèces dont l'organisation s'accommode le mieux des circonstances physiques propres à cette localité.

Cette cause de la distribution des végétaux par stations n'étant pas contestée, je préfère vous parler des habitations des plantes, c'est-à-dire de leur distribution géographique et non topographique, de leur position dans tel pays plutôt que dans un autre, sous tel ou tel degré de latitude. Des lois remarquables, des hypothèses hardies, ont été énoncées à cet égard. Voyons comment elles s'arrangent de tant de faits découverts depuis peu.

———

On admet généralement que *le nombre des espèces qui végètent dans un pays d'une certaine étendue, est d'autant plus considérable que ce pays est plus rapproché de l'équateur.*

Cette loi se confirme tous les jours, si vous l'entendez d'une manière très-générale, si vous comparez, par exemple, toute l'entendue de la zône torride, avec la zône tempérée, et celle-ci avec la zône glaciale. Mais dans chacune de ces zônes, il y a des variations.

Ainsi les îles ont d'autant moins d'espèces par lieue carrée, qu'elles sont plus petites et plus éloignées, non-seulement de l'équateur, mais aussi des autres terres. En voici un exemple : les deux îles qui forment la Nouvelle-Zélande, sont égales en surface à l'Italie et à la Sicile réunies, et se trouvent dans l'autre hémisphère à la même distance de l'équateur. Or l'Italie et la Sicile possèdent environ 7,000 espèces, tandis que la Nouvelle-Zélande ne doit pas en contenir plus de sept on huit cents Il paraît en effet que les 400 espèces recueillies jusqu'à présent dans cette région (1), forment au plus la moitié de sa Flore. Une telle différence, de 10 à 1, pour une même surface, tient à ce que la Nouvelle-Zélande est éloignée de 150 lieues des petites îles de la Mer du Sud, et de 600 lieues de la Nouvelle-Hollande.

En comparant, de même les grandes îles ou continens, M. R. Brown avait remarqué que la progression vers l'équateur, n'existe pas dans la Nouvelle-Hollande, ni en Afrique. Il plaçait le maximum du nombre des espèces pour ces régions, entre 30 et 35 degrés de latitude australe. A ces pays plus riches en espèces que leur latitude ne l'indique, on peut bien ajouter les bords de

(1) Voy. Ach. Richard, *Flor. de la Nouv. Zélande*, dans le *Voyage de l'Astrolabe*, part. bot. Paris 1833.

la mer Méditerranée, l'archipel de la mer des Indes, et toute l'Amérique intertropicale. Au contraire l'Arabie, la Perse, la Tartarie et l'Inde continentale, sont moins riches que la moyenne des pays situés sous la même latitude. On peut remarquer que ces dernières régions souffrent de la sécheresse, tandis que les autres jouissent d'une humidité favorable.

A surface égale et sous les mêmes degrés de latitude, l'Amérique présente en général plus d'espèces de végétaux que l'Asie, et celle-ci plus que l'Afrique. La même différence s'observe dans la distribution des animaux supérieurs, les vertébrés. Ces faits s'accordent avec la diversité des conditions physiques propres à l'Amérique, en comparaison des autres parties du monde, surtout de l'Afrique. Ce dernier continent offre peu de hautes montagnes, et beaucoup de déserts ou de plaines arides.

L'Asie, il est vrai, présente autant de montagnes que l'Amérique ; mais ses chaînes principales sont dirigées de l'est à l'ouest, tandis que dans le continent américain elles vont toutes du nord au midi. Il en résulte pour ce dernier, un nombre beaucoup plus grand de stations différentes, puisque sous chaque latitude on trouve toutes les hauteurs.

C'est donc en raison composée de la chaleur, de l'humidité, et de la diversité des stations, que le nombre absolu des espèces augmente ou diminue, abstraction faite des îles éloignées, où un quatrième élément, celui de la distance, influe plus que tous les autres (1).

(1) Le nombre absolu des espèces est connu seulement pour quel-

La proportion des espèces de chacune des grandes classes, est plus aisée à connaître pour chaque pays, que le
nombre absolu des espèces.

ques régions européennes et quelques îles de peu d'étendue. Il faut
aussi remarquer que certains auteurs de Flores regardent comme
espèces distinctes, ce que d'autres considèrent comme des variétés;
que les uns comptent les espèces généralement cultivées, et que d'autres les éliminent; que dans les pays anciennement civilisés beaucoup
d'espèces ont été introduites et se trouvent naturalisées sans que l'on
puisse le constater. La France, dans ses limites actuelles, contient,
d'après le *Botanicon gallicum* de MM. De Candolle et Duby, 7194.
espèces. La Flore d'Allemagne de MM. Bluff, Fingerhutt et Wallroth, auteurs qui divisent volontiers les espèces, et qui comprennent
nent la Carniole et la Carinthie dans l'Allemagne, présente, pour
une surface plus grande que celle de la France, 6977 espèces; la
Flore de Suède, de M. Wahlenberg, 2327; celle de Laponie, du
même auteur, 1087.

La Flore de l'île Maurice (lat. S. 20°), d'après M. Neraud (Voy.
de Freycinet, part. bot.), compte 830 espèces; celle de l'île de Norfolk (29° l. S.), d'après Bauer et M. Endlicher, 152; celle de Tristan d'Acunha (36° l. S.), d'après du Petit Thouars et Carmichaël,
110; celle des îles Malouines (51 - 52° l. S.), d'après MM. d'Urville
et Gaudichaud, 214. Ces Flores d'îles peuvent être regardées comme
aussi près d'être complètes que la plupart des Flores européennes,
citées précédemment.

Quand il s'agit de pays moins bien connus, les botanistes en sont
réduits à estimer le nombre total des espèces d'après quelques données, comme la durée du séjour des voyageurs, l'étendue de leurs
collections, le nombre d'espèces nouvelles qu'elles contiennent, celui
des espèces différentes d'une collection à l'autre, etc. En pesant
toutes ces considérations, on arrive à une estimation assez juste,
surtout s'il s'agit de comparer deux pays, connus à peu près au même
degré.

Je rappellerai d'abord que le règne végétal se divise en *Cryptogames* et *Phanérogames*, et chacune de ces deux grandes classes en deux autres. La première comprend d'abord les cryptogames proprement dites, telles que les champignons, algues, lichens (1), puis les mousses, fougères et plantes analogues (2). L'autre division comprend les *Monocotylédones* et *Dicotylédones*.

Un voyageur naturaliste, attaché à plusieurs grandes expéditions, M. Gaudichaud (3), a récemment élevé des doutes sur cette loi, que le nombre proportionnel des cryptogames diminue des pôles à l'équateur. Cela tient peut-être à ce que le naturaliste dont je parle, a visité surtout les îles très-humides de la mer du Sud, et à ce que l'humidité convient surtout aux cryptogames. Je vois cependant que, pour l'île de Tristan d'Acunha, les cryptogames constituent les 0,68 de la Flore ; tandis que, dans celle de Norfolk, également humide, mais de 7° plus près de l'équateur, la proportion n'est que de 0,33. Dans nos régions européennes, généralement humides, l'accroissement des cryptogames vers le nord n'est pas douteux.

Malheureusement un bien petit nombre de Flores peuvent être comparées sous ce point de vue, parce que le peu d'utilité des cryptogames, leur petitesse extrême et la difficulté de les conserver, font que les botanistes les négligent aisément, et commencent l'étude des plantes

---

(1) Les *Amphigames*. DC. *Bibl. Univ.* 1833, T. III.

(2) Les *Æthéogames*. DC. Ibid.

(3) *Voyage autour du monde*, de Freycinet; partie botanique. In-4°. Paris, 1826.

d'un pays par les phanérogames. On ne peut donc comparer le nombre des espèces de ces deux classes, que dans des Flores également avancées quant à l'étude de la cryptogamie, ou dans les écrits de voyageurs qui ont fait des cryptogames un objet spécial de recherches (1). On sait, par exemple, que l'infortuné Christian Smith, accoutumé dans le nord à ce genre d'examen, et victime du climat meurtrier du Congo, n'avait trouvé dans cette région équatoriale, que cinq cryptogames sur cent espèces (2), c'est-à-dire dix fois moins que dans son pays natal, la Norwège.

Parmi les cryptogames ce sont surtout les champignons, lichens et autres végétaux peu développés (amphigames), dont la proportion augmente vers le nord, tandis que la

----

(1) La Flore de France (*Botanicon gallicum*) de MM. De Candolle et Duby, contient sur cent espèces, 49,8 cryptogames; la Flore d'Allemagne de MM. Bluff, Fingerhutt et Wallroth, 59; celle des trois comtés septentrionaux de l'Angleterre, par M. Winch, 54. De ces trois régions, l'Allemagne est celle où, depuis bien des années, on a le plus étudié les cryptogames; il est donc probable que la différence de la France à l'Allemagne est moins forte qu'elle ne paraît d'après ces chiffres, et que la proportion du nord de l'Angleterre s'éloigne peu de celle de l'Allemagne.

En passant à des Flores moins près d'être complètes, on peut comparer la Flore de Suède et celle de Laponie, par le même auteur, M. Wahlenberg. La première contient moitié de cryptogames, soit 50 pour 100, et la seconde 54,3.

La Flore de Madère (33º lat.), d'après la liste de MM. Masson et Brown, contenue dans le bel ouvrage de M. de Buch sur les îles Canaries, ne contient que 19 cryptogames sur 100 espèces.

(2) Brown, *Botany of Congo.*

proportion des fougères et autres cryptogames plus parfaites (æthéogames), augmente au contraire vers le midi.

Ce sont parmi les phanérogames, les plus parfaites
(dicotylédones), qui augmentent des pôles à l'équateur,
et les moins parfaites (monocotylédones), de l'équateur
aux pôles.

On ne peut donc nier cette loi : que *plus on s'avance
vers l'équateur, plus on trouve les végétaux doués d'organes nombreux et compliqués, plus par conséquent
leurs fonctions physiologiques sont variées, plus ils sont
parfaits aux yeux des naturalistes.*

La proportion des dicotylédones aux monocotylédones
étant aujourd'hui bien connue, pour diverses régions,
on peut lier entr'elles des anomalies qui semblaient auparavant isolées. Il paraît que les pays qui possèdent un
plus petit nombre d'espèces que leur latitude ne l'indique, ont aussi une plus faible proportion de dicotylédones. J'ai dit que les îles éloignées sont pauvres en espèces ; eh bien, l'île de Tristan d'Acunha, qui est véritablement l'*ultima Thule* des navigateurs modernes, est
remarquable par la plus faible proportion connue de plantes
dicotylédones. Dans notre hémisphère l'accroissement des
espèces de cette classe a lieu très-régulièrement en Europe, des régions boréales jusqu'aux îles de la mer Méditerranée, puis il cesse en Barbarie et dans d'autres parties de l'Afrique, région que l'on sait posséder un nombre absolu d'espèces assez faible. Il paraît aussi que l'humidité extrême de quelques régions favorise les monocotylédones, et nuit aux dicotylédones (1).

(1) Voici les chiffres tirés des Flores les plus complètes que l'on

Ces faits se trouvent liés à une dernière loi, que je
mentionnerai brièvement, en ayant fait ailleurs l'objet de
recherches spéciales (1).

L'étendue de pays dans laquelle croît chaque espèce, est
plus ou moins vaste. Mon père, empruntant des termes
de l'art médical, a nommé *endémiques* les espèces qui
ne se trouvent que dans un seul pays, par opposition aux
espèces plus répandues qu'il a nommées *sporadiques*. Je
me suis assuré en comparant la proportion des espèces en-

ait sous différens degrés de latitude, ou d'après les assertions d'auteurs estimables. Les fougères ne sont pas comprises dans les monocotylédones, comme le font quelques botanistes.

PAYS.	LATITUDE.		AUTEURS.	MONO-COTYLÉD.	DICO-TYLÉD.	Les MON. sont aux DICOT. = 1 :
Ile Melville...........	74°à 75° N.		R. Brown.	20	47	2,3
Suède.	56	63	Wahlenberg.	318	845	2,6
Nord de l'Anglet. (North., Cumberl., Durham)	55		Winch.	249	788	3,1
Allemagne (avec la Carinthie et la Carniole). .	46	55	Bluff et Fingerh...	549	2267	4,1
France (avec la Corse).	41	51	DC. et Duby, (Botanic. gallicum).	677	2937	4,3
Iles Baléares. . . .	39	40	Cambessedès.	116	538	4,6
Barbarie.	36		Desfontaines.	296	1300	4,0
Congo.	6	9 S.	Smith et Brown.	113	460	4,0
Amérique équatoriale.			Herb. Humb. et Bonpland.	654	3226	4,9
Nouvelle-Holland.	11	43	Brown.	860	2900	3,4
Ile Norfolk.	29		Bauer et Endlich.	25	77	3,0
Nouvelle-Zélande.	35	47	Richard.	55	158	2,9
Tristan d'Acunha.	36		Du-Petit-Thouars et Carmichaël.	14	21	1,5
Iles Malouines. . .	51	52	D'Urville.	39	80	2,0

(1) *Monogr. des Campanulées*, in-4°, Paris 1830; et Mém. inéd.
lu à la Soc. de Phys. et d'Hist. Nat. de Genève.

démiques et sporadiques pour divers genres ou familles et dans diverses régions : 1° *que l'étendue moyenne de l'habitation des espèces est d'autant plus restreinte qu'il s'agit de plantes plus parfaites ;* ainsi les dicotylédones sont plus endémiques, plus locales, que les monocotylédones, les fougères plus que les autres cryptogames, les phanérogames en général que les cryptogames : 2° *que l'étendue moyenne de l'habitation des espèces est d'autant plus bornée que le nombre total des espèces de la région que l'on considère est plus grand.* Puisque le nombre des espèces augmente vers l'équateur, c'est des pôles à l'équateur que diminue l'étendue moyenne de l'habitation des espèces.

Toutes ces lois numériques se confirment et s'appuient mutuellement.

Dans une région équatoriale, tenant à un vaste continent, jouissant d'une humidité convenable et de stations variées, vous trouvez des habitations d'espèces très-limitées, une forte proportion de dicotylédones et de fougères, et un nombre total considérable d'espèces. En passant à une région plus froide ou trop humide, tous ces caractères se modifient : les habitations s'étendent, la proportion des phanérogames et surtout des dicotylédones diminue, ainsi que le nombre absolu des espèces.

———

Lorsqu'on réfléchit pour la première fois à ces différences d'un pays à l'autre, on est tenté de les expliquer par les mêmes causes que les végétations diverses des stations dans l'intérieur d'un même pays. On suppose des transports de graines, et l'on se dit que, chaque espèce ne pouvant vivre que sous certaines conditions de chaleur, d'humidité, etc., chaque graine portée loin de son origine, introduit une espèce là seulement où les circonstances extérieures le lui permettent.

. Mais l'océan arrête les transports de graines. D'ailleurs, sous le même degré de latitude, il y a des pays qui ont exactement le même climat et qui nourrissent néanmoins des espèces presque toutes différentes. L'identité de climat est si grande entre Buenos-Ayres et le midi de l'Europe, que plusieurs de nos plantes transportées par l'homme dans ce pays, y sont devenues sauvages et communes. Ces espèces, si bien adaptées au climat de Buénos-Ayres, ne s'y trouvaient cependant pas. On en conclut que la distribution primitive, originaire, des espèces, n'était pas en rapport avec l'état actuel des pays, et que cette première distribution influe encore sur la répartition présente des espèces.

. On est ainsi amené à rechercher la distribution primitive des formes végétales, question sur laquelle on a tant écrit, avant de connaître les faits qui doivent servir à la résoudre.

Il est presque inutile de discuter aujourd'hui l'hypothèse de Linné (1), sur l'origine des végétaux d'un seul point de la terre. Si je la mentionne, c'est parce que les opinions, même erronées, d'un naturaliste aussi célèbre,

----

(1) *Amœnit. acad.*. Ed. 3, vol. 2, diss. *De telluris habitab. incremento*; ann. 1743.

ont une certaine importance historique et survivent aux recherches qui en ont démontré la fausseté.

· Linné pensait que tous les végétaux devaient avoir été réunis avec les animaux, dans le paradis terrestre, et qu'il ne devait pas en exister alors dans le reste du monde.

· Je laisse à la théologie le soin de démontrer combien ces opinions sont peu fondées sur le texte de la Genèse (1). Je me borne ici à examiner la question botanique.

Linné se représente le jardin d'Éden comme une immense montagne, située sous l'équateur, et assez élevée pour porter de la neige, de telle façon que chaque zône offrît un climat différent. Il suppose aussi, je ne sais pourquoi, que chaque espèce végétale était composée d'un seul individu, ou lorsqu'elle est dioïque, d'un seul couple.

De pareilles hypothèses pouvaient se soutenir à une époque où l'on ne connaissait guère que la 150me partie des espèces, et où l'on croyait facilement les retrouver

---

(1) Il suffit de rappeler que Moïse place la création des végétaux sur la terre au troisième jour, ou époque, et ne parle de la plantation du jardin d'Éden qu'après les sept jours. D'ailleurs, de ce qu'un jardin était *planté*, on ne peut pas conclure que le reste de la terre fût dépouillé de végétaux. On pourrait citer bien d'autres cas où des opinions théologiques ou philosophiques, conçues à la légère, ont entraîné à de fausses idées en histoire naturelle. En général, les sciences qui reposent sur des bases absolument différentes, et où la manière de raisonner n'est pas la même, doivent être appliquées les unes aux autres avec infiniment de réserve. Les applications des mathématiques pures, par exemple, à la position des organes, au nombre des parties ou des classes des êtres organisés, ont été plus nuisibles qu'avantageuses à l'histoire naturelle.

dans des pays très-distans. Personne aujourd'hui ne doute que le nombre total des espèces ne soit au-dessus de cent mille, dont la montagne la plus favorisée de la nature possède au plus quatre ou cinq mille. Les pays les plus riches, et des pays bien plus étendus qu'une montagne, en présentent dix ou douze mille. On sait que la grande masse des espèces varie d'une région à l'autre. D'ailleurs, comment ces végétaux auraient-ils pu se répandre vers les pôles, à travers d'immenses étendues où la chaleur ne leur permet pas de vivre? En supposant un ou deux individus de chaque espèce, il fallait supposer aussi que les animaux herbivores s'abstenaient de brouter, ou que chaque jour ils faisaient disparaître à tout jamais quelques milliers d'espèces.

Buffon (1) partait de l'idée que la terre a eu autrefois une température supérieure à celle qui existe maintenant. Il en conclut que la végétation a dû commencer par les pôles, qui ont joui les premiers d'une température moins élevée; qu'elle a dû s'avancer vers l'équateur à mesure que la terre se refroidissait; que certaines espèces ont dû disparaître et faire place à d'autres, à mesure que le changement de climat se développait.

Ce système appartient plus à la géologie qu'à la botanique, puisqu'il repose sur l'existence de fossiles, dont la nature indique sans doute un refroidissement subséquent de la terre. L'hypothèse de Linné ne s'appliquait qu'aux végétaux actuels, contemporains de l'espèce humaine; celle de Buffon comprenait la série des végéta-

(1) *Époques de la nature.*

tions antérieures aux êtres organisés, vivans. La haute température de l'intérieur du globe n'est plus une chose douteuse, car des observations thermométriques en donnent
tous les jours des preuves au fond des mines et des puits
artésiens. On sait aussi que le rayonnement dans l'espace
entraîne un refroidissement de la terre, mais bien plus
lent que Buffon ne le supposait, et tellement faible que,
s'il s'agit de quelques milliers d'années qui se sont écoulées depuis la dernière création d'êtres organisés, on peut le
négliger, et regarder les climats terrestres comme n'ayant
pas varié depuis cette époque. Je le répète, l'hypothèse
de Buffon importe peu aux botanistes, parce que rien
ne prouve qu'il y ait eu connexion entre les diverses
végétations antérieures à la nôtre. Au contraire, la géognosie indique des périodes d'absence d'êtres organisés,
entre certains développemens de nouveaux êtres. Il est
donc probable que la distribution des végétaux maintenant fossiles, n'a pas eu d'influence sur celle des espèces
qui vivent aujourd'hui.

Willdenow (1) plaçait le commencement de la végétation actuelle dans les montagnes, parce qu'elles ont dû
être desséchées ou formées les premières. Mais les plaines
situées sous l'équateur contiennent une infinité d'espèces,
qui ne peuvent pas avoir vécu dans les montagnes, toujours plus froides. L'hypothèse de Willdenow ne suffit
donc pas.

La pluralité des centres originaires de végétation, est
admise aujourd'hui par tous les auteurs de géographie

---

(1) *Grundriss der Kräuterkunde.*

botanique. Elle a surtout été démontrée par M. Schouw, de Copenhagen, dans sa dissertation célèbre : *de sedibus plantarum originariis.*

En réfléchissant au grand nombre d'espèces purement locales, qui ne franchissent pas d'étroites limites, en pensant surtout au nombre prodigieux d'espèces que l'on découvre à chaque pas, dans les régions plus riches que la nôtre, on est forcé en effet d'admettre une opinion diamétralement opposée à celle de Linné, savoir que les centres d'origine étaient au moins aussi nombreux que les espèces, et entièrement dispersés.

Je dis au moins aussi nombreux que les espèces, car rien ne prouve que, dans le règne végétal, chaque espèce soit issue d'un seul individu ou d'un seul couple. On définit l'espèce, une collection d'êtres organisés, qui se ressemblent assez pour que l'on *puisse* les considérer comme sortant d'un seul couple ou individu. On n'affirme pas qu'ils ont eu une souche commune, mais seulement que leur analogie est assez grande pour que la chose ait pu exister. Sur ce point hypothétique, l'opinion des savans n'est pas fixée.

M. Schouw n'a pas soutenu seulement que chaque point de la terre a été un centre de végétation, comme tout le monde l'admet aujourd'hui, mais encore que les espèces végétales ont été composées, dès l'origine, comme à présent, de plusieurs individus ; il s'appuie sur des faits qu'il vaut la peine d'examiner.

Les eaux douces contiennent des plantes et des animaux qui ne sauraient vivre dans l'air ou dans l'eau salée. Cependant à de grandes distances, dans des lacs séparés

par de hautes montagnes ou par la mer, on retrouve souvent les mêmes espèces. Ainsi, en Italie et en France, en
Suisse et en Ecosse, on trouve assez fréquemment les mêmes
espèces de poissons d'eau douce. Le *Salvinia natans* vé-
gète dans les eaux de l'Europe et de l'Amérique; l'*Isoetes
lacustris*, dans celles de l'Europe et des Indes (1). Leurs
graines mûrissent au fond de l'eau. Comment, dit le savant géographe danois, ces espèces auraient-elles pu,
partant de centres uniques, passer les montagnes et les
mers? Ne doit-on pas admettre que des individus de chacune d'entr'elles, se sont trouvés dès l'origine dans des
bassins différens?

Mais des inondations, dont on a tant de traces, peuvent avoir transporté ces êtres, en agrandissant momentanément leur séjour. On objectera que des inondations
aussi générales devaient être d'eau salée, puisque le volume des mers est plus grand que celui des eaux douces.
Je répondrai que la plupart des animaux et des végétaux
peuvent supporter un léger degré de salure, que d'ailleurs
rien ne prouve que la mer ait été jadis aussi salée que
maintenant. Au contraire, la pluie et les fleuves lavent
depuis quelques milliers d'années la surface terrestre, et
entraînent dans l'océan les matières salines. Il est probable aussi qu'il se trouve çà et là au fond de la mer,
comme sur terre, des bancs de sel gemme, qui se fon-
dent, ou se sont fondus, à mesure que leur surface s'est
trouvée en contact avec le liquide. La distribution des
animaux et végétaux d'eau douce, peut donc s'expliquer

(1) Bischoff. *Cryptog. Gewachse Deutschlands*, etc. I, p. 87.

par des transports précédens. Il n'en est pas de même de quelques espèces terrestres.

M. Schouw en énumère environ trois cents, dont les individus sont partagés entre des pays tellement éloignés, que l'on ne peut pas admettre un transport de l'un à l'autre. Il cite pour les régions équatoriales 107 espèces communes à l'Amérique et à l'Asie, 86 à l'Afrique et à l'Amérique, sans parler des espèces que l'homme transporte souvent avec lui volontairement ou sans s'en apercevoir. Or il est difficile de supposer un transport de graines entre ces trois parties du monde, séparées, sous l'équateur, par des étendues immenses de mer. Les oiseaux n'émigrent pas dans le sens des mêmes degrés de latitude. Les courans, les vents, quelque force qu'on leur suppose, ne peuvent guère transporter une graine intacte, à travers l'océan, à deux ou trois mille lieues de distance. Je conviens que les exemples choisis par M. Schouw ne sont pas tous admissibles, parce qu'il les a tirés d'ouvrages anciens, où la détermination des espèces et de leur origine est souvent erronée ; mais dès-lors M. Brown a constaté l'existence de cinquante-deux phanérogames communes au Congo, et à l'Amérique ou à l'Inde équatoriale. M. Gaudichaud mentionne six espèces de fougères ou phanérogames, qu'il croyait propres à l'île Bourbon, et qu'il a été surpris de retrouver à trois mille lieues de distance, de l'autre côté de l'équateur, dans l'archipel des îles Sandwich.

Forster avait prétendu que, sur la côte de Patagonie et aux îles Malouines, il existe quelques plantes européennes spontanées. On a douté long-temps de ce fait si peu probable ; mais la Flore des îles Malouines de M. d'Urville, l'assertion d'autres voyageurs, et la vérification faite dans ce but par M. Ad. Brongniart(1), ne laissent pas de doute sur l'identité de plusieurs de ces plantes avec les nôtres. Ce sont principalement des graminées et cypéracées du nord de l'Europe, qui se retrouvent à l'extrémité de ces terres australes. On assure même que la primevère des îles Malouines ne peut pas se distinguer du *Primula farinosa* de nos Alpes. L'inutilité de ces plantes et leur rareté nous donnent la certitude que les navigateurs ne les ont pas transportées avec eux, volontairement ou accidentellement. Les îles Malouines sont séparées de l'Europe par toute la zône torride, dont la température exclut les espèces dont nous parlons ; en sorte qu'elles ne peuvent pas s'être répandues de proche en proche, par les îles ou continens intermédiaires. Il faut donc que quelques espèces soient indigènes de pays différens, et qu'elles aient eu au moins autant de souches premières que d'origines éloignées.

En étendant ce système, on ne s'étonne pas de trouver au sommet de nos Alpes, ou du Caucase, tant d'espèces des régions polaires, tandis que leur transport d'une origine, unique pour chaque espèce, à travers les plaines de l'Allemagne et de la Russie, est difficile à concevoir.

Si l'on regarde comme démontré, que quelques plan-

(1) Botan. du *Voyage autour du monde* de Duperrey, in-fol. M. A. Brongniart annonce avoir fait une grande attention à la détermination de ces espèces. Il n'a encore revu que les monocotylédones.

tes se sont trouvées dès l'origine, à de grandes distances, tellement semblables que nous les rapportons aux mêmes espèces, on regardera comme tout au moins probable que, dans le même pays, dans des circonstances bien plus analogues, le nombre des individus de chaque espèce a aussi été considérable dès l'origine.

Il est probable, en d'autres termes, qu'il y a eu, dès le commencement de la végétation, comme aujourd'hui, des espèces plus communes que d'autres, des espèces endémiques et des espèces sporadiques, en un mot un riche tapis de verdure, et non, comme dans l'hypothèse des origines uniques pour chaque espèce, un individu végétal isolé sur une immense étendue de terrain (1).

Les transports de graines et les modifications locales du sol, n'auraient fait qu'altérer peu à peu cette disposition primitive.

Les végétaux les plus parfaits auraient eu, dès l'origine, comme aujourd'hui, un moins grand nombre d'individus et une habitation plus bornée, que les végétaux imparfaits.

Étendez cette induction théorique à tous les êtres organisés, et vous arriverez à vous figurer les espèces les

---

(1) La surface terrestre est de 16,500,000 lieues carrées. Réduisez ce chiffre à 12 millions, à cause des attérissemens et alluvions qui ont pu avoir lieu sans compensation, depuis 6000 ans, et supposez qu'il existe 120,000 espèces, vous trouvez une espèce par cent lieues carrées, proportion qui est plutôt au-dessous de la réalité. Supposer qu'il y a eu, au commencement de la végétation, une seule plante par cent lieues carrées en moyenne, c'est se représenter un effet bien borné en comparaison de la puissance de la cause qui a pu organiser les êtres naturels dans le monde entier.

plus imparfaites de notre période, comme très-nombreuses en individus, dès l'époque de leur création, et comme occupant alors une surface considérable de la terre ; les autres espèces des deux règnes, comme d'autant moins communes et répandues qu'elles sont plus parfaites ; et au sommet de l'échelle de perfection, l'espèce humaine, comme ayant eu à son origine le plus petit nombre d'individus et l'habitation la plus bornée. Confirmation nouvelle de vérités historiques et religieuses.

Mais entraîné jusqu'aux inductions de la plus haute philosophie, je crains de passer les bornes de la science dont je m'occupe. Le rôle du naturaliste est d'étudier les faits, de les grouper en lois générales, et plus rarement d'indiquer les hypothèses qui font le mieux comprendre les rapports de forme, de fonctions, de position géographique, ou de succession des êtres organisés. Les conséquences éloignées de ces lois et de ces hypothèses appartiennent à d'autres sciences.

Rentrant donc dans le domaine de l'observation, qui fait la base des sciences naturelles, je voudrais pouvoir analyser en détail les faits de géographie botanique, et indiquer surtout les observations qui seraient le plus nécessaires à l'avancement de cette branche des sciences. Mais le temps me manque pour une pareille recherche, et je n'abuserai pas d'avantage de l'attention que cette auguste assemblée a daigné m'accorder (1).

---

(1) Je désire tracer ici la ligne de séparation entre les faits et les probabilités, les lois et les hypothèses, plus nettement que je n'ai pu le faire dans un discours académique.

Le fait sur lequel repose tous les autres, c'est l'hérédité ou la permanence des formes. Je n'en ai pas parlé, parce que cette loi n'est plus contestée. On sait que les figures tracées, il y a 3000 ans, sur les monumens de l'Égypte, représentent bien les animaux et les végétaux actuels de ce pays. D'une génération à l'autre, dans les deux règnes, les caractères de genres ou de classes ne varient point du tout ; ceux d'espèces ne varient que dans d'étroites limites. Un être organisé périt plutôt que de se plier à des formes réellement différentes de celles des êtres qui lui ont donné naissance. L'existence d'une espèce suppose donc nécessairement celle de formes antérieures semblables, depuis le commencement des êtres organisés actuels.

Il faut que ces êtres, d'espèces différentes, aient été dispersés à la surface du globe, dès leur naissance, pour que l'on puisse comprendre la distribution actuelle de ceux qui en proviennent.

Il y a de plus quelques espèces végétales qui descendent certainement de souches multiples, placées dès le commencement de la végétation à de grandes distances. C'est le cas des espèces dont les individus sont partagés entre des pays tellement éloignés que l'on ne peut pas supposer un transport de graines de l'un à l'autre. Pour nier cette origine multiple, il faut, ou nier l'identité de plantes que des botanistes exercés rapportent à la même espèce, ou croire à la possibilité d'un transport à quelques milliers de lieues de distance.

Voilà donc ce qui repose uniquement sur des faits : 1° l'hérédité des formes ; 2° l'origine de toutes les espèces, de points différens de la terre ; 3° la descendance de *quelques* espèces de plusieurs souches éloignées, en d'autres termes, de plusieurs premiers individus situés à de grandes distances sur la terre.

Ce qui est seulement *probable*, c'est que la descendance de toutes les espèces végétales a eu lieu semblablement de plusieurs souches plus ou moins rapprochées. Cette probabilité repose sur les raisonnemens suivans : 1° Des pays rapprochés doivent avoir eu jadis, comme aujourd'hui, des conditions physiques plus semblables, que des pays éloignés. Si les mêmes formes végétales se sont trouvées répétées aux îles Malouines et en Europe, il est probable que bien plus fréquemment la même identité a pu exister dans deux localités rapprochés de l'un de ces deux pays. 2° Les plantes dont on a constaté l'origîne multiple à de grandes distances, appartiennent à des groupes aujourd'hui très-sporadiques, où le nombre des individus est très-considérable. 3° L'existence primitive de quelques espèces, à la fois dans de hautes montagnes et loin de là, vers le nord, se comprend plus aisément que le transport accidentel de graines de l'un de ces points à l'autre.

On peut contester ces argumens, les apprécier diversement, comme dans toute chose probable. La probabilité diminue en étendant la même hypothèse à tous les êtres organisés.

Quand les animaux inférieurs seront aussi bien connus que les végétaux, et lorsque les zoologistes mettront autant d'importance que les botanistes à la fixation des espèces et à la synonymie, on possèdera, sur ces questions intéressantes, des données plus précises et plus nombreuses.

PHYSIQUE DU GLOBE.

QUELQUES OBSERVATIONS DE PHYSIQUE TERRESTRE, faites à l'occasion de la perforation d'un puits artésien, et relatives principalement à la température de la terre à différentes profondeurs; par MM. AUG. DE LA RIVE et F. MARCET. (*Mémoire lu à la Société de Phys. et d'Hist. Nat. de Genève, le 8 avril* 1834: *extrait des Mémoires de cette Société*, T. VI. Part. II).

Depuis quelques années, on s'était fort occupé, dans notre pays, de la possibilité d'y trouver des puits artésiens. Plusieurs tentatives avaient été faites dans ce but; mais aucune n'avait plus mérité d'attirer l'attention que celle à laquelle s'était livré M. Giroud, dans sa campagne de Pregny, située à environ une lieue de Genève, et élevée de 299 pieds au-dessus du niveau du lac.

Malgré des difficultés sans nombre, M. Giroud était parvenu, à la fin de 1832, à une profondeur de 547 pieds. Désespérant de trouver une source jaillissante, et ayant plus que dépassé la somme qu'il s'était proposé de consacrer à cet essai, il se décida enfin à abandonner son entreprise; mais avant d'y renoncer complètement, il offrit à ceux qui voudraient la continuer, l'usage de deux chevaux, et un grand nombre de facilités qu'il serait trop long d'énumérer ici. Il s'engageait en outre, en cas de succès, c'est-à-dire si l'on trouvait de l'eau jaillissante, à leur rembourser les dépenses effectuées. M. Bertrand, mécanicien distingué de notre ville, qui avait dirigé l'entreprise avec un zèle et un talent tout particulier, désireux que le fruit de dix-huit mois de travaux ne fût pas entièrement perdu, nous fit part des intentions de M. Giroud, en offrant avec un rare désintéressement la continuation de ses utiles services. C'est alors, c'est-à-dire, au commencement de 1833, que nous nous. décidâmes, après avoir nous-mêmes, pendant deux mois, fait à nos frais un certain nombre d'essais, à ouvrir une souscription, dans le but de pousser les travaux plus loin. Plusieurs motifs nous y engageaient. Il nous semblait d'abord important de profiter de toutes les circonstances favorables qui se présentaient, et en particulier du fait qu'on était déjà parvenu à une profondeur de 550 pieds environ, pour chercher à résoudre une question, dont la solution, quelle qu'elle fût, devait être très-intéressante pour notre pays, tant sous le rapport scientifique que sous le point de vue économique. Il s'agissait de savoir, une fois pour toutes, si réellement il y avait quelque chance favorable de trouver, dans cette portion de notre bassin, des sources jaillissantes, et d'éviter pour l'avenir, en supposant que le résultat fût négatif, des tentatives inutiles et coûteuses. C'était aussi une occasion, peut-être unique, de faire dans notre pays quelques recherches scientifiques de physique terrestre, qui pouvaient ne pas être sans intérêt, dans ce moment surtout où les questions de ce genre occupent

beaucoup les savans. La détermination de la température
de notre sol à des profondeurs considérables et de la loi
que cette température suit dans ses variations, la connaissance de la constitution géologique de notre bassin,
l'influence du magnétisme terrestre sur des barres de fer
très-longues et pénétrant fort avant dans le sol, tels
étaient quelques-uns des points qui, indépendamment
de ceux relatifs au niveau de l'eau dans le puits foré, nous
paraissaient dignes d'être explorés avec attention.

Notre appel fut entendu; les amis de la science d'une
part, et notre gouvernement de l'autre, nous fournirent
les moyens de continuer les travaux pendant huit mois,
et de parvenir jusqu'à la profondeur de 682 pieds, c'est-
à-dire jusqu'à 135 pieds au-delà du point auquel s'était
arrêté M. Giroud. Il nous reste maintenant, après avoir
suivi les travaux avec soin, et avoir fait à mesure les observations qui se rattachaient aux questions que nous avons
indiquées, à rendre compte des résultats que nous avons
obtenus, et des conséquences qui doivent en être déduites. Qu'il nous soit permis, avant d'entrer dans ces
détails, de rappeler que nous avons été puissamment
secondés, sous le rapport des observations scientifiques,
comme sous celui de la surveillance des travaux, par M.
Bertrand, dont le zèle désintéressé nous avait engagés
à essayer de continuer l'entreprise. Nous sommes heureux aussi de saisir cette occasion de remercier M. Giroud de la manière aimable avec laquelle il a bien voulu
nous faciliter constamment le travail auquel nous nous
livrions dans sa campagne.

§ 1. *Description générale du puits, et observations relatives aux variations du niveau de l'eau dans son intérieur.*

Le puits foré avait à son entrée 4 pouces 6 lignes de diamètre. On avait réussi à enfoncer jusqu'à 160 pieds de profondeur environ, des tuyaux en fer battu, qui avaient l'avantage d'empêcher, du moins dans la portion qu'ils protégeaient, les éboulemens intérieurs. Ces éboulemens avaient lieu fréquemment dans la partie inférieure du puits, qui n'était pas ainsi garantie, et en particulier à la profondeur de 300 pieds à peu près, où le terrain était très-meuble. Cette profondeur se trouvait correspondre à la hauteur du niveau du lac, et quoique, par la hauteur bien plus considérable à laquelle, comme nous le verrons, l'eau se tenait dans l'intérieur du puits, il ne paraît pas qu'il y eût de communication du puits avec le lac, cependant il ne serait pas impossible qu'il eût pu y avoir une légère infiltration qui ait contribué à faciliter les éboulemens, en détachant une portion du terrain. On comprend que ces éboulemens intérieurs ont beaucoup nui aux travaux; il est difficile en effet de se faire une idée exacte de la quantité de terrain qu'on a sortie de ce trou en apparence si petit, et par conséquent des excavations intérieures qui ont dû s'y former.

Quant à la hauteur du niveau de l'eau dans le puits foré, nous remarquerons d'abord que ce n'est que lorsqu'on est parvenu à la profondeur d'environ 20 pieds, que l'eau a commencé à se montrer; dès-lors son niveau a varié et avec la saison et avec la profondeur du puits.

Le tableau suivant dressé par M. Bertrand, et commencé à une époque antérieure à celle où nous avons entrepris nos observations, indique quelle a été la hauteur de l'eau correspondant aux différentes saisons de l'année et aux différentes profondeurs du puits.

TABLEAU qui indique la hauteur de l'eau dans le puits foré, correspondant aux différentes saisons de l'année et aux différentes profondeurs du puits.

DATE DE L'OBSERVATION.	PROFONDEUR DU PUITS A L'ÉPOQUE DE L'OBSERVATION.	HAUTEUR DE L'EAU AU-DESSUS DU NIVEAU DU SOL.		QUANTITÉ DE PLUIE TOMBÉE PENDANT LES 30 JRS QUI ONT PRÉCÉDÉ CHAQUE OBSERV.	OBSERVATIONS.
	Pieds.	Pie.	Po.	Lignes.	
16 juin 1831...	52	14		6	L'année 1831 a
9 février 1832.	138	13		20	été plus pluvieuse
9 mars......	275	14		7	que la moyenne.
19 octobre....	499	22	3	15,1	Baisse subite de
19 décembre...	541	22	9	16,8	l'eau dans le puits.
25 janvier 1833	547	35	4	7,4	L'été de 1832 avait
1 avril.......	562	33	6	9,6	été très-sec.
8...........	568	32	2	27,6	
11..........	571	31	8	26,6	
13.........	571	31		43,6	
15..........	574	30		47	
16..........	575	29		50	
18..........	578	28	3	51	
23..........	582	26		52,2	
27..........	584	25	6	54,2	
3 mai.......	589	24	10	39,8	
11..........	595	24	6	33,4	
15 juillet.....	631	25	6	48,6	
29.........	641	26		32,6	
2 août.......	644	27		21	L'été et l'automne
23 septembre..	673	35	8	41	de 1833 ont été très-
12 octobre	682	35	8	22,1	secs.

Il semblerait résulter de ce tableau, que plus la profondeur du puits est devenue considérable, plus le niveau de l'eau s'est abaissé. Ainsi, après s'être soutenue long-temps à 14 pieds au-dessous du sol, avoir eu même quelqueapparence de velléité de devenir jaillissante, elle a tout d'un coup baissé jusqu'à 22 pieds, lorsque la profondeur du puits eut atteint 500 pieds environ ; puis elle est descendue à 30 pieds dans le printemps de 1833, et après être remontée à 24 pieds dans le commencement de l'été, malgré la profondeur croissante du puits, elle est descendue dans le courant de l'automne à 36 pieds environ au-dessous du niveau du sol. Il ne faut pas négliger de faire la part, dans l'interprétation de ces résultats, de la sécheresse des différens mois de l'année ; c'est dans le but de faciliter ce rapprochement, que nous avons ajouté au tableau une quatrième colonne, qui indique la quantité de pluie tombée pendant le mois qui a précédé chacune des observations relatives à la hauteur de l'eau dans l'intérieur du puits.

. . Ainsi donc on est parvenu jusqu'à une profondeur de près de 700 pieds, c'est-à-dire de 400 pieds environ au-dessous du niveau du lac, sans avoir trouvé de source jaillissante. Est-on maintenant bien fondé à espérer d'en trouver dans notre pays, et doit-on faire encore dans ce but des tentatives coûteuses ? L'expérience de ce qui s'est passé à Pregny n'est pas encourageante, et semble propre à détourner les agriculteurs de ce Canton, de l'idée de se livrer à des travaux aussi considérables et aussi coûteux, pour une chance de succès aussi faible, pour ne pas dire nulle.

S'il est vrai, comme quelques savans le supposent, que les sources jaillissantes soient dues aux eaux qui, descendant des hautes montagnes, suivent constamment les couches calcaires, et prennent leur niveau, lorsque par une ouverture l'on pénètre jusqu'à ces couches, l'inclinaison si considérable de celles du Jura dans notre bassin, expliquerait pourquoi on ne peut les atteindre, même lorsqu'on parvient à la profondeur de 400 pieds au-dessous du niveau du lac. Or dans notre puits foré, l'examen du terrain recueilli avec soin à mesure qu'on s'enfonçait au-dessous du sol, montre qu'on n'a point pu pénétrer jusqu'au calcaire du Jura. Cette considération nous amène naturellement à dire quelques mots de l'examen géologique du terrain, à des degrés différens d'enfoncement.

§ 2. *Examen géologique des couches de terrain tra- versées par la sonde.*

M. Bertrand avait eu constamment soin, pendant la durée des travaux, de recueillir des échantillons du terrain à chaque pied d'enfoncement. M. le Prof. De la Planche a bien voulu se charger d'en faire l'examen, et de dresser en conséquence un tableau dans lequel sont représentées les couches successives du terrain qui a été percé. On voit d'après ce tableau, qu'après les premières couches de terre végétale, de sable, de gravier et de poudingue, on atteint une glaise graveleuse et bleuâtre, entremêlée de molasse. Au-delà de 120 pieds commence une succession de couches de marne et de molasse plus ou moins épaisses ou colorées, qui continuent sans interruption

jusqu'à 682 pieds, fonds du puits. A 220 pieds on remarque une couche de molasse grossière, de deux pieds
d'épaisseur, mêlée de cailloux roulés; fait assez remarquable, vu la profondeur. Nous devons mentionner encore une odeur fétide et fortement sulfureuse, qui fut
observée dans la couche de marne jaune, mêlée de molasse, située à la profondeur de 280 pieds, c'est-à-dire,
à peu près au niveau du lac, et la présence d'un grain
de sel dans la molasse située à la même profondeur. Cette
odeur sulfureuse s'est de nouveau manifestée à la profondeur d'environ 600 pieds, sans que la présence d'aucun
composé sulfureux ait pu servir à nous expliquer son
origine.

§ 3. *Observations relatives à la température du puits à différentes profondeurs.*

Depuis long-temps des observations isolées avaient semblé indiquer qu'il y a un accroissement sensible de température à mesure qu'on pénètre plus avant dans l'intérieur du globe, à partir de la profondeur à laquelle la
température du sol, n'étant plus influencée par la chaleur du soleil, reste invariable pendant toute l'année.

Cette loi importante de la physique terrestre n'a plus
pu être mise en doute après le travail remarquable qu'a
fait sur ce sujet M. Cordier en 1827. A tous les faits précédemment connus, qu'il a recueillis et dont il a présenté
l'ensemble, ce savant en a ajouté plusieurs autres dus à
ses propres observations, et il a montré que les uns et
les autres conduisent à établir comme un fait général,

et par conséquent comme une loi de la nature, que la
température de l'écorce de notre globe va en augmentant, à mesure qu'on pénètre plus avant au-dessous du sol.

Depuis le mémoire de M. Cordier, de nouveaux faits
isolés sont venus confirmer les résultats déduits des premiers; nous citerons en particulier des observations remarquables, relatives à la température des eaux jaillissantes des puits artésiens, annoncées de temps à autre par
M. Arago, dans les séances de l'Académie des Sciences de
Paris, quelques faits nouveaux recueillis par M. Fox sur la
température des eaux dans les mines des Cornouailles,
et une expérience faite en Amérique (États-Unis, New-
Jersey), sur la température des eaux souterraines, dans
un puits de près de 300 pieds de profondeur (1).

Si tous les faits observés s'accordent sur ce point, que
la température des couches de notre globe va en augmentant à mesure qu'on se rapproche du centre de la
terre, on est bien loin d'être arrivé à des résultats uniformes sur la progression que suit cet accroissement. Pour
en donner une idée, et en même temps pour chercher à
déterminer les causes de ces différences, entrons dans
quelques détails plus circonstanciés sur la manière dont
les observations ont été faites, en rappelant brièvement
ce que M. Cordier a dit à cet égard, et en ajoutant quelques remarques aux siennes, surtout en ce qui concerne
ses propres travaux.

Les deux principales méthodes au moyen desquelles
on a étudié la température des lieux souterrains, ont con-

(1) *Ann. des Mines*, T. VI, p. 443.

sisté, l'une à mesurer la température des sources et des rivières qui sortent immédiatement de la terre, à différentes profondeurs, l'autre à déterminer la température de l'air dans des cavités situées dans l'intérieur de notre globe, et en particulier dans les mines. Ces deux méthodes, quoique propres à démontrer l'exactitude du fait général, sont sujettes à trop de causes d'erreur pour pouvoir conduire à un résultat précis, et pour qu'on puisse fonder sur les données qu'elles fournissent, la loi que suit dans son accroissement la chaleur intérieure du globe. C'est ce qu'il nous sera facile de faire comprendre.

Il existe dans la première méthode plusieurs circonstances qui doivent influer sur la température des sources et des rivières, autres que la température même du terrain d'où elles sortent; tels sont en particulier leur mélange avec les eaux de pluie, leur passage à travers les eaux stagnantes qu'elles peuvent rencontrer dans leur trajet, la chaleur qui peut résulter des décompositions chimiques qu'il est possible qu'elles opèrent sur quelques parties du terrain qu'elles traversent, et enfin le refroidissement qu'elles éprouvent nécessairement plus ou moins dans leur route, jusqu'au point où se fait l'observation. Toutes ces circonstances, variables dans chaque cas, rendent facilement compte des différences que présentent les résultats obtenus par cette méthode. Ainsi, par exemple, M. Fox a trouvé que les eaux provenant des mines d'étain et de cuivre de 900 pieds de profondeur, et qui se rendent, au moyen de divers embranchemens, dans un canal situé dans la vallée de Carnon, étaient à la température de 20°,7 C., c'est-à-

dire de 10°,7 C. environ au-dessus de la température
moyenne du pays ; ce qui fait un accroissement d'environ 1° pour chaque enfoncement de 80 pieds. En Allemagne, d'un autre côté, des observations faites dans les
mines de 8 à 900 pieds de profondeur, ont donné pour
la température des sources qui en provenaient, environ
12°,5 ce qui correspond à un accroissement de 1° de chaleur seulement pour chaque enfoncement de 135 pieds.
Enfin il semblerait résulter d'une observation faite en
Amérique, et dont nous avons déjà parlé, qu'il y aurait
un accroissement de 1° C. pour un enfoncement de 12
mètres, soit d'un peu plus de 36 pieds. Il est probable
que la grande différence observée dans ce dernier cas,
serait due à ce que l'eau pouvait provenir de zônes
de terrain, situées à une plus grande profondeur qu'on
ne le présumait. Les exemples que nous venons de citer,
suffisent pour montrer la presque impossibilité d'arriver à
quelques résultats précis par cette première méthode.

Quant à la seconde, qui consiste à juger de la température du globe à différentes profondeurs, par celle de
cavités ou mines pratiquées dans l'intérieur de la terre ,
elle n'est pas moins sujette à plusieurs causes d'erreur. Les principales sont dues à l'effet de la circulation
des couches d'air inégalement chaudes , et de la chaleur
dégagée dans les mines par les ouvriers et par l'éclairage.
En analysant ces deux circonstances, comme l'a fait M.
Cordier, en tenant compte , dans la première, de l'introduction de l'air intérieur, tantôt plus chaud , tantôt plus
froid, introduction qui a toujours nécessairement lieu ,
soit par l'ouverture principale de la mine , soit par le

moyen des différens puits destinés à l'aérage, l'on ne peut manquer d'arriver à la conclusion suivante, savoir que la température de l'air ne devra, dans aucun point, représenter exactement la température de la portion du sol en contact avec lui.

M. Cordier a cherché, dans ses propres observations, à se mettre à l'abri des sources d'erreur qu'il avait lui-même indiquées et appréciées. Il a trouvé dans ce but qu'il y avait avantage à faire ce genre de recherches dans des mines de houille, parce que la houille étant facile à ex-caver, les ouvrages avancent avec assez de rapidité pour que le front de taille n'ait jamais le temps de perdre sa véritable température. De plus la nature de cette subs-tance permettait à M. Cordier d'introduire son thermo-mètre dans l'intérieur même de la couche de houille, dans laquelle il perçait, en quelques minutes, au moyen d'un fleuret, un trou de 20 à 30 pouces de profondeur. Malgré cette précaution, dont l'effet devait être sans doute très-sensible, il nous semble cependant que cette manière d'opérer pouvait encore être susceptible de quelque er-reur. La chaleur dégagée par le frottement du fleuret con-tre la houille, dans l'acte de la perforation, l'introduction, difficile à éviter, de l'air extérieur dans le trou, l'influence enfin qu'exerçait cet air, sujet à des variations de tempé-rature par tant de causes différentes, sur la boule du thermomètre employé dans l'observation ; voilà quelques causes d'inexactitude dont la méthode de M. Cordier n'était pas à l'abri. Peut-être pourrait-on leur attribuer, du moins en partie, les grandes différences qui existent entre les résultats qu'a obtenus ce physicien, même dans des localités extrêmement rapprochées (1).

M. Cordier était parvenu, en résumant toutes les recherches faites sur ce sujet, et en y ajoutant les siennes propres, aux conclusions suivantes :

« 1° Nos expériences, » dit-il, « confirment pleinement l'existence d'une chaleur interne, qui est propre au globe terrestre, qui ne tient point à l'influence des rayons solaires, et qui croît rapidement avec les profondeurs. »

« 2° L'augmentation de la chaleur souterraine, à raison des profondeurs, ne suit pas la même loi pour toute la terre ; elle peut être double ou même triple d'un pays à un autre. »

« 3° Ces différences ne sont en rapport constant, ni avec les latitudes, ni avec les longitudes. »

« 4° Enfin l'accroissement est certainement plus rapide qu'on ne l'avait supposé ; il peut aller à un degré pour 15 et même pour 13 mètres en certaines contrées ; provisoirement le terme moyen ne peut être fixé à moins de 25 mètres. »

On voit donc combien il reste encore d'incertitude, même après le travail de M. Cordier, sur la véritable pro-

---

(1) M. Cordier a trouvé dans la mine de Carmeaux, à l'exploitation du Raira, que la chaleur croît avec la profondeur dans le rapport de 1° C. pour chaque accroissement de 43 mètres ; tandis que dans l'exploitation dite de Castillan, située à une demi-lieue de la première, il trouve que la chaleur croît de 1° pour 28 mètres. Dans d'autres expériences faites aux mines de Décues et de Littry, M. Cordier arrive au résultat d'un accroissement de 1° pour une augmentation de 17 mètres de profondeur.

gression que suit l'accroissement de la température de la
terre à des profondeurs toujours plus grandes. On conçoit par conséquent quel intérêt il y a à profiter de
toutes les circonstances favorables qui peuvent servir à
éclaircir cette question si importante dans l'étude de la
physique terrestre. S'il est vrai surtout que la loi de l'augmentation soit différente suivant les pays, c'était un motif
de plus de chercher, dans une occasion semblable à celle
qui se présentait à nous, à déterminer cet élément dans
un pays de montagnes comme le nôtre, où il ne l'avait
point encore été.

Indépendamment de ces considérations, il y avait dans
la manière même dont nous pouvions arriver à la solution de la question, des circonstances tellement favorables, sous le rapport de l'exactitude probable des résultats, que nous ne devions pas hésiter à en faire usage. En
effet aucune des sources d'erreur que nous avons signalées ne pouvait se présenter ici. L'accès de l'air intérieur
ne peut avoir lieu, puisque le puits est rempli d'eau, et
l'on se trouve ainsi à l'abri de l'influence de la circulation des couches d'air inégalement chaudes ; d'un autre
côté, le petit diamètre du puits nous garantit que l'eau,
ou plutôt l'espèce de boue dont il est rempli, est bien en
équilibre de température, à chaque profondeur, avec la
couche de terrain correspondante. Enfin l'absence même,
si fâcheuse sous d'autres rapports, d'eau jaillissante, nous
met à l'abri des changemens de température qui peuvent
provenir des courans d'eau intérieurs. Ce puits est, pour
ainsi dire, un trou pratiqué dans la terre à différentes
profondeurs successives, exactement de la dimension

suffisante pour y introduire un thermomètre, et pour
déterminer, à chaque augmentation de profondeur, la température du fond.

Peut-être pouvait-on craindre que les courans intérieurs provenant de l'eau plus chaude du fond, ne trou-
blassent la température du puits, et ne changeassent les
résultats; mais s'il est vrai, comme nous sommes tentés
de le croire, que cette circonstance puisse avoir quelque influence sur la température des 100 ou 150 premiers pieds,
il est facile de s'assurer et de comprendre qu'elle ne doit
en avoir aucune à une profondeur plus considérable. En
effet au-dessous de 100 à 150 pieds, l'eau était tellement
boueuse qu'il aurait été impossible que des courans eussent pu s'y établir; c'était, surtout dans le voisinage du
fond du puits, bien plus de la terre très-humectée que
de l'eau. On pouvait donc considérer chaque tranche du
puits comme une section de la couche du terrain, placée sur le même niveau, et ayant par conséquent la même
température. La manière d'ailleurs dont nous opérions,
devait mettre obstacle à toute espèce de courans, en
supposant qu'il eût pu s'en établir. Le thermomètre était
en effet placé dans un cylindre fermé, d'un diamètre
tel que sa surface extérieure immédiatement en contact
avec les couches de terrain formant les parois du puits,
devait par conséquent, au bout d'un certain temps, se
mettre en équilibre de température avec elles. Enfin une
dernière preuve de l'absence de toute cause d'erreur sous
ce rapport, c'est la parfaite coïncidence des résultats obtenus à un même degré d'enfoncement au-dessous de la
surface du sol, soit qu'on fit l'observation au fonds même

du puits, soit qu'on la fît plus tard, lorsque, les travaux étant plus avancés, le fonds du puits se trouvait être à 100, 200 ou 300 pieds au-dessous du lieu où était placé le thermomètre.

Après avoir insisté sur les avantages que présente cette manière d'observer les températures souterraines, pour parvenir à déterminer la véritable loi de leur accroissement à des profondeurs successivement plus grandes, il nous reste, avant d'indiquer les résultats que nous avons obtenus, à entrer dans quelques détails sur les procédés au moyen desquels nous avons opéré.

Nous avions d'abord essayé de faire usage d'un thermomètre dont la boule garnie de cire et autres substances très-peu conductrices du calorique, pourrait conserver long-temps la température qu'elle aurait acquise; plongeant ce thermomètre à une certaine profondeur, et le laissant le temps suffisant pour qu'il se fût mis en équilibre de température avec la couche dans laquelle il était placé, nous le retirions ensuite promptement, afin qu'il n'eût pas le temps de se refroidir. Mais ce procédé ne pouvait être employé pour des profondeurs qui dépassaient 200 ou 300 pieds; car on ne pouvait, ni retirer le thermomètre assez vite, à cause de la boue épaisse qui remplissait le petit trou, ni, à cause du diamètre trop petit du puits, entourer la boule de l'instrument d'une couche isolante assez considérable pour qu'elle pût conserver la température qu'elle avait acquise.

Nous nous vîmes donc obligés de recourir à un thermomètre à maximum; mais, comme d'un autre côté il nous était impossible d'éviter toute secousse en remon-

tant l'instrument, nous ne pouvions employer les thermomètres ordinaires à curseur. Nous essayâmes de leur
substituer celui de M. Bellani, dans lequel le curseur en
acier, retenu par un crin qui fait l'office d'un ressort, se
trouve placé dans une colonne d'alcool et poussé par celle
de mercure. Le mélange du mercure et de l'alcool pouvant donner lieu facilement à quelques dérangemens dans
l'instrument, nous fîmes, après quelques essais, construire un gros thermomètre à mercure, dans lequel le curseur, poussé par la colonne thermométrique dans l'espace
vide placé au-dessus, s'arrêtait à la plus grande hauteur
à laquelle cette colonne était parvenue. Il y demeurait fixe,
malgré de très-fortes secousses, par l'effet du petit ressort en crin, dont la force était calculée de manière à
produire ce résultat, sans cependant opposer une résistance trop grande à l'action impulsive de la colonne de
mercure. Nous dûmes à l'adresse et à la persévérance de M.
Artaria plusieurs thermomètres qui remplissaient parfaitement bien cette condition importante. Nous avons aussi
fait usage, mais seulement vers la fin de nos observations,
d'un thermomètre à maximum de M. Bellani, fondé sur
un principe complètement différent, et sur les indications
duquel les secousses ne pouvaient avoir aucune espèce d'influence. Dans ce thermomètre une petite bulle de mercure, placée au milieu de la colonne d'alcool, indiquait
par sa position quelle était la quantité de liquide qui était
sortie de cette colonne, et par conséquent quelle avait
été la température la plus élevée à laquelle l'instrument
avait été exposé. Le parfait accord que nous avons trouvé entre les indications de ces instrumens employés, soit

simultanément, soit successivement, ne nous laisse aucun doute sur l'exactitude des résultats auxquels nous
sommes parvenus ; nous avons rejeté tous ceux où il n'y
avait pas coïncidence, et dans lesquels nous avons pu
soupçonner une cause d'erreur, provenant de quelque
dérangement dans le thermomètre à curseur d'acier ;
c'est surtout dans les premiers essais que ces dérangemens
ont eu quelquefois lieu ; nous avons réussi plus tard à les
éviter entièrement. .

. Pour pouvoir descendre les thermomètres dans le puits,
nous les avions d'abord enfermés dans des étuis de fer-
blanc ; mais la pression de l'eau, qui, à une certaine profondeur, brisait les étuis et l'instrument qu'ils renfermaient,
nous obligea de recourir à des étuis en cuivre beaucoup
plus forts, qui résistèrent très-bien à la pression, sans
laisser néanmoins pénétrer la plus petite quantité d'eau
dans l'intérieur, tant ils étaient hermétiquement fermés.
Les cylindres qui contenaient les thermomètres étaient
eux-mêmes placés dans un cylindre beaucoup plus considérable, qui remplissait exactement, ainsi que nous l'a-
vons déjà dit, l'ouverture du puits, et dont la longueur
était de trois pieds environ. Ce cylindre destiné à amener à la surface du puits le terrain détaché du fond de la
perforation, était terminé en biseau, de manière à pouvoir s'enfoncer facilement, et était muni, tout près de
son extrémité inférieure, d'une soupape s'ouvrant de bas
en haut, nécessaire pour retenir le terrain qui avait pénétré dans l'intérieur. Il était vissé à l'extrémité des tiges
de fer ; car nous n'aurions pu le faire pénétrer jusqu'au
fond, ni surtout le retirer à travers la vase épaisse dont

le puits était constamment rempli, si nous l'avions simplement fait descendre par l'effet de son propre poids, en le fixant à l'extrémité d'une corde.

Les premières expériences que nous fîmes de cette manière, ne nous satisfirent pas, d'abord en ce qu'elles nous donnaient des températures plus élevées, même à des profondeurs peu considérables, que celles que nous avaient fournies les observations faites avec le thermomètre ordinaire entouré d'une substance isolante, et qui à ces petites profondeurs nous avaient paru devoir être très-exactes.

· De plus il n'y avait pas accord entre les observations faites à la même profondeur; elles donnaient un résultat, tantôt plus fort, tantôt plus faible. Frappés de ces anomalies, nous cherchâmes à en découvrir la cause, et nous finîmes par la trouver dans une source d'erreur que nous n'avions pas soupçonnée d'avance. Nous y fûmes conduits en observant que, lorsque le grand cylindre était remonté à la surface du sol, il n'était jamais entièrement rempli d'eau ou de terre, mais qu'il y restait toujours de l'air. Dès lors il nous parut évident que cet air qui, au moment où le cylindre entrait dans l'eau, ne pouvait s'échapper, développait, par l'effet de la réduction graduelle de volume qu'il éprouvait en descendant, une certaine chaleur qui contribuait à élever la température du thermomètre. Pour nous assurer si cet effet était bien réel, nous essayâmes de faire descendre le cylindre beaucoup plus vite, afin d'augmenter la rapidité de la compression, et nous vîmes qu'il en résultait, comme nous devions nous y attendre, un accroissement dans l'élévation de la température. Une fois cette source d'erreur connue, nous réussîmes facilement à nous en mettre à l'abri, en pratiquant dans la partie supérieure du cylindre plusieurs trous par lesquels s'échappait la totalité de l'air au moment où l'eau pénétrait par la partie inférieure.

C'est en opérant de cette manière que nous avons fait, à deux époques différentes, un très-grand nombre d'observations, dont nous présentons le résumé dans les tableaux ci-joints ; nous y avons ajouté la série des observations que nous avions faites avant d'avoir fait des ouvertures au haut du cylindre ; la comparaison de ces deux tableaux fait ressortir d'une manière évidente la source d'erreur que nous n'avions pas tout de suite reconnue. Mais une fois que nous nous en sommes mis à l'abri, les résultats auxquels nous sommes parvenus présentent une coïncidence tellement remarquable, soit les uns avec les autres, soit avec ceux que nous avait fournis, à une profondeur peu considérable, l'emploi de thermomètres ordinaires, qu'il nous est impossible de ne pas rester convaincus de leur exactitude.

TABLEAU N° 1

Contenant le résumé des observations thermométriques faites en descendant le thermomètre dans le cylindre percé de trous.

PREMIÈRE SÉRIE.		SECONDE SÉRIE.	
Enfoncem. au-dessous de la surface du sol.	Températ. correspondantes.	Enfoncem. au-dessous de la surface du sol.	Températ. correspondantes.
Pieds.		Pieds.	
30	8°,4 R.	30	
60	8,5	60	
100	8,8	100	8°,7 R.
150	9,2	142	9,08
200	9,5	200	9,4
250	10,	250	10,1
300	10,5	300	10,45
350	10,9	330	10,65
400	11,37	350	10,90
450	11,73	370	11,00
500	12,20	400	11,25
550	12,63	430	11,50
600	13,05	450	11,70
650	13,50	500	12,25
680	13,8	550	12,65
		599	13,10
		650	13,6

TABLEAU Nº 2

Contenant les observations thermométriques erronées ; faites en plaçant les thermomètres dans le cylindre fermé.

Enfoncement au-dessous de la surface du sol.	Températures correspondantes.
Pieds.	
100.	9°,4 R.
150.....	10,22
190....,.................	10,41
230.....................	10,95
270.....................	11,35
310.....	12
350.....................	
390.....................	12,9
430.....................	13,45
470.....................	14,30
510.....................	15,20
520.....................	15,65
550.....................	17
600.....................	17,65

Avant de passer à l'examen des conséquences que l'on peut tirer des observations renfermées dans le tableau nº 1, nous croyons devoir faire encore deux remarques qui ne sont pas sans importance.

La première, c'est que nous avons eu soin de laisser les thermomètres à chaque station, pendant un temps que l'expérience nous avait appris être suffisamment long pour qu'ils pussent acquérir la température de la couche au centre de laquelle ils se trouvaient placés.

La seconde, c'est que nous nous sommes assurés, en faisant descendre le cylindre plus ou moins vite, et en voyant qu'il n'en résultait aucune différence dans les résultats, que le frottement de la surface extérieure du métal contre les parois du puits, ne développait aucune chaleur; ce qui d'ailleurs était une conséquence naturelle de la présence de l'eau dans le terrain.

Il résulte de l'inspection des résultats contenus dans le tableau n° 1, qu'à partir d'une profondeur de 100 pieds au-dessous de la surface du sol, profondeur à laquelle le thermomètre se tient à 8°,75 R., l'accroissement de la température suit jusqu'à 680 pieds une progression uniforme et parfaitement régulière, et qu'il est d'un peu moins de 1° R., exactement de 0°,875, pour chaque enfoncement de 100 pieds. Ce qu'il y a de remarquable, c'est qu'à de très-légères différences près, l'augmentation de température est uniformément répartie sur toute la profondeur du puits, au lieu de marcher par des sauts brusques et inégaux, comme on l'a vu dans d'autres cas. Ce résultat ne serait-il point dû à ce que le mode d'observation dont nous avons fait usage, permettait d'éviter toute source d'erreur tenant à l'influence de circonstances étrangères à la cause principale, et ne semblerait-il pas prouver par conséquent que la progression que suit l'accroissement de température, à mesure qu'on pénètre plus avant dans la terre, est réellement soumise à une loi régulière et indépendante des localités ?

On remarquera probablement que la température la

plus basse que nous ayons observée, a été celle de la surface même de l'eau du puits, à 30 pieds au-dessous du sol ; elle était de 8°,4 R. Nous n'avons point atteint la température de 7°,8 R., qui est la température moyenne de notre pays, et que nous aurions dû rencontrer à 40 ou 50 pieds de profondeur, si nous avions pénétré dans le terrain même. Cet effet est probablement dû à ce qu'il s'établit dans l'eau tout-à-fait limpide de la portion supérieure du puits, des courans qui tendent à la réchauffer, puisqu'ils viennent d'une région inférieure. Ces courans ne peuvent exister que dans cette partie du puits, vu que l'eau cesse bien vite d'être limpide, et qu'elle se change en une vase où ils ne sauraient s'établir ; leur influence n'est donc sensible que sur la température des cent premiers pieds environ.

En terminant la partie de ce travail qui a pour objet l'étude des températures terrestres, nous nous permettrons de faire remarquer que les observations que nous venons de rapporter, sont les premières de ce genre qui aient été faites dans notre pays, sauf une ou deux observations isolées que cite M. De Saussure dans ses voyages dans les Alpes.

§ 4. *Observations magnétiques.*

Des aiguilles d'acier trempé, d'acier recuit et de fer doux, ont été placées dans un étui de cuivre hermétiquement fermé, de manière à conserver une position bien verticale, et ont été ainsi descendues jusqu'au fond du puits, où elles sont demeurées 24 heures, et dans une des expériences, trois jours ; l'eau n'a jamais pénétré dans l'étui où elles étaient renfermées. Toutes les fois qu'on les a retirées, on a trouvé que les aiguilles d'acier recuit et de fer doux avaient acquis un magnétisme notablement plus fort que celui qui s'était développé dans des aiguilles parfaitement semblables, demeurées dans la même position, pendant le même temps, à la surface du sol. Les aiguilles d'acier trempé n'étaient point devenues magnétiques. Il semblerait résulter de ces observations plusieurs fois répétées, une confirmation de l'existence des courans électriques terrestres, dont les aiguilles, plus rapprochées au fond du puits qu'elles ne le sont à la surface du sol, doivent éprouver dans le premier cas plus fortement l'influence.

Nous ajouterons encore sur ce sujet une remarque qui n'est pas sans quelque intérêt ; elle est relative à l'état magnétique des grandes barres de fer verticales, destinées à la perforation du puits, et dont la longueur totale était de 680 pieds. Ces barres, formées de tiges de 15 pieds, vissées les unes à la suite des autres, avaient acquis un fort magnétisme par l'effet de leur position verticale si long-temps prolongée ; mais ce magnétisme était distribué de façon que chaque tige présentait un pôle contraire à chacune de ses extrémités. Ce qu'il y a de singulier, c'est que deux tiges de 15 pieds, vissées l'une à l'autre, conservaient chacune leurs pôles, comme si elles étaient séparées, et qu'ainsi à l'endroit où avait lieu leur juxtaposition, on passait subitement d'un pôle à l'autre ; les pôles des extrémités libres n'éprouvaient non plus aucun changement par l'effet de la réunion des deux tiges. Enfin il nous a paru, en étudiant, à l'aide d'une aiguille aimantée délicatement suspendue, l'état magnétique des différentes tiges, que celles qui avaient pénétré jusqu'au fond du puits, étaient les plus fortement aimantées, que celles du milieu avaient au contraire le magnétisme le plus faible, et étaient même inférieures sous ce rapport aux tiges placées à l'extrémité supérieure.

Nous ne terminerons pas cette partie du mémoire et le mémoire lui-même, sans témoigner le regret que nous avons éprouvé, que la petite dimension intérieure du puits ne nous ait pas permis d'y introduire quelques appareils, qui pénétrant jusqu'au fond, auraient pu par leurs indications, nous fournir quelques résultats intéressans, particulièrement en ce qui concerne l'état magnétique et électrique de notre globe à la profondeur de 680 pieds au-dessous de la surface du sol.

OPTIQUE.

SUR L'ABSORPTION DE LA LUMIÈRE PAR LES MILIEUX COLORÉS, considérée dans ses relations avec la théorie de l'ondulation ; par Sir John HERSCHEL. (*Philosophical Magazine*. Décembre 1833).

L'absorption de la lumière par les milieux colorés est une branche de l'optique physique, qui n'a été étudiée avec l'attention qu'elle mérite, que depuis une époque comparativement récente. Les spéculations de Newton sur les couleurs des corps naturels, quoique ingénieuses et élégantes, peuvent à peine être considérées, dans l'état actuel de nos connaissances, comme autre chose qu'une généralisation prématurée : et elles ont eu le résultat naturel de ces sortes de généralisations, savoir, lorsqu'elles sont spécieuses en elles-mêmes et appuyées par une autorité sans appel pour le temps, celui de réprimer la curiosité, en rendant superflue en apparence toute recherche ultérieure, et en détournant l'activité des esprits dans des voies improductives. J'ai montré, je crois, d'une manière satisfaisante dans mon *Essai sur la lumière*, que l'application de l'analogie des couleurs des lames minces avec celles des corps naturels, est renfermée dans des limites comparativement étroites, tandis que les phénomènes de l'absorption, auxquels je pense qu'on peut rapporter la

grande majorité des couleurs naturelles, m'ont toujours
paru constituer une branche de la photologie *sui generis*,
qui doit être étudiée en elle-même, par voie d'induction,
et en s'appuyant constamment sur les faits, tels que la
nature les présente.

Le caractère le plus remarquable de cette classe de
faits, consiste dans l'inégale disposition des divers rayons
du prisme, à être absorbés, et dans l'absence totale de
marche régulière, à cet égard, lorsqu'on parcourt le spectre
d'un bout à l'autre. Lorsque l'on considère le sujet sous
ce point de vue, il faut renoncer à toute idée de gradation qui se rattache, à la grande loi de la continuité ; on
se trouve aux prises avec des rapports capricieux, qui ne
ressemblent à rien de ce qu'on rencontre dans les autres
branches de l'optique. C'est peut-être essentiellement à
cause de cela que, dans quelques recherches publiées récemment, et en particulier dans le compte rendu par M.
Whewell à la Société Britannique, de l'état actuel de
cette branche des sciences, les phénomènes de l'absorption ont été signalés comme spécialement difficiles à concilier avec la théorie des ondulations. Ce que j'ai dit tout
à l'heure de la nature de ces phénomènes, suffit pour
montrer qu'il y aura toujours de la difficulté à les réduire
à une théorie *quelconque*, qui puisse en rendre un
compte satisfaisant. Lorsqu'une grande masse de faits
offre une complication frappante et des transitions très-
brusques de l'un à l'autre, on ne peut pas s'attendre à
ce qu'un petit nombre de propositions générales, semblables à des mots cabalistiques, suffisent pour dissiper
cette complication, et rendre le tout clair et intelligible.

Si nous représentons l'intensité totale de la lumière, en
un point quelconque d'un spectre partiellement absorbé,
par les ordonnées d'une courbe, dont les abscisses indiquent la place des rayons dans l'ordre de leur réfran-
gibilité, on reconnaîtra, au nombre énorme des maxima
et des minima de cette courbe, à ses contours brusqués,
et aux fréquentes annihilations de ses valeurs pour une
étendue considérable de ses abscisses, que son équation,
si toutefois elle est réductible à une expression analytique, doit être d'une nature singulière et complexe, et
dans tous les cas, renfermer un grand nombre de
constantes arbitraires dépendant du rapport qui existe
entre le milieu et la lumière, aussi bien que des tran-
cendantes d'un ordre élevé. Si donc nous n'aperce-
vons pas comment de tels phénomènes se concilient avec
l'une ou l'autre des deux théories rivales de l'optique,
nous ne devons pas les en accuser, et nous devons plutôt
chercher à reconnaître, par exemple, s'il y a quelque chose
dans ces phénomènes considérés en général, qui soit incompatible, soit avec les principes mécaniques du son,
soit avec les notions qui forment les traits fondamentaux
des deux théories.

Maintenant, en ce qui concerne le fait général de
l'obstruction et de l'extinction de la lumière dans son passage au travers des milieux grossiers, si nous comparons
la théorie corpusculaire et la théorie ondulatoire, nous
trouverons que la première en appelle à notre ignorance,
et la seconde à nos connaissances, pour l'explication
des phénomènes de l'absorption. Lorsqu'on recourt à la
doctrine corpusculaire, on se trouve dans le cas d'ex-

pliquer l'extinction de la lumière comme corps matériel que nous ne devons cependant pas supposer pouvoir s'anéantir. La lumière peut toutefois être transformée ; et nous pouvons voir dans les agens impondérables, tels que la chaleur, l'électricité, etc., la lumière, qui serait devenue ainsi comparativement stagnante. Le pouvoir calorifique des rayons solaires donne, au premier abord, un certain degré de vraisemblance à l'idée d'une transformation de la lumière en chaleur par l'absorption. Mais lorsque nous examinons le sujet de plus près, nous le trouvons environné de toutes parts de difficultés. Comment se fait-il, par exemple, que les rayons les plus lumineux ne sont pas les plus calorifiques, mais qu'au contraire l'énergie calorifique, dans sa plus grande intensité, appartient aux rayons qui possèdent un pouvoir éclairant comparativement faible? Cette question et d'autres semblables obtiendront peut-être une réponse à une époque où nos connaissances seront plus avancées ; mais à présent il ne s'en présente aucune. C'est donc avec raison que cette question, *Que devient la lumière?* qui paraît avoir été agitée par les photologistes du siècle dernier, a été considérée comme une des plus importantes, et en même temps, des plus obscures, par les physiciens corpusculaires.

D'un autre côté la réponse que fait à cette question la théorie des ondulations, est simple et claire. Dans cette théorie, la question, *Que devient la lumière?* rentre dans la question générale, *Que devient le mouvement?* à laquelle on répond, d'après les principes de la dynamique, qu'il continue indéfiniment. A parler exactement, aucun mouvement ne s'annulle ; mais il peut être divisé, ses parties peuvent être opposées, et effectivement se détruire réciproquement. Un corps frappé, quelque élastique qu'il soit, oscille pour un temps, et paraît ensuite rentrer dans son repos primitif. Mais ce repos apparent (même en faisant abstraction de cette partie du mouvement qui est transmise par l'air ambiant), n'est autre chose qu'un état de subdivision du mouvement, et de destruction mutuelle de ses parties, dans lequel chaque molécule continue à être agitée par un nombre infini d'ondes réfléchies dans son intérieur, et propagées au dedans d'elle dans toutes les directions possibles, de tous les points de sa surface qu'elles viennent successivement rencontrer. La superposition de pareilles ondes, doit évidemment causer, à la longue, leur destruction mutuelle, destruction qui sera d'autant plus complète que la figure du corps sera plus irrégulière et que le nombre des réflexions internes sera plus considérable.

Dans le cas d'un corps parfaitement élastique et d'une figure parfaitement régulière, la réflexion interne d'une onde une fois propagée au dedans du corps dans une certaine direction, peut se continuer indéfiniment, sans occasionner une destruction mutuelle ; et dans les corps sonores d'une grande élasticité, nous reconnaissons en effet que cette réflexion se continue pendant une durée très-longue. Mais la moindre déviation de cette *parfaite élasticité*, change la masse vibrante que nous venons de concevoir, en une multitude de systèmes inharmoniques communiquant les uns avec les autres. A chaque transport d'une ondulation, d'un de ces systèmes au système adjacent, il se produit un écho partiel. L'unité de l'onde propagée est ainsi rompue, et une portion de cette onde est dispersée dans l'intérieur du corps, en ondulations qui partent de chacun des systèmes, comme d'un centre de divergence. Par suite de la répétition continuelle de ce fait, après un plus ou moins grand nombre d'excursions de côté et d'autre, de l'onde originelle au travers du corps, (quelque parfaites que nous supposions les réflexions opérées à sa surface), cette onde finit par être morcelée jusqu'à une grandeur insensible, et par se résoudre en un nombre infini d'autres ondes qui se croisent, se recroisent et et se détruisent mutuellement, chacune des ondes secondaires ainsi produites subissant à son tour les mêmes opérations de rupture et de dégradation.

Dans cette hypothèse de la destruction du mouvement, j'ai supposé que le corps mis en vibrations, était isolé et sans communication avec aucun autre. Dans le cas d'un corps d'une élasticité parfaite, ou très-grande, qui est frappé dans l'air, il vibrera aussi long-temps qu'une grande partie de son mouvement se résoudra en oscillations sonores communiquées à l'air. Mais dans le cas d'un corps non élastique, le procédé interne décrit plus haut, marche avec une telle rapidité, qu'il ne permet qu'à un très-petit nombre de vibrations de se communiquer à l'air, et encore ces vibrations vont en décroissant rapidement.

Dans mon Essai sur le son, je me suis servi de ce principe de réflexion interne et de subdivision continuelle, dans un milieu formé d'une terre peu serrée, mêlée de beaucoup d'air, pour expliquer les sons creux

que l'on attribue au retentissement des cavités souterraines, et en particulier l'exemple célèbre du son que
l'on entend à la Solfatara près de Pouzzole. Le son sourd
et mal défini qui est produit alors par une suite d'échos
partiels, y est assimilé à la lumière nébuleuse qui éclaire
un milieu laiteux, lorsqu'on y introduit un rayon fortement lumineux. Si maintenant nous supposons une semblable masse de matériaux, isolée de l'air extérieur par
quelque enveloppe *assourdissante*, ces échos partiels,
lorsqu'ils atteindront la surface dans une direction quelconque, seront renvoyés comme autant de chocs nouveaux, jusqu'à ce qu'à la longue il devienne impossible
d'assigner dans toute la masse un point qui ne soit pas
agité, au même moment, par des ondulations qui le traversent dans toutes les directions possibles. Maintenant
l'état d'une molécule, sous l'influence d'un nombre infini de chocs contraires, est identique avec un état de repos.

La seule difficulté qui reste ainsi dans l'application de
la théorie ondulatoire aux phénomènes d'absorption, est
de concevoir comment un milieu (c'est-à-dire une combinaison de molécules éthérées et de molécules grossières (1)), peut être constitué de manière à être trans-
parent, ou librement perméable à un rayon ou système
d'ondulations, et opaque, ou difficilement perméable à
un autre système qui ne diffère que peu du premier

---

(1) Par molécules grossières, ou corps grossiers, j'entends la matière pondérable qui constitue l'univers, qu'elle soit solide, liquide
ou gazeuse, et cela par opposition au terme d'éthéré, qui se rapporte à l'éther luminifère.

pour la fréquence des òndulations. Sans prétendre analyser la structure de tel ou tel milieu optique donné,
il suffira pour notre but d'indiquer des structures et des
combinaisons, dans lesquelles l'air tient lieu de l'éther,
comme milieu ondulant, et qui seraient incapables de
transmettre un son musical d'un ton donné, ou ne pourraient le transmettre que beaucoup moins promptement
que les sons pris dans d'autres tons, même voisins.
Car les faits que l'expérience, ou une théorie assez bien
établie pour valoir l'expérience, démontre être possibles
dans le cas des sons musicaux, trouvent (il est difficile de
le nier) leurs analogues ou leurs représentatifs dans les
phénomènes des couleurs, lorsqu'on les rapporte aux vibrations d'un éther.

Un exemple d'une combinaison acoustique, ou d'un système vibratoire composé, incapable de transmettre un son
musical d'un ton donné, nous est fourni par le tube AE,
(*Fig.* 1) qui, après avoir été simple sur une certaine longueur AB, se divise, au point B, en deux branches égales
et symétriquement disposées, BC et bc, qui se réunissent
ensuite en Dd et reforment un tube simple DE, dont la
direction (comme celle de AB) partage l'angle que forment les deux branches. Les branches sont d'inégales longueurs, l'une BCD étant plus longue que l'autre, d'une
quantité égale à la moitié de la longueur de l'ondulation
de la note musicale en question. Il est évident alors que,
si la note est produite en A, chaque ondulation se sub-
divisera en Bb, et que les parties séparées chemineront le
long des deux branches, avec une égale intensité, jusqu'à leur réunion en Dd. Cependant elles arriveront à

ce point, dans des phases opposées, et par conséquent elles se détruiront mutuellement à leur point de réunion, et dans tous les points de leur course ultérieure le long du tube DE : en sorte que, si l'on applique l'oreille en E, on n'entendra aucun son, ou on n'en entendra qu'un très-faible, provenant de quelque légère inégalité dans les intensités avec lesquelles les ondulations arrivent par les deux branches du tube, inégalité qu'on peut faire disparaître, en donnant à la branche la plus longue une section un peu plus grande qu'à l'autre (1).

Supposons maintenant que le tube, au lieu d'être cylindrique, soit carré, et que toute la parois d'une chambre soit occupée par les orifices A, de pareils tubes, ne laissant entr'eux que les intervalles nécessaires pour qu'ils soient convenablement supportés et subdivisés en deux branches de la manière indiquée plus haut. Supposons de plus que les autres extrémités E, de tous les tubes réunis, s'ouvrent de la même manière dans une autre chambre, placée à une distance considérable de la précédente, et séparée d'elle par de la maçonnerie, ou d'autres matériaux remplissant tous les intervalles des tubes, de manière à intercepter complétement les sons.

(1) Je dois faire remarquer que je n'ai pas fait l'expérience décrite dans le texte, et que je ne sais pas que personne l'ait jamais faite ; mais il est facile de voir qu'elle doit réussir, et qu'elle fournirait une explication très-satisfaisante du principe de l'interférence. Au lieu d'un tube renfermant de l'air, on pourrait se servir d'un canal renfermant de l'eau, dans lequel des ondes d'une certaine amplitude, produites à l'une des extrémités, par quelque mécanisme, ne se propageraient pas au-delà du point de réunion D, des deux branches dans lesquelles le canal primitif AB se serait divisé.

Les choses étant ainsi disposées, faites vibrer toute l'échelle, ou en d'autres termes, supposez qu'un concert a lieu dans la première chambre; toutes les notes sont transmises, excepté celle pour laquelle les tubes auront été rendus imperméables de la manière indiquée. L'échelle des tons ainsi transmis, sera dépourvue de cette note, qui a été, selon l'expression des photologistes, *absorbée* dans son passage. Si plusieurs chambres semblables étaient disposées les unes à la suite des autres, communiquant entr'elles par des tubes composés de manière à être imperméables (ou en *désaccord*) pour autant de notes différentes, toutes ces notes manqueraient dans l'échelle musicale, lorsque les sons arriveraient dans la dernière chambre, imitant ainsi un spectre dans lequel plusieurs rayons auraient été absorbés pendant leur passage au travers d'un milieu coloré.

Dans mon Essai sur la lumière (art. 505), j'ai suggéré l'idée qu'on pourrait peut-être expliquer les lignes fixes du spectre solaire, ainsi que les espaces vides ou moins brillans des spectres formés par des flammes diverses, en admettant que la disposition même des molécules d'un corps absorbant, à s'opposer au passage d'un rayon coloré au travers de leur substance, pouvait être un obstacle à ce que ce rayon en ressortît. L'expérience suivante, facile à répéter, expliquera ma pensée. Prenez deux diapasons du même ton, et chauffant leurs extrémités, attachez-y avec de la cire à cacheter, à l'un d'eux un seul disque de carton, et à l'autre deux disques, en les appliquant sur les surfaces internes des branches, le plan de la carte étant perpendiculaire à celui qui passe par les axes des deux branches. Les disques du diapason qui en porte deux, ont leur surface séparée par un intervalle d'environ $\frac{1}{10}$ de pouce, et leur centre exactement vis-à-vis l'un de l'autre. Le second diapason est ramené à l'unisson avec celui-ci, en chargeant celle de ses branches qui ne porte pas de disque, d'une couche de cire égale en poids au disque et à la cire de l'autre. Si maintenant on frappe les deux diapasons, on trouvera une différence remarquable dans l'intensité de leur son. Celui qui ne porte qu'un disque, émettra un son clair et fort, tandis que celui de l'autre sera bas, étouffé, et à peine appréciable, si ce n'est tout auprès de l'oreille. La cause de cette différence est que les branches opposées du diapason, sont toujours dans des états de mouvement opposés, et qu'en conséquence l'air reçoit de ces deux branches vibrant librement, ou chargées de disques égaux, des impulsions à peu près égales et opposées; tandis que, dans le cas d'un diapason armé d'un seul disque, l'air ambiant a plus de prise sur la branche qui porte ce disque, et il se propage dans cet air une beaucoup plus grande quantité de mouvement non-contrebalancé. C'est un cas dans lequel un système vibrant est mis, par sa structure particulière, hors d'état de communiquer des ondulations efficaces dans le milieu environnant; tandis que la même masse matérielle, vibrant avec la même intensité, mais disposée d'une manière plus favorable, opère avec plus d'avantage.

Le diapason armé de disques est un instrument très-instructif, et je ne l'abandonnerai pas avant de m'en être servi pour montrer comment les vibrations d'un ton déterminé se propagent facilement au travers d'un système comparativement moins bien disposé pour transmettre celles

d'un autre ton. Prenez deux ou plusieurs diapasons à l'u-
nisson, et armez-les extérieurement d'un seul disque de
la grandeur d'un grand pain à cacheter (1). Ayant frappé
l'un de ces diapasons, approchez le disque qu'il porte, de
celui d'un autre diapason, en plaçant les centres vis-à-vis
l'un de l'autre ; le second diapason entrera immédiatement
en vibrations ; ce qu'on reconnaîtra, soit par le son qu'il
émettra après qu'on aura arrêté les vibrations du premier,
soit par son frémissement sensible à la main qui le tient.
La communication des vibrations est beaucoup plus forte
et plus complète, lorsqu'une petite bride recourbée, en fil
d'argent délié, est attachée à l'un des diapasons, et mise
légèrement en contact avec l'autre par le côté convexe
de sa courbure. Imaginez maintenant une série de semblables diapasons, avec leurs brides arrangées comme dans
la *fig.* 2, et mettez le premier, *A*, en vibrations par quelque cause déterminante, par exemple, en faisant sonner
vis-à-vis de son disque *A* la note musicale qui est à l'unisson avec celle qu'il donne lui-même. Les vibrations ainsi
excitées se propageront évidemment sur toute la ligne,
quoique avec une intensité décroissante, jusqu'au dernier diapason. Nous avons ici un cas analogue à celui de
la transmission facile d'un rayon d'une couleur donnée,
suivie de son extinction graduelle par son passage au travers d'une épaisseur considérable d'un milieu absorbant.
Si nous voulons éviter le contact actuel des systèmes en
vibrations, nous pouvons concevoir un arrangement pa-

(1) Voir mon *Essai sur le son*, art. 186, pour la manière d'attacher le disque.

reil à celui de la *fig.* 3, dans lequel, au lieu de diapasons, on forme la série de barreaux droits armés de disques à leurs deux extrémités, et supportés à leurs points *nodaux.*

Lorsque deux diapasons armés de disques et légèrement discordans, sont placés l'un vis-à-vis de l'autre, les vibrations de l'un se communiquent toujours à l'autre, même lorsque les deux tons diffèrent assez pour qu'on saisisse à l'oreille un battement rapide. Mais dans ce cas la communication est moins complète et le son produit plus faible que lorsque l'unisson est parfait, et la diminution d'intensité dans le son qui se communique, est plus prompte à mesure que les diapasons s'écartent davantage de l'unisson. Nous avons là un fait analogue à celui de l'apparence d'une ligne brillante située dans un spectre, entre des espaces obscurs ; et comme il n'est pas difficile d'imaginer des combinaisons de la nature de celle qui vient d'être mentionnée, dans lesquelles plusieurs notes différentes seront transmises, tandis que les notes intermédiaires ne rencontrant pas d'unisson ou de tons rapprochés de l'unisson, dans les systèmes établis, s'éteindront, de même nous pouvons concevoir par analogie, comment un certain nombre de lignes brillantes et obscures peuvent être produites dans un spectre inégalement absorbé.

-. Le dernier cas que j'ai proposé est entièrement analogue, dans son principe, avec celui d'un phénomène que j'ai décrit dans mon Essai sur le son (1); je croyais,

(1) *Encyclopædia Metropolitana*; seconde division. T. II, p. 790.

à l'époque de la publication de cet Essai, avoir observé seul et le premier, ce phénomène ; mais j'ai appris récemment qu'il n'en était pas ainsi, et c'est avec grand plaisir que j'attribue cette expérience remarquablement facile et frappante, à M. Wheatstone, auteur de tant d'autres expériences ingénieuses et instructives dans cette branche de la physique. La voici.

Si on tient un diapason au-dessus de l'extrémité ouverte d'un tube sonore qui soit à l'unisson avec lui, le tube fera entendre une résonnance ; si le diapason est armé d'un disque, et que l'ouverture du tube soit à peu près couverte par ce disque, le son produit sera d'une pureté très-remarquable. Maintenant M. Wheatstone et moi, nous avons observé que, si deux diapasons, choisis à dessein en désaccord l'un avec l'autre, de manière à faire entendre les battemens connus en pareil cas, sont tenus à la fois au-dessus de l'orifice, en même temps le tube rendra les deux notes et fera entendre des battemens bas, dans un ton différent du sien. Cependant selon que la note de l'un des diapasons diffère plus ou moins de celle à laquelle correspond la longueur du tube et que le tube ferait entendre seul par lui-même, sa résonnance propre est plus ou moins faible, et au-dessous d'un certain intervalle, elle cesse d'être appréciable.

Le principe dynamique sur lequel reposent ces phénomènes et d'autres semblables, est celui des *vibrations forcées*, tel qu'il est établi dans l'Essai sur le son, cité plus haut, ou plus généralement, dans une publication plus récente (1), en ces termes : «Si une portion d'un système

(1) *Cab. Cyclop.*, le volume sur l'*Astronomie.*

assemblé par des liens matériels ou par les attractions mutuelles de ses parties, est continuellement maintenue, par une cause inhérente ou extérieure à la constitution de ce système, dans un état de mouvement régulier et périodique, ce mouvement se propagera dans tout le système, et donnera naissance, dans toutes ses parties, et dans chaque subdivision de ces parties, à des mouvemens périodiques, exécutés dans des périodes égales à celle du mouvement auquel ils doivent leur origine, quoique non nécessairement *synchroniques* avec eux dans leurs maxima et minima.» La démonstration générale de ce théorème dynamique est donnée dans l'Essai sur le son, et son application à la transmission de la lumière au travers des corps matériels, est indiquée dans une note additionnelle.

Voici maintenant la manière dont nous concevons que la transmission de la lumière au travers de milieux grossiers, puisse avoir lieu pour ramener les phénomènes de l'absorption aux termes de ce principe. Il faut pour cela considérer de tels milieux comme composés d'un nombre infini de parcelles de molécules distinctes et vibrantes; chacune de ces parcelles, avec la portion d'éther luminifère qu'elle renferme et avec laquelle elle peut être liée d'une manière plus intime que par une simple juxta-position, constitue un système composé distinct et vibrant, dans lequel des parties d'élasticité différente sont intimément unies de manière à influer sur leurs mouvemens réciproques. Il ne manque pas d'exemples de systèmes semblables en acoustique; nous en trouvons dans les membranes tendues sur des cadres rigides, dans les cavités remplies de substances fibreuses ou pulvérulentes, dans les gaz mélangés, et dans les systèmes de lames élastiques, tels que les tables harmoniques, les feuilles de verre, les tuyaux sonores, les diapasons, etc., chacun de ces systèmes ayant un ton distinct de celui de chacune des parties isolées, et étant assemblé par quelque lien commun. Dans tous ces systèmes, l'ensemble est maintenu en vibrations forcées aussi long-temps que la cause qui les détermine est en action; mais les diverses parties constituantes, considérées séparément, prennent sous cette influence des amplitudes d'oscillations très-diverses, les plus grandes appartenant aux parties dont le ton est le plus près de coïncider avec celui des vibrations excitantes. Tout le monde connaît les frémissemens qu'affecte une certaine planche particulière d'un plancher, lorsqu'un orgue fait entendre une note donnée; mais lorsque cette note-là ne vibre pas, il est évident que la planche en question n'en remplit pas moins son office dynamique de transmettre au sol inférieur, ou de disperser dans sa propre substance et dans celle des corps contigus, le mouvement que les vibrations de l'air au dessus d'elle lui communiquent continuellement.

Comme nous ne savons rien des formes actuelles et de la nature intime des molécules grossières des corps matériels, nous sommes libres d'admettre dans un seul et même milieu, toute variété qui peut convenir à l'explication des phénomènes. Il n'est point nécessaire de supposer les molécules luminifères des corps grossiers identiques avec leurs derniers atômes chimiques. Je serais plutôt porté à les considérer comme de petits groupes, composés d'un nombre infini de ces derniers atômes ; et peut-être, dans ce qu'on appelle les milieux non cristallisés, arrive-t-il que les axes ou les lignes de symétrie de ces groupes n'ont pas de direction particulière, ou plutôt ont toutes les directions possibles, ou bien que les groupes eux-mêmes ne sont pas symétriques. Une telle disposition correspondrait à une loi uniforme d'absorption, indépendante de la direction des rayons transmis ; tandis que dans les milieux cristallisés, l'uniformité de constitution et de position de ces groupes élémentaires, ou plutôt des cellules, ou autres combinaisons, qu'ils peuvent former avec l'éther qui leur est mêlé, peut être supposée entraîner avec elle des différences dans le mode de vibration des groupes, et même des dispositions diverses de leurs lignes et de leurs surfaces nodales, selon les directions suivant lesquelles ils sont traversés par les ondulations ; il n'est pas impossible même qu'elle rende compte des changemens de teintes de ces milieux, selon la direction des rayons dans leur intérieur, aussi bien que des diverses teintes et intensités des faisceaux polarisés opposés ; au reste j'aurai bientôt l'occasion de parler de cette dernière classe de phénomènes.

Mais comme le but que je me suis proposé ici est d'écarter les difficultés qui s'opposent à une explication satisfaisante des phénomènes de l'absorption par la théorie de l'ondulation, je ne poursuivrai pas l'application de cette théorie dans tous ses détails, et je ne tenterai pas de développer les lois particulières de structure, qui conviennent pour l'explication de tel ou tel phénomène. Je veux cependant mentionner encore un ou deux faits d'a-

coustique, qui me paraissent jeter un grand jour sur les
phénomènes correspondans de la propagation de la lumière. Le premier est celui de l'obstacle que subit la propagation du son au travers d'un mélange de plusieurs gaz
qui diffèrent beaucoup entr'eux quant à leur élasticité comparée avec leur densité. Ce fait remarquable est établi
suffisamment par les expériences de feu Sir J. Leslie
sur la transmission du son dans un mélange d'hydrogène
et d'air atmosphérique. Il aurait été à désirer que ces expériences eussent été poursuivies avec plus de détails ;
mais jusqu'ici je ne sache pas que personne les ait répétées. Il serait intéressant, par exemple, de savoir si l'obstacle offert par un semblable mélange de gaz est le même
pour une même note dans différens *tons*, ou s'il n'en est
pas ainsi ; de savoir encore jusqu'à quel point le phénomène
peut être imité en mêlant aux gaz une poussière composée de particules d'une grandeur uniforme, telle que de
la poudre de lycopode, etc., ou de la vapeur aqueuse,
et de quelle manière un semblable mélange affecterait des
sons de différens tons.

Le second fait en acoustique, que je citerai comme
pouvant jeter du jour sur le phénomène correspondant
en photométrie, est un fait observé par M. Wheatstone,
que ce physicien m'a permis de mentionner. En essayant
de propager des vibrations le long de barres, ou de
verges, à de grandes distances, il a été conduit à observer une très-grande différence, quant à la facilité de
la propagation, selon que les vibrations étaient longi-
tudinales ou transversales, relativement à la direction
générale de cette propagation. Les premières étaient

promptement transmises, presque sans aucune diminution d'intensité, à une distance quelconque ; les dernières étaient emportées par l'air si promptement qu'elles
ne pouvaient être transmises avec une intensité un peu
considérable, même à une distance modérée. Ce fait me
frappe comme évidemment analogue à ce qui arrive, lorsqu'un rayon polarisé est promptement transmis dans une
certaine direction, tandis que le rayon polarisé opposé
(dont les vibrations sont rectangulaires avec celles du
premier), est rapidement absorbé et étouffé, c'est-à-dire
dispersé, par l'action de la matière colorante, qui joue le
rôle de l'air dans l'expérience de M. Wheatstone, ou
neutralisé par l'opposition qui s'établit entre les vibrations des parties dans lesquelles il s'est divisé, ainsi que
cela a été expliqué plus haut.

Slough, 19 *oct.* 1833.

MÉTÉOROLOGIE.

DESCRIPTION D'UN ORAGE OBSERVÉ SUR LE FAULHORN ; par L. F. Kæmtz. (*Iahrbuch für Chemie und Physik*, 1832, H. 22).

La théorie des orages et l'explication de tous les phénomènes qui s'y rattachent, rencontrent de grandes difficultés dans la rapidité avec laquelle les circonstances du phénomène atteignent leur maximum de violence, et dans la position des nuées, qui le plus souvent sont tellement basses que l'observateur entouré d'une atmosphère troublée et de la pluie qui tombe, est rarement en état de voir ce qui se passe à quelque distance de lui. Les obstacles sont encore beaucoup plus grands à une certaine élévation : peu avant l'approche de l'orage, par suite de la violence du vent, et notamment des courans descendans d'air froid, il se forme des brouillards qui se pressent et restreignent l'horizon à un diamètre de quelques pieds. L'observateur croit être au sein de l'orage, et ce n'est réellement qu'une observation attentive de ce qui se passe autour de lui, qui peut le convaincre qu'il se trompe. Il m'est souvent arrivé, en voyageant dans les Alpes, de me croire dans une nuée orageuse ; ce n'est qu'une expérience répétée et une connaissance plus exacte des orages de montagnes, qui m'ont fait comprendre que les

nuages dans lesquels je me trouvais, formaient bien une
partie de la masse générale des nuages constituant l'orage,
mais que l'orage lui-même, venu de loin, était encore
à plusieurs milliers de pieds au-dessus de moi. Je n'ai
jamais vu d'orage au-dessous de moi ; c'étaient toujours
ces brouillards gris foncés, ou presque noirs, qui s'étaient
formés dans les parties basses, et sur lesquels l'éclair se
dirigeait, partant de couches d'air fort supérieures.

Quelque défavorable qu'ait été l'été de 1833 pour les
voyages de montagnes, à cause de la pluie qui a été presque continuelle en Suisse, cependant j'y ai trouvé plusieurs occasions d'observer des phénomènes de ce genre
très-remarquables sous divers rapports. De ce nombre sont
ceux que présenta l'orage du 13 août, que je décrirai brièvement.

Je me trouvais, ce jour-là, sur le Faulhorn, dans
l'Oberland bernois. La vue dont on jouit de cette montagne isolée entre les vallées de Grindelwald et de Brientz,
est extraordinairement vaste : elle s'étend des Diablerets
jusqu'aux Mythen du Canton de Schwytz, et de la chaîne
qui sépare le Canton de Berne du Valais, jusqu'aux Vosges
et à la Forêt-Noire ; on peut apercevoir de là les nuages
élevés qui se montrent sur le lac de Genève et sur le
Canton de Glaris, sur le Valais et sur le Würtemberg.

Le matin la chaîne était couverte de nuages, qui s'étendaient uniformément jusqu'à mon zénith et se trouvaient
là à une hauteur d'au moins 8300 pieds au-dessus de la
mer : c'étaient des *cumuli* assez obscurs ; le vent soufflait
modérément du sud-ouest. A 9 heures, les nuages se séparèrent un peu, et je distinguai nettement au-dessus de

moi deux couches, dont la plus haute paraissait formée de *cirrostrati*. Le vent conservait la même direction générale ; cependant en l'observant avec l'anémomètre de Woltmann, je reconnus qu'il soufflait par secousses, et que souvent il survenait du nord des bouffées passagères, auxquelles succédaient brusquement un calme complet. Les nuages paraissaient s'élever davantage, car je découvrais successivement des parties de la chaîne méridionale qui étaient cachées le matin. Au nord les deux couches de nuages (*cirrostrati* et *cumulostrati*) se dessinaient toujours plus fortement. A 2 heures il pleuvait par places, dans les directions de Berne, de Lucerne et de Zug. A $2\frac{1}{2}$ h., il y eut sur le Faulhorn une légère précipitation. Ce qui tomba, se composait d'eau, de gouttes demigelées, et de petits globules de glace ; mais rien de tout cela ne ressemblait à de la grêle proprement dite.

Vers 4 heures, des nuages se séparèrent en peu de temps, des masses supérieures, et descendirent dans les vallées de Brientz et du Grindelwald, où ils versèrent une pluie abondante. Bientôt une faible précipitation eut lieu sur le Faulhorn, et dura cinq minutes. C'était de la pluie, avec des grains de gresil d'une ligne de diamètre ; ces derniers tombaient toujours avec une violente bouffée de vent.

A 7 heures, tout l'ensemble des nuages avait une apparence orageuse ; ils s'étendaient uniformément en passant par mon zénith, jusqu'à la chaîne qui est entre la Jungfrau et le Wetterhorn. Ce qui me surprit, c'est qu'en plusieurs endroits les nuées basses manquaient. Non-seulement le Mont-Pilate et la Niesen, ainsi que le Schwarz-

horn qui n'en est pas éloigné, étaient dégagés, mais je
voyais très-nettement les Silberhorn de la Jungfrau ; ce
qui indiquait pour la limite inférieure des nuages une élévation de 10 000 pieds. A ce moment les éclairs commencèrent d'abord dans la vallée de Schwytz, et se propa-
gèrent de proche en proche vers l'est. Bientôt il s'établit
des éclairs permanens en cinq points de cette masse de
nuages, qui s'étendait en apparence sans interruption, du
lac de Genève jusqu'à Schwytz et à Glaris, et offrait ainsi
un développement de plus de vingt milles, savoir au-delà
des Diablerets, dans le Canton de Vaud, à droite du Rin-
derhorn, peut-être dans le Simmenthal, dans la direction
de Berne, dans celle de Lucerne (exactement derrière la
pointe du Mont-Pilate), et dans celle de Schwytz. Sur le
soir je vis aussi des éclairs en Allemagne et en France ;
mais ces derniers étaient trop éloignés pour que je pusse
les observer convenablement. Il résulta à mes yeux, des
observations que je fis pendant plusieurs heures, que l'é-
lectricité, qui paraissait en divers points de cette grande
masse de nuages, était dans un état de communication
intime. Pour environ un tiers des éclairs, la marche du
phénomène était la suivante. L'éclair partait d'abord dans
le Canton de Vaud, entre deux couches de nuages, et
éclairait fortement, comme à l'ordinaire, la masse inférieure ; peu de secondes après, souvent presque immédiatement, on voyait briller, dans le voisinage du Rin-
derhorn, un éclair à plusieurs traits rayonnans vers le
bas ; ensuite il s'en montrait un au-dessus de Berne,
qui ne faisait qu'éclairer fortement les nuages ; puis un
trait de feu paraissait vers le bas, dans la direction de

Lucerne , et il était suivi d'un autre dans la direction de Schwytz ; telle était souvent la marche du phénomène ; dans tous les autres cas , cette suite d'éclairs correspondans n'avait lieu que pour les deux orages de Berne et de Lucerne.

L'électricité était aussi très-intense sur le Faulhorn. Couché sur le sommet de la montagne (car la violence du vent ne me permettait pas de m'y tenir debout), j'entendis , vers 7 heures , un sifflement particulier sur mon anémomètre ; m'en étant approché , j'y trouvai un jet permanent de lumière électrique. Près de la maison , ayant dressé un fil métallique de trois pieds de long , et portant un morceau d'amadou allumé , j'obtins un courant permanent d'étincelles : aucun de mes électromètres de Volta ne pouvait me servir , bien qu'ils fussent pourvus de pendules en bois assez pesans , parce que ces pendules battaient contre les parois du vase ; j'étais encore plus mal placé pour m'assurer de la nature de l'électricité , car un électromètre fait avec les piles de Zamboni , avait été cassé dans le trajet de Berne au Faulhorn.

Aux environs de 8 $\frac{1}{2}$ h. , étant auprès de la maison , · j'entendis au-dessus de moi un bruit particulier ; je reconnus bientôt qu'il était produit par un feu St. Elme très-vif ; on en voyait de semblables sur les pieux plantés au sommet de la montagne. En même temps j'observai à l'ouest une nuée basse , qui était déchirée en plusieurs lambeaux , et qui marchait avec une grande rapidité. A mesure que cette nuée avançait , la flamme qui était sur la maison , prenait plus d'activité , et la violence de l'orage croissait notablement : quand elle fut arrivée , j'en-

tendis, ainsi que tous les autres voyageurs qui se trouvaient au Faulhorn, un grand fracas au-dessus de la maison, et peu après il tomba une grêle d'un genre particulier; les grains avaient la forme ordinaire, mais ils n'a-
vaient point d'enveloppe glacée; la plupart offraient une
longueur de trois lignes de la base au sommet; le diamètre de la base qui était sphérique, était d'environ un
tiers plus petit que la hauteur. Cette giboulée ne dura
guère plus d'une minute; il y eut tout-à-coup un calme
complet, qui fut bientôt suivi d'un vent violent du sud-
ouest. Les éclairs continuèrent encore long-temps de la
manière indiquée. Il ne grêla point à Grindelwald, ainsi
que me l'affirmèrent plusieurs voyageurs; mais il grêla
en plusieurs endroits, tels qu'à Wesen sur le lac de Wal-
lenstad, et sur les Alpes voisines de Bex, dans le Canton
de Vaud, tandis qu'à Bex même, il ne tomba pas autre
chose que de la pluie, au rapport de M. de Charpentier.

La marche de l'orage que je viens de décrire, peut jeter du jour sur quelques-uns des phénomènes des orages,
et en particulier sur les changemens subits, et si difficiles
à expliquer, qui surviennent dans la nature de l'électricité,
laquelle, sans cause apparente, passe brusquement d'un
état fortement négatif, à un état tout aussi fortement positif. Il se manifestait ici une communication électrique
intime, au moins de Bex jusqu'à Schwytz, et peut-être
jusqu'au lac de Wallenstadt : dans cet état de choses,
lorsqu'une décharge a lieu en un point, elle doit exercer
la plus grande influence surtout le reste de la masse, sans
qu'un observateur placé dans la plaine puisse, le moins du
monde, se rendre compte de la marche générale de l'o-

rage, d'après de ce qui se passe auprès de lui. Ainsi, ce jour-là, un observateur placé à Schwytz aurait peut-être remarqué un changement subit dans l'intensité ou dans la nature de l'électricité, tandis que l'explosion avait lieu à 20 lieues à l'ouest de sa position; et ces changemens se seraient répétés plusieurs fois, jusqu'à ce qu'après le dernier éclair sur Lucerne, l'électricité se fût assez accumulée à son zénith, pour déterminer une décharge. Ainsi s'explique encore le fait recueilli par quelques observateurs, que quelquefois dans les orages un peu éloignés, l'intensité de l'électricité était plus grande avant l'éclair qu'après, parce qu'avant l'électricité était contenue dans les nuages placés au-dessus d'eux.

Sans m'étendre davantage sur ce sujet, je me bornerai à remarquer que la marche que j'ai décrite est certainement plus fréquente qu'on ne l'a pensé jusqu'à présent; c'est ce que tend à démontrer la grande extension que prennent un grand nombre d'orages. J'ai eu l'occasion d'observer encore la dépendance électrique qui existe entre plusieurs orages, à Zurich, au milieu du mois de juin. Il régnait un orage assez violent sur le lac de Zurich, un peu à l'est de l'endroit où je me trouvais; un second était au sud-ouest; mon zénith était couvert par des nuages en forme de *cirri*, approchant des *cirrostrati*, sans qu'on pût apercevoir des *cumuli*, proprement dits. Les choses se passaient très-souvent de la manière suivante; un éclair brillait sur le lac, et peu après un autre au sud-ouest; ce dernier était sûrement déterminé par une nouvelle distribution de l'électricité.

PHYSIQUE.

NOTE SUR LE MAGNÉTISME ; par M. L. NOBILI.

I. *Sur la distribution du magnétisme dans l'intérieur de l'aimant.*

On sait qu'un cylindre électro-dynamique jouit des propriétés connues d'une aiguille aimantée, et que, selon l'hypothèse d'Ampère, qui est généralement admise, un cylindre d'acier aimanté n'est autre chose que l'assemblage d'une infinité de cylindres semblables réduits en diamètre, aux dimensions des particules du métal magnétique.

D'après cette manière de voir, un cylindre aimanté paraît représenté presque exactement par un faisceau d'aiguilles d'acier très-fines, toutes aimantées dans le même sens, et toutes également longues, de manière à constituer un système de même force que le cylindre aimanté. Mais n'est-il pas vrai en même temps que des aiguilles aimantées, mises en contact par leurs pôles de même nom, tendent à se dépouiller mutuellement de leur magnétisme, et que par conséquent un faisceau d'aiguilles disposées comme on vient de le dire, devrait bientôt per-

dre en entier, ou presque en entier, ses propriétés magnétiques ?

Pour m'en assurer, je pris, il y a bien des années (1824), une cinquantaine d'aiguilles du n° 12, et j'en fis un petit paquet, avec les pointes tournées du même côté, que j'aimantai ensuite sur le pôle d'un gros aimant. Cette opération achevée, je défis le paquet, pour reconnaître quel était le magnétisme de chacune des aiguilles : je les trouvai toutes fortement aimantées dans le même sens, comme on devait s'y attendre. Je reformai le faisceau, que je liai fortement, afin que les aiguilles eussent entr'elles le contact le plus complet. Au bout d'une couple d'heures, je le déliai, et j'examinai de nouveau le magnétisme de chacune des aiguilles dont il se composait. J'en trouvai un bon nombre qui avaient acquis le magnétisme contraire à celui qu'elles possédaient d'abord, ou qui, selon les nouvelles idées, avaient interverti le sens de leurs courans particuliers. Je répétai l'expérience sur un autre paquet d'aiguilles ; mais au lieu de le défaire au bout de deux heures, je l'ouvris au bout d'une trentaine de minutes. Je trouvai alors le magnétisme, sinon renversé dans un certain nombre d'aiguilles, au moins en chemin d'être renversé, puisqu'elles avaient perdu tout celui qu'elles possédaient auparavant.

Il me semble que ces faits n'ont pas besoin de commentaires ; ils montrent que les aiguilles du paquet, n'acquièrent pas toutes, comme cela est naturel, un même degré d'aimantation ; que les plus fortes dépouillent d'abord les plus faibles de leur magnétisme ; et qu'ensuite elles déterminent dans celles-ci une aimantation inverse.

Il faut donc admettre que, si les aiguilles avaient, dès le principe, toutes reçu le même degré d'aimantation, cette propriété se serait promptement détruite dans tout le système, comme on pouvait le présumer d'après les connaissances que nous possédons déjà sur ce sujet.

Je ne mets point en doute la justesse de l'idée fondamentale d'Ampère, mais je pense qu'il est très-possible que la distribution du magnétisme dans le corps aimanté, ne soit pas telle qu'il la suppose. De cette manière, je crois qu'il ne pourrait, ni se conserver, ni se concentrer, comme on le voit distinctement, aux angles et aux pointes du corps. On sait de quelle manière se construisent les aimans formés de plusieurs barreaux; on les arrange de façon que le barreau central dépasse les autres, qui sont placés en retraite par escaliers. Ainsi, non-seulement le magnétisme se conserve dans le barreau central, mais il se renforce au point de supporter des poids beaucoup plus considérables qu'avec toute autre disposition.

Cet arrangement artificiel, également juste en pratique et en théorie, nous conduit à découvrir ce qui se passe dans la nature. Ce n'est pas qu'on puisse distinguer effectivement dans un barreau d'acier massif, ces escaliers que l'on forme artificiellement dans un aimant composé ordinaire; mais on peut bien diviser par la pensée l'intérieur du barreau en autant de couches concentriques, et supposer que dans ces couches le magnétisme va en diminuant rapidement d'intensité du dehors au dedans.

Nous voulons, dans notre aimant composé, concentrer toute l'intensité sur le barreau du centre. Que ferions-nous, si nous voulions la concentrer à l'extérieur? Nous intervertirions le sens des escaliers ; nous retirerions en dedans le barreau central, et nous pousserions en dehors les barreaux latéraux. De cette manière on ferait passer la force de l'intérieur à l'extérieur, et on formerait un type d'une distribution du magnétisme analogue à celle que l'on doit, ce me semble, supposer dans un corps aimanté quelconque, et par laquelle il conserve sa propriété et la concentre aux angles, ainsi que cela résulte des observations les plus simples.

Reste à voir le motif pour lequel le magnétisme se distribue de cette manière dans les aimans.

II. *Sur la force coërcitive.*

Nous avons dans la science, deux espèces de magnétismes ordinaires, le magnétisme permanent de l'acier trempé, et le magnétisme passager du fer doux. D'où provient une différence aussi marquée et aussi singulière ? Appeler *force coërcitive*, la résistance qu'opposent les métaux magnétiques à s'aimanter et à perdre leur magnétisme, c'est dire simplement qu'une telle force est très-grande dans l'acier, et nulle, ou presque nulle, dans le fer ; ce n'est pas expliquer le fait ; c'est seulement l'exprimer d'une autre manière, sans faire avancer la question d'un pas : c'est peut-être même la faire reculer, s'il est vrai, comme il me paraît, que cette idée de force coërcitive tend à introduire dans la science une fausse manière de voir.

L'acier non trempé est presque dans le même état que le fer doux ; il perd aussi presque tout le magnétisme qu'on lui communique d'autre part. La trempe est donc, on ne

peut le nier, la cause par laquelle l'acier acquiert la propriété de conserver le magnétisme. Mais si cela est vrai,
il est vrai d'autre part, que les barreaux d'acier les mieux
trempés, ne peuvent être en contact mutuel par leurs pôles
de même nom, sans altérer plus ou moins l'intensité de
leur magnétisme. La trempe n'est donc pas la cause im-
médiate de cette propriété. Nous avons vu plus haut que
la condition conservatrice dépend du mode de distribution du magnétisme dans l'intérieur du corps aimanté.
Divisons le corps dans ses fils élémentaires, et supposons
que ces fils infiniment déliés sont tous aimantés au même
degré. Procurons à ce système la plus forte trempe possible, et il perdra son magnétisme très-promptement,
comme le démontre l'expérience du paquet d'aiguilles,
que nous avons citée plus haut; supposons au contraire,
que les élémens extérieurs sont aimantés plus fortement
que les élémens intérieurs, et nous aurons alors un système capable de conserver une dose de magnétisme plus
ou moins forte selon les circonstances.

Mais comment peut-il se faire que, dans une même
masse, les parties extérieures s'aimantent plus que les parties intérieures? On ne peut douter que la trempe ne dé-
truise l'homogénéité qui existait auparavant dans toutes les
parties de la masse; les molécules extérieures, refroidies
brusquement les premières, se rapprochent entr'elles
plus que ne peuvent le faire les molécules intérieures,
obligées par la croute extérieure, qui a déjà pris de la
consistance, à rester à peu près à la distance à laquelle
les place la température.

Ce n'est pas ici le lieu de rechercher le motif pour le-

quel l'acier trempé acquiert de la dureté, non plus que
de discuter si, sous la trempe, les particules métalliques
se groupent d'une manière plutôt que d'une autre; il
suffit de savoir que l'acier trempé se revêt d'une croûte,
qui par sa densité et peut-être par d'autres circonstances,
diffère d'autant plus des couches internes que le refroidissement a été plus rapide.

Si donc la question n'est pas complétement résolue, elle
est au moins amenée à un point satisfaisant. Le magnétisme se conserve dans l'acier trempé, parce qu'il s'y distribue inégalement, étant en plus grande abondance au
dehors, et diminuant à mesure que l'on approche du
centre du corps; distribution qui résulte nécessairement
de la trempe, puisque celle-ci couvre l'acier d'une croûte
qui diffère physiquement des parties centrales.

A l'aide de ce principe, on comprend, à ce qu'il me
semble, plusieurs faits, qui restaient d'abord sans explication.

Le fer doux perd son magnétisme; mais battu au marteau, ou passé à la filière, il acquiert la propriété d'en conserver une petite dose. Les coups de marteau et la filière
opèrent de la même manière; ils rendent la surface plus
compacte que les parties internes.

Si un fil de fer, tiré simplement à la filière, conserve
déjà un peu de magnétisme, le même fil en conserve une
dose plus considérable, lorsqu'il est tordu, comme l'a
enseigné depuis long-temps M. Gay-Lussac. Que fait ici
la torsion, si ce n'est d'augmenter la différence qui existe
entre les parties externes et les parties internes du fil? L'al-
longement est à son maximum le long de la surface extérieure, et à son minimum le long de l'axe.

La trempe et la qualité de l'acier étant les mêmes, les barreaux minces acquièrent, en proportion, un magnétisme beaucoup plus fort que les gros barreaux, et cela même si le réchauffement des barreaux et la température du bain de la trempe ont été les mêmes. Mais c'est qu'alors la trempe n'aura été égale que de nom ; au fait, elle aura produit dans les barreaux minces, une hétérogénéité de couche à couche plus grande que dans les barreaux épais. La raison en est évidente. L'hétérogénéité des couches est d'autant plus marquée que le refroidissement a été plus rapide, et cette rapidité croît à mesure que le barreau est plus délié.

Il n'est pas possible de bien aimanter un gros barreau d'acier. A quoi cela tient-il, si le barreau peut être très-bien trempé dans toute son épaisseur, et peut recevoir le magnétisme d'une source abondante ? On ne peut révoquer en doute ni l'un ni l'autre de ces deux faits, qui sont tous deux également bien constatés ; mais on peut répondre que l'impossibilité de bien aimanter un gros morceau d'acier, dépend de l'état de ses parties centrales, qui sont bien trempées, mais qui le sont trop également pour ne pas perdre tout, ou presque tout le magnétisme qu'elles reçoivent d'ailleurs.

Le magnétisme augmente avec le degré de la trempe, plutôt qu'avec la masse du corps aimanté. Voici une expérience faite pour mettre ce point dans toute l'évidence qu'il comporte. J'ai fait construire, avec le même acier, deux cylindres d'égale longueur, d'égal diamètre, mais l'un massif, et l'autre foré selon son axe, d'un bout à l'autre. Le premier pesait $28\frac{1}{2}$ grammes, et le second 16.

Ils furent trempés de la même manière, et ensuite aimantés à saturation. Les ayant placés successivement à
la même distance d'une aiguille de boussole, j'observai
les déviations suivantes : pour le cylindre massif, $9° \frac{1}{2}$

pour le cylindre évidé, 19.

On voit que la différence est énorme. Le cylindre massif
a une masse presque double de celle du cylindre évidé,
et cependant son magnétisme est à peine la moitié de celui
de l'autre.

D'après les idées ordinaires, on se serait attendu à un
résultat tout autre ; cependant la cause du fait paraîtra
assez simple, si l'on réfléchit à l'état du cylindre évidé,
lequel étant trempé simultanément en dehors et en
dedans, se revêt ainsi sur ces deux surfaces, de cette
croûte qui devient conservatrice du magnétisme, du moment où il ne peut en recevoir une dose plus forte qui
ne touche les parties internes.

Ces observations donnent de la force à l'idée principale,
relative à la distinction des deux espèces de magnétisme.
Le magnétisme, disons-nous, tend à se détruire dans le
fer le plus doux, comme dans l'acier le plus trempé ; s'il
se conserve dans cette dernière substance et non dans la
première, cela dépend d'une circonstance accidentelle,
la *trempe*, qui fait perdre à l'acier son homogénéité,
presque sans altérer la structure interne du fer.

Il faut convenir, du reste, qu'il règne encore une telle
obscurité sur ce qui se passe dans l'intérieur des aimans,
qu'il faut être réservé dans les opinions qu'on peut avancer sur ce sujet ; c'est dans cet esprit que j'entends présenter mes idées.

Janvier, 1834.

HISTOIRE NATURELLE.

SUR LA VITALITÉ DES CRAPAUDS RENFERMÉS DANS LES CORPS SOLIDES; par M. W. A. THOMPSON, de Thompson, État de New-Yorck (*American Journal of Science*, nº 51).

Ayant pris connaissance des expériences du Dr. Buckland d'Oxford (1), sur la vitalité des crapauds, et ayant réfléchi sur ces expériences et sur les conclusions qu'il en a tirées, j'ai été conduit à douter que l'objet que le Dr. Buckland avait en vue, pût être obtenu de la manière et dans les circonstances dans lesquelles les essais ont été faits. Les reptiles furent renfermés dans deux différentes espèces de pierre; dans un cas, des cellules de 12 pouces de profondeur et 5 de diamètre, étaient creusées dans un bloc de calcaire oolithique très-poreux; dans l'autre le même nombre de crapauds furent enfermés dans des pierres de grès siliceux compact, où les cellules étaient de plus petites dimensions. Il paraît qu'à la fin d'une année ou plus, ceux qui étaient dans les cellules de grès, étaient

(1) Voyez *Bibl. Univ.* T. LI, décembre 1832, p. 391. — Voir ensuite sur le même sujet, un article du Rév. *Ed. Stanley*, T. LIV, novembre 1833, p. 282, et une lettre du Dr. *Vallot*, janvier, 1834; p. 69.

tous morts, tandis que plusieurs de ceux qui étaient dans la pierre calcaire, étaient vivans, quoique fort diminués en poids. Après cet examen, les crapauds survivans furent enfermés de nouveau, jusqu'à la fin d'une autre année ; on rouvrit alors les cellules et on les trouva tous morts. En même temps qu'on enfermait quelques crapauds dans de la pierre, quatre autres avaient été enfermés dans trois trous pratiqués dans le tronc d'un pommier, ayant 5 pouces de profondeur et 3 de diamètre ; et ces trous avaient été soigneusement bouchés avec des tampons en bois, de manière à intercepter complétement l'air ; au bout d'une année tous ces crapauds furent trouvés morts.

En examinant ces faits, il ne me paraît pas surprenant que les reptiles aient été tous, ou presque tous, trouvés morts à l'expiration d'une ou deux années, et je doute que les expériences puissent être considérées comme satisfaisantes. Les circonstances même de ces expériences me semblent prouver une vitalité très-persistante dans ces animaux : car s'il n'y avait eu aucun doute sur le long espace de temps pendant lequel le principe de vie subsiste sans s'éteindre, dans ces reptiles, le Dr. Buckland n'aurait pas fait ses expériences.

Dans ce pays ci, des crapauds et des grenouilles ont été trouvés dans trois situations différentes :

1) Fréquemment dans du grès de formation secondaire, et dans de la pierre calcaire secondaire.

2) Dans des puits que l'on creusait, et où les ouvriers étaient parvenus à des lits d'argile, à 12 ou 15 pieds au-dessous de la surface du sol.

3) Dans des troncs d'arbres, qui étaient en apparence imperméables à l'air.

Dans le premier cas, les crapauds étaient enfermés dans des cellules tout juste assez grandes pour renfermer leurs corps, et selon toute apparence, ils devaient être restés dans cette situation, depuis la formation du grès ou de la pierre calcaire, dans l'eau au sein de laquelle ces bancs paraissaient s'être déposés.

Les cellules qui renfermaient ces reptiles, étaient évidemment accommodées à leur forme et à leur grandeur, et par conséquent la substance dont elles étaient formées, avait alors une consistance molle et malléable, en sorte qu'elle pouvait prendre la forme du corps qui y était renfermé. Maintenant il est évident que, si un crapaud ou tout autre reptile eût été enfermé dans une cellule de la grandeur de celles dont nous venons de parler, il n'aurait pas vécu la moitié du temps pendant lequel ont vécu ceux qui ont été murés par le Dr. Buckland, attendu que la nourriture et l'air sont absolument nécessaires à tout animal qui est en possession de ses organes naturels.

Mais c'est un fait bien connu, que les crapauds, les grenouilles et d'autres reptiles sont restés dans un état de torpeur pendant plusieurs années, sans donner aucun signe d'existence, et ont repris la vie, lorsqu'ils ont été exposés à l'air et à une température plus élevée. Il est ainsi démontré que la respiration et la circulation du sang ne sont pas nécessaires à la vitalité des animaux à sang froid, pendant leur hivernation. Il paraît aussi que les alimens qui sont alors dans leur estomac, y demeurent sans digestion et sans altération, et sont au bout de deux ou trois ans, tels que s'ils n'avaient pas été dans l'estomac plus d'une minute, pourvu toutefois que la torpeur

ces animaux demeure la même, et que la tempéra-
e ne se soit pas élevée.

Nous sommes en droit de supposer que depuis la for-
ition de notre globe, il y a eu une succession de saisons
audes et froides, comme actuellement, et que la cons-
ution des animaux a toujours été réglée d'après les mêmes
incipes. Si donc quelqu'un de ces reptiles, pendant son
at de torpeur, avait été pris dans le sable ou la matière
ilcaire, nous ne voyons pas de raison pour que sa vi-
lité ne se soit pas maintenue pendant des milliers d'an-
ées. Si la nourriture, la respiration et la circulation du
ing ne sont pas nécessaires pour l'entretien de la vitalité
e ces reptiles, un laps de temps de mille années est la
ıême chose que celui d'un jour. Une libre circulation
le l'air et une température élevée, sont l'une et l'autre
iécessaires pour le rappel à la vie de ces animaux
ıngourdis. Nous n'avons pas d'exemple de crapauds
ɔu autres reptiles trouvés renfermés dans le grès ou
dans le marbre, en Europe ou en Amérique, sauf dans
les latitudes où le froid endort ces animaux; il paraît
donc probable qu'ils auront été enfermés lorsque la
substance était molle et le reptile à l'état de torpeur. Si
l'on objectait que ces animaux auraient été rappelés à la
vie par le retour annuel d'une température plus élevée,
on répondrait qu'un rocher placé à une profondeur de
15 ou 20 pieds, demeure à une température beaucoup
plus basse que l'air qui est à la surface ; et de plus il est fort
douteux qu'un reptile enfermé dans un roc à 15 ou 20
pieds, se ranimât sans une libre circulation d'air. Des
grenouilles et des crapauds, dans la partie méridionale

de la baie de Hudson et dans le Canada, sont restés
gelés et endormis pendant des années, et ont ensuite
repris la vie. A cette latitude, des crapauds demeurent à
l'état de torpeur du premier novembre au premier mai ;
dans l'été ils s'enfoncent ordinairement de 8 ou 10 pouces
dans le sol, ou sous quelque pierre à une moindre profondeur ; dans l'hiver ils demeurent à l'état de torpeur,
jusqu'au premier mai, époque à laquelle les petits insectes
commencent à émigrer de leurs quartiers d'hiver et leur
fournissent de la nourriture.

Dans ce climat, la terre est ordinairement gelée pendant l'hiver, à 15 ou 18 pouces de profondeur, et tout
ce qui y est enterré paraît aussi gelé et privé de vie.

Le animaux à sang chaud qui s'hivernent, tels que la
marmotte, le hérisson, le putois, etc., demeurent, il est
vrai, dans un état de torpeur pendant la saison froide.
Mais le froid agit sur eux d'une manière très-différente
de celle dont il opère sur les animaux à sang froid, dans
lesquels la circulation du sang a lieu indépendamment
de l'action des poumons. Lorsque la température de l'air
descend au-dessous 50° F., les animaux à sang froid commencent à perdre leur sensibilité ; à 40° ils tombent en
torpeur, et si cette température se soutient, ils peuvent
demeurer dans cet état pendant un temps quelconque ;
c'est ce que des expériences répétées semblent prouver
suffisamment.

Quant aux crapauds et aux grenouilles, qui ont été
trouvés, en creusant des puits, dans l'argile, à une profondeur de 12 à 15 pieds, je ne vois pas de raison pour
fuser d'admettre qu'ils étaient là, à l'état de torpeur,

pour ainsi dire, depuis le déluge ; en effet, toutes les couches situées au-dessus du roc solide, étant alors remuées par l'action violente de l'eau, ces animaux peuvent avoir été enfermés, à cette époque, dans les matières en suspension. Ils auraient été ainsi recouverts ensuite d'une grande épaisseur de terre ; et comme à cette profondeur il ne peut y avoir de changement de température et de circulation d'air, ils peuvent être restés dans cette situation pendant des périodes incomparablement plus longues que la durée qu'on accorde à la vie de ces reptiles.

Le cas des crapauds enfermés dans des troncs d'arbres, est le plus facile à expliquer. Ici il n'est pas nécessaire de leur supposer une vitalité continuée pendant un temps très-long ; il n'y a rien d'étonnant à ce qu'un crapaud, après s'être glissé dans le creux d'un tronc d'arbre, n'ait pas pu sortir de sa prison, et que, dans le cours de trois óu quatre ans, le creux se soit fermé par le cours naturel de la végétation. Il est facile d'admettre qu'il a pu y avoir là quelque crevasse dans le bois, par laquelle des insectes seront entrés, et auront fourni à la nourriture de l'animal. De plus on sait qu'il n'est pas rare que ceux de nos arbres qui n'ont pas plus de deux pieds de diamètre, gèlent complétement pendant l'hiver ; en pareil cas le crapaud serait tombé dans un état de torpeur tel qu'avec la privation d'air cet état aurait pu continuer jusqu'au moment où la prison aurait été ouverte. Nous avons toute raison de croire que, lorsque ces reptiles jouissent de l'air et de la nourriture, leur existence ne se prolonge pas ordinairement au-delà de douze à quinze ans (1) ; cette opi-

(1) V. dans *Bakewell's Geology*, (p. 21 , note ; première édition

nion se confirme, si l'on considère la petitesse de leurs dimensions, et si l'on remarque qu'ils achèvent leur croissance en deux ou trois ans...........................

Nous sommes donc conduits à reconnaître que les reptiles qui ont été trouvés murés dans le grès et dans le marbre, doivent être restés dans cette situation pendant un temps plus long que celui qu'on peut raisonnablement attribuer à l'existence des reptiles de quelque espèce qu'ils soient, et qui aurait à peine suffi à la formation des concrétions qu'on suppose avoir servi à les enfermer. Le Prof. Buckland conclut de ses expériences, que lorsque les organes naturels de l'animal sont dans une action continuelle, la vitalité du crapaud n'a pas de persistance extraordinaire, et que par conséquent, sa vie doit se terminer en peu de temps; mais nous sommes conduits, au contraire, à croire que la vitalité du crapaud peut persister pendant un temps comme indéfini, pourvu que l'animal ait été engourdi par le froid, de manière que la respiration et la circulation aient été suspendues, que la température se maintienne basse, et qu'il n'y ait pas de libre circulation d'air.

Il est à présumer que les parties internes des couches de roc d'où sortent des sources d'eau froide, sont à peu près à la même température que l'eau de ces sources; il est donc probable qu'un crapaud enfermé dans ces

américaine), une expérience qui donne un terme de 25 ans, au moins, à la vie d'un crapaud emprisonné sous le creux du fond d'une bouteille de vin, où on l'inspectait annuellement, et d'où on le laissa échapper par une imprudence. (Édit. amér.)

ouches, ne sortira pas de l'état de torpeur, tant que l'eau
qui en sort ne prend pas en été une température suffisamment élevée...................

Il est contraire à toute probabilité que, dans chacun
des cas où l'on a trouvé des crapauds enfermés dans la
pierre, il ait dû y avoir une fente ou une ouverture
pour l'introduction de l'air et de la nourriture, et que
cette fente ait toujours échappé à l'observation la plus
exacte ; surtout si l'on considère que ces cas ont toujours
excité la curiosité à un haut degré, et si l'on réfléchit
qu'il aurait fallu que, dans l'origine, l'ouverture fût assez
grande pour laisser passer le corps du reptile.

J'ai été conduit à réfléchir sur ce sujet, en partie,
en voyant dans ce pays, transporter de grands brochets
gelés, d'un lac ou d'un étang dans un autre, pendant
les grands froids, pour en propager l'espèce, et en
voyant ces animaux reprendre la vie et s'en tirer sans
autre dommage que la perte de quelques écailles ; comme
aussi en voyant des serpens, qui sont en apparence complétement gelés, au point qu'on peut rompre trois ou
quatre pouces de leur queue comme un bâton de glace,
et qui cependant reprennent la vie lorsqu'ils sont exposés
à l'air chaud.

On déterre quelquefois de bonne heure au printems,
avec le soc de la charrue, des crapauds qui ne donnent
encore aucun signe de vie, jusqu'à ce qu'ils aient été en
contact avec un air plus chaud ; ces faits me paraissent
se rapporter tout à fait à celui qui nous occupe, et je
pourrais en ajouter un grand nombre d'autres semblables
que j'ai eu l'occasion d'observer.

« Personne n'est plus disposé que moi, à rendre hommage aux talens distingués du Prof. Buckland, et n'a une plus haute opinion des grands services qu'il a rendus à la science ; mais je ne puis cependant m'empêcher de croire que ses expériences ne sont pas concluantes pour résoudre la question de la vitalité persistante des reptiles trouvés dans diverses couches de rochers.

J'espérais que quelque plume plus capable que la mienne, aurait traité ce sujet dans ce journal ; mais voyant que personne n'en faisait mention, je me suis hasardé à communiquer mes propres idées.

P. S. Il n'y a pas long-temps qu'un certain nombre d'ouvriers étaient occupés à creuser un puits dans cette ville ; après avoir traversé une couche de gravier de cinq ou six pieds, ils arrivèrent à un lit plus dur, et y ayant pénétré à une profondeur d'environ cinq pieds, ils y trouvèrent un crapaud vivant, dont la grosseur n'était guère que les deux tiers de celle d'un crapaud qui a pris toute sa croissance. Il était renfermé dans une cellule un peu plus grande que lui-même, mais tout-à-fait adaptée à ses formes. Cette découverte occasionna naturellement une grande surprise ; on examina les matériaux environnans, et on essaya de les remettre en place ; mais ils avaient été tellement brisés par la pioche, qu'il fut impossible de les bien raccorder ensemble. Le crapaud, exposé à l'air, commença bientôt à se mouvoir ; mais il mourut au bout de vingt ou trente minutes.

Je dois remarquer que le puits était situé dans un terain élevé, et que le poudding dans lequel il était creusé et qui est commun aux États-Unis, se compose d'argile et de gravier, mêlés d'un peu de fer ; il est si dur qu'il ne peut être brisé qu'avec la pioche et de fortes barres de fer. Il faut ajouter encore que ce poudding est exempt de fissures et de fentes, et aussi imperméable à l'air et à l'eau que le grès de ce pays. Ainsi ce reptile était, sans aucun doute, privé d'air et de nourriture ; il était placé trop bas pour être atteint par la chaleur du soleil en été, ainsi que par celle de l'eau de pluie, qui n'aurait pu pénétrer jusque-là.

MÉLANGES.

ASTRONOMIE.

1) *Nouveau télescope à lentille fluide, du Dr. Barlow.* — Le N° 15 du Bulletin des séances de la Société Royale de Londres, récemment publié, renferme des rapports que Sir John Herschel, le Prof. Airy et le Capitaine Smyth ont adressés, l'année dernière, au Conseil de cette Société, au sujet de l'examen qu'ils avaient été chargés de faire, chacun de leur côté, du télescope achromatique fluide, de 8 pouces d'ouverture et 8 pieds de longueur focale (mesure anglaise), construit par Dollond pour la Société Royale, sur les principes et sous la direction du Dr. Barlow. Il résulte de

ces rapports , que ce télescope est satisfaisant par la quantité de lumière qu'il présente , et par la manière dont s'y opère la dispersion
des couleurs , mais qu'il ne l'est pas autant sous le rapport de l'a-
berration de sphéricité et de la coloration hors du centre du champ.
M. Herschel n'a pas trouvé les images suffisamment distinctes avec
des grossissemens supérieurs à 100 ou 150; mais il pense que
cela tient peut-être à ce qu'il n'avait pas pu amener les lentilles à
leur distance mutuelle la plus convenable. M. Airy croit qu'on devrait appliquer à ce télescope des oculaires d'une construction différente et les ajuster avec plus de soin , avant de décider sur le
degré de netteté dont il est susceptible. M. Smyth a comparé l'effet
de ce télescope avec celui d'une lunette achromatique ordinaire de
6 po. d'ouverture et de 8 ½ pieds de longueur focale , en réduisant
le plus souvent l'ouverture du premier à 6 pouces , et il a trouvé
en général que le second donnait des images plus distinctes et sup-
portait mieux de forts grossissemens. Avec des grossissemens faibles,
le premier lui a présenté quelquefois de doubles images , et les
changemens de température semblent modifier ses effets optiques.
Les disques des planètes , particulièrement celui de Vénus , lui ont
paru en général assez mal terminés. Il a pu , cependant , bien distinguer avec le télescope à lentille fluide , en lui appliquant des grossissemens de 150 à 250 fois , diverses étoiles doubles difficiles à séparer, et résoudre en étoiles quelques nébuleuses ; et il a essayé , sans
inconvénient , de le diriger pendant trois minutes sur le soleil , en
réduisant son ouverture à 3 pouces. M. Smyth estime que les télescopes de ce genre peuvent , dans leur état actuel , être appliqués
plus avantageusement aux étoiles qu'aux planètes ; il les croit susceptibles , surtout s'ils peuvent encore être perfectionnés sur quelques points, et si l'on en construit de grandes dimensions , de devenir, par leur grande clarté , très-avantageux pour l'examen des nébuleuses des classes supérieures , et de suppléer à l'insuffisance des
lunettes achromatiques ordinaires pour ce genre de recherche.

                                                    A. G.

2) *Sur les expériences du pendule du Capit. Foster.* —M. Francis Baily a présenté à la Société Royale Astronomique de Londres, dans sa séance du 8 novembre 1833, un rapport intéressant sur les résultats des nombreuses expériences du pendule à seconde faites par le Capitaine Foster dans une expédition qu'il a exécutée pour cet objet, par ordre de l'Amirauté, et où il a eu le malheur de se noyer, après avoir déjà fait plus de vingt mille observations de ce genre, dans quatorze stations comprises entre Londres et la Nouvelle Shetland du Sud.

Le Cap. Foster était muni de quatre pendules différens, dont deux de la construction du Cap. Kater, et les deux autres d'une nouvelle construction, recommandée par M. Baily, pourvus chacun de deux couteaux différens. Les résultats des diverses expériences en chaque station sont fort bien d'accord, sauf celui d'une seule série à la Nouvelle Shetland, et tendent à prouver de plus en plus que le pendule présente un bon moyen de mesurer la force relative de la gravité à diverses latitudes. M. Baily a découvert, cependant, dans cet instrument de petites sources d'erreur, qui n'avaient pas été soupçonnées encore, et dont la correction donnera plus de poids aux expériences futures de ce genre, en les rendant plus comparables entr'elles.

Le nombre de vibrations des pendules invariables en 24 heures, qui était de 86400 à Londres, où ils battaient les secondes de temps moyen, n'a plus été à Para, à un degré et demi de l'équateur, que de 86260 ½, tandis qu'à la Nouvelle Shetland, à une latitude australe de 62° 56′, ce nombre a été de 86444 ½.

M. Baily, en adoptant pour la figure de la terre un ellipsoïde de révolution, et en introduisant dans la formule qui en résulte pour le nombre V de vibrations du pendule en 24 h. à une latitude quelconque L, les valeurs numériques des coëfficiens résultant de l'ensemble des observations du Cap. Foster, combinées entr'elles par la méthode des moindres carrés, est arrivé à la formule suivante :

$$V = (7441507482 + 38066418 \sin^2 L)^{\frac{1}{2}} ;$$

D'où il résulte que le nombre des vibrations doit être de 86264,2 à l'équateur, et de 86488 au pôle.

En comparant les valeurs que donne cette formule pour chaque
station, avec celles qui résultent de l'observation directe, on trouve
des différences dans l'un et l'autre sens, qui n'atteignent pas sept
vibrations et demie en 24 h., mais qui dépassent cependant de
beaucoup l'erreur probable des observations. D'après l'accord qui
existe entre les résultats des diverses séries en chaque station, et
d'après les confirmations obtenues dans plusieurs cas, par des expériences analogues faites par d'autres observateurs, ces différences
indiquent évidemment des influences locales sur le pendule, dont
nous ne connaissons pas encore exactement la nature. La force de
la gravité y semble plus grande, par exemple, en des îles situées
à une grande distance de la terre ferme, telles que Sainte Hélène,
l'Ascension, etc., qu'elle ne l'est à la même latitude sur les continens. On voit par là, que ce n'est que par un grand nombre d'observations en diverses stations, qu'on peut parvenir à des résultats
moyens dignes de confiance, relativement à la figure de la terre.
La valeur de l'aplatissement du sphéroïde terrestre, qui se déduit de
l'ensemble des expériences du Cap. Foster, est $\frac{1}{289,48}$; elle se rapproche beaucoup de $\frac{1}{288,4}$ qui avait été obtenu par le Cap. Sabine
au moyen d'un nombre d'expériences cinq fois plus petit. Nous devons renvoyer pour plus de détails au N° 1 de la troisième année
du Bulletin des séances de la Société Astronomique, d'où nous
avons extrait ce qui precède. Les expériences même du Cap. Foster
seront publiées dans le T. VII des Mémoires de cette Société.

———

3) *Reconstruction et dotation de divers observatoires.* — Un
Comité de citoyens distingués de la ville libre de Hambourg, vient
de consacrer une somme de 32,000 marcs (environ 60,000 francs),
soit à l'achat des instrumens que le célèbre Repsold avait construits
avant sa mort pour l'observatoire de cette ville, entre lesquels se
trouve un excellent instrument des passages de cinq pieds, soit à
l'acquisition de nouveaux instrumens, tels qu'un cercle méridien
qui sera exécuté par Repsold le fils, et à la fourniture de tout ce
qui est nécessaire pour le service d'un observatoire. M. Rumker

a été nommé directeur de cet établissement et M. Peters astronome adjoint. L'Empereur de Russie a ordonné l'érection d'un nouvel observatoire à Saint-Pétersbourg, dont la construction doit être faite dans les environs de cette ville, d'après le plan qui aura été fourni par MM. Parrot, Struve et Wiesniewski. Une somme de cent mille roubles a déjà été accordée pour le commencement de cette entreprise. Le nouvel observatoire de Berlin doit être maintenant terminé; il renfermera, entr'autres, une grande lunette achromatique de Fraunhofer, pareille à celle de l'observatoire de Dorpat.   A. G.

OPTIQUE.

1) *Sur un phénomène de couleurs accidentelles*, par M. PLA-TEAU. — Lorsqu'on a regardé fixement, pendant quelque temps, un petit objet coloré posé sur un fond blanc ou noir, et qu'on jette subitement les yeux sur une surface blanche, on voit bientôt paraître, comme on sait, une image de même forme que l'objet, mais d'une couleur complémentaire. Ainsi, la contemplation prolongée d'un objet *rouge*, donne ensuite naissance à l'apparition d'une image *verte*, etc. Ces apparences colorées, auxquelles on a donné le nom de *couleurs accidentelles*, offrent une particularité remarquable, observée par la plupart des physiciens qui se sont occupés de ce genre de recherches, et qu'il est très-aisé de constater. Elle consiste en ce que l'*image accidentelle*, au lieu de s'effacer graduellement d'une manière continue, présente ordinairement une suite de disparitions et de réapparitions alternatives, l'image devenant de plus en plus faible à chaque réapparition, jusqu'à ce qu'on n'aperçoive plus rien. Je ne m'occuperai pas ici de la cause à laquelle il faut attribuer ce phénomène (1), et je le considérerai simple-

(1) J'ai essayé de présenter une théorie nouvelle de tous les phénomènes qui se rattachent aux couleurs accidentelles, dans un mémoire dont la première partie paraîtra dans le 8ᵐᵉ vol. des *Mémoires de l'Académie de Bruxelles*.

ment comme un fait susceptible de mesure. L'objet de cette notice est d'exposer les résultats de quelques observations que M. Quetelet a bien voulu faire avec moi sur ces apparences singulières, résultats qui m'ont paru mériter quelqu'attention.

L'impression accidentelle présentant, dans chacune de ses apparitions, un *maximum* d'intensité que l'on peut saisir avec une certaine précision, nous avons cherché à mesurer les intervalles de temps écoulés depuis l'instant où l'observateur cessait de regarder l'objet coloré, jusqu'à ceux où l'impression accidentelle atteignait ses *maxima* successifs.

Nous opérions de la manière suivante. L'un de nous regardait fixement, pendant un nombre déterminé de secondes, un morceau de papier *orangé*, placé sur un fond noir, dans un lieu bien éclairé, puis portait aussitôt les yeux sur un mur blanc. Alors il indiquait, avec le plus de précision possible, les instans où l'impression accidentelle *bleue* qu'il apercevait, atteignait ses *maxima* successifs, tandis que l'autre observateur, muni d'une montre marquant les demi-secondes, notait aussitôt le temps.

Nous avons obtenu, de cette manière, les résultats suivans. Ils expriment les temps écoulés depuis l'instant où l'observateur cessait de regarder le papier orangé, jusqu'aux instans successifs des *maxima*.

1° Après avoir regardé le papier orangé pendant 15″ :

Effet observé par M. Quetelet.	*Effet observé par moi.*
2″,5	3″,0
8,9	8,5
15,1	16,8
23,7	23,5

2° Après avoir regardé le papier orangé pendant 30″ :

Effet observé par M. Quetelet.

2″,5
8,2
16,4

25″,4
35,1
45,1
55,1

3° Après avoir regardé le papier orangé pendant 60″ :

Effet observé par M. Quetelet.	*Effet observé par moi.*
2″,5	2″,7
7,8	9,0
	11,0
14,4	15,0
	19,0
34,0	34,5
45,6	48,0
52,6	54,0
67,9	65,5
76,6	
84,3	

Ces résultats sont en trop petit nombre pour que l'on puisse en tirer des conclusions bien certaines ; leur comparaison me paraît cependant autoriser les remarques suivantes.

1° Si l'on compare les trois observations faites par M. Quetelet, et qui représentent d'abord les effets produits après avoir regardé l'objet coloré pendant 15″, puis après l'avoir regardé pendant 30″, puis pendant 60″, on verra, comme on pouvait s'y attendre, que le nombre des apparitions de l'image accidentelle est d'autant plus grand que l'on a regardé l'objet coloré pendant un temps plus long. Ainsi, dans le premier cas, il y a eu quatre apparitions ; dans le second, il y en a eu sept, et dans le troisième dix. Les observations faites par moi conduisent à un résultat analogue : j'ai observé quatre apparitions dans le premier cas, et onze dans le dernier.

2° La comparaison des trois observations de M. Quetelet semble conduire à une conclusion plus remarquable : c'est que, si le temps pendant lequel on a regardé l'objet coloré, a de l'influence sur le nombre des apparitions de l'image accidentelle, il ne paraît pas en avoir sensiblement sur les époques de l'arrivée des *maxima* ; ainsi le premier *maximum* s'est montré, dans les trois cas, après 2″,5, et les temps après lesquels se sont montrés les autres, offrent des différences assez petites pour qu'elles puissent être attribuées aux erreurs des observations.

3° Si l'on compare les deux premières observations, l'une de M. Quetelet et l'autre de moi, on voit que, dans cette expérience où nous avions tous deux regardé l'objet coloré pendant 15″, les apparitions se sont produites en même nombre dans les yeux de chacun de nous, et ont atteint leurs *maxima* sensiblement aux mêmes époques. On peut donc soupçonner, d'après cela, que ces phénomènes se produisent d'une manière à peu près identique, au moins quant à leur durée, dans les différens yeux. Cependant, en comparant de même les deux dernières observations, on voit que, si on les écrivait l'une à côté de l'autre de manière que les premier, second, troisième, etc., *maxima*, observés par M. Quetelet, correspondissent aux premier, second, troisième, etc., *maxima*, observés par moi, on trouverait, dans l'une et l'autre série, des nombres extrêmement différens ; ainsi le cinquième *maximum* de la série de M. Quetelet n'a lieu qu'après 34″, tandis que le cinquième *maximum* de la mienne a lieu après 19″. Mais en écrivant les deux séries comme je l'ai fait ci-dessus, on voit que leur accord est au contraire bien probable, et qu'il semble seulement qu'entre des apparitions distribuées comme celles qui se produisaient dans les yeux de M. Quetelet, s'intercalaient, chez moi, de petites apparitions accessoires qui étaient peut-être le résultat d'une plus grande sensibilité de mes yeux.

Je me propose, du reste, de revenir sur ce sujet intéressant, et d'entreprendre, à cet égard, des observations suivies.

Bruxelles, 27 *avril* 1834

(*Corresp. math. et phys. de Quetelet*. T. VIII, Liv. 3).

———

2) *Expériences sur la vision.* — Mᵐᵉ Mary Griffiths a inséré dans le *Philosophical Magazine*, pour janvier 1834, le résultat

d'une observation curieuse sur la vision. Il résulte de cette observation que, quand après avoir reposé dans une chambre obscure, les yeux viennent à être frappés subitement d'une lumière assez vive, qui pénètre à travers les paupières, on aperçoit sur un fond jaunâtre une série de raies d'un rouge brique, qui se croisent à angles droits, à peu près comme les mailles d'un filet. Bientôt après, ce sont les raies qui prennent la teinte jaunâtre, et le fond devient rouge brique. Ce phénomène demande à être vu le matin, au moment du réveil, et quand on vient à ouvrir les volets d'une chambre obscure, avant que les yeux aient été ouverts; j'ai néanmoins réussi à observer le phénomène sans ces précautions; j'ai vu les carrés se former dans une chambre où la lumière pénétrait librement; je les ai vus même se reproduire deux ou trois fois de suite, en laissant des intermittences entr'elles. Mme Griffiths dit que les apparences changent selon l'état de santé, la quantité de lumière qui pénètre à travers les paupières, et l'instant du jour où se fait l'observation. A la suite d'un sommeil après le dîner, l'auteur n'a point vu les raies, mais les carrés ou interstices qu'elles séparent, d'abord obscurs, puis légèrement colorés. Au centre de chaque carré, on voit souvent comme une étoile brillante, sur un fond jaune; quand la couleur du fond change, cette étoile disparaît. Une légère pression sur les yeux déforme les lignes de séparation des carrés, et leur donne un mouvement ondulatoire. Mme Griffiths croit pouvoir conclure de cette expérience que le *siège de la vision n'existe pas du tout dans l'œil*; elle pense que les lignes observées proviennent de la conformation de la rétine. L'expérience de Mme Griffiths ne semble avoir aucun rapport avec celle de M. Purkenje, par laquelle on voit les ramifications des vaisseaux sanguins qui sont devant la rétine; elle ne paraît même se rapporter à aucune observation connue sur la structure de l'œil, excepté peut-être à celle que j'ai indiquée moi-même (1), et qui fait voir, quand

_____

(1) *Bulletin de l'Académie de Bruxelles*, 7 décembre 1833; *Annales de Physique et de Chimie*, décembre 1833, et *Annales de Poggendorf*, n° 31, T. XXXI, 1834.

on exerce symétriquement la même pression sur les deux yeux, une série d'apparences qui se reproduisent *toujours les mêmes et dans le même ordre*. On voit alors, non pas des carrés, mais des lozanges distribués sur des lignes courbes, à peu près comme ceux que voit se former Mme Griffiths, quand elle comprime un peu les yeux. L'expérience que j'ai fait connaître, se rapporte aussi à celle de M. Purkenje, en ce que le *foramen centrale* paraît être justement le centre de symétrie des apparences que j'observe ; et c'est une remarque qui a été faite aussi, depuis peu, dans le *Philosophical Magazine*, pour le mois de mai 1834. (*Corresp. math. et phys. de Quetelet*, T. VIII, Liv. 3).   A. Q.

BOTANIQUE.

Sur l'aspect général des Campos du Brésil. (Fragment d'une lettre de M. P. W. Lund à M. A. P. De Candolle.) — Comme pendant mon premier séjour au Brésil, j'avais borné mes courses à la seule province de Rio-de-Janeiro, laquelle ne contient pas des *Campos*, c'était pour la première fois que je faisais la connaissance de cette forme de végétation pendant le voyage actuel, et j'avoue que j'en ai été fort surpris. Après avoir passé long-temps dans les ténèbres des forêts vierges, entouré de leurs formes gigantesques et respirant leur air lourd et oppressant, le cœur se sent singulièrement dégagé lorsque tout d'un coup l'horizon se découvre et que des plaines immenses, d'une verdure riante, s'étendent devant la vue. On ne peut guère se figurer un plus grand contraste que celui qui existe entre ces deux formes principales de la végétation du Brésil, et l'effet de ce contraste est souvent augmenté par le passage subit de l'une à l'autre. Nous avons été assez heureux pour trouver les Campos dans toute la vigueur du printems ; aussi la splendeur et la variété de leur Flore ont surpassé de beaucoup mon attente. Quoique formé principalement par des graminées, le tapis de verdure qui couvre ces champs, est tellement entremêlé de fleurs de différentes couleurs que le tout prend une apparence entièrement bigarrée. Je crois conserver encore intacte l'impression que firent sur moi les champs fleuris de la Sicile, et jusqu'ici, ils m'ont servi d'idéal pour ce genre de beauté de la nature ; mais aujourd'hui je penche au moins pour partager le prix. Je mettrai sans hésitation les Campos du Brésil en tête, s'il s'agit de l'abondance et de la variété des fleurs, ainsi que de l'éclat de leurs couleurs ; mais je conviens que, malgré cette supériorité des Campos, en fait de richesse de parure, on y cherche en vain ce charme particulier qui est répandu sur les prairies de votre île classique. Je ne sais si je me trompe, mais ce me paraît être le sort de la nature tropique, dans toutes les différentes formes sous lesquelles elle se présente, d'en imposer plus à l'œil que d'enchaîner le cœur, et d'éblouir plutôt que d'attirer.

La première chose qui me frappa en examinant les plantes de ces Campos, était de voir que toutes les herbes vivaces et les sous-arbrisseaux sont munis d'un rhizome tubéreux de consistance ligneuse. Ce point de leur organisation me parut en rapport avec la situation particulière dans laquelle se trouvent placés ces Campos, par le genre de culture adopté par les habitans du pays. En effet, lorsque vers la fin de la saison sèche, la végétation de ces Campos est parvenue à son plus haut degré, les habitans y mettent le feu, afin d'engraisser le sol par le résidu des cendres. Le feu se répand alors avec une grande rapidité, il ne s'éteint qu'en rencontrant quelques larges rivières ou de grandes forêts. Ce genre d'agriculture étant généralement suivi dans tout le pays, il y a très-peu de Campos qui échappent à cette combustion annuelle. On conçoit donc que les herbes vivaces à rhizomes tendres et faibles seraient exposées à être détruites par l'effet de la chaleur du feu communiquée à la surface du sol. Or les plantes des Campos pourvues d'un rhizome tubéreux et ligneux, non-seulement se trouvent, au moins pour quelque court espace de temps, à l'abri des injures de la chaleur, mais elles possèdent en même temps un réservoir de sucs qui les fait subsister pendant quelque temps au milieu de l'aridité complète produite par l'effet combiné du soleil et du feu. Toutefois cette explication physiologique admet deux différentes

manières de voir. La nature a-t-elle, dès la création de ces espèces,
pourvu à ces influences nuisibles occasionnées par l'homme, et par
conséquent ces espèces sont-elles originairement à rhizomes tubéreux ? Ou admettrait-on plutôt que ces influences nuisibles elles-
mêmes, par leur retour réitéré, ont modifié peu à peu l'organisation
de ces plantes, au point de faire prendre à leur rhizome un tel développement. J'espère, dans le cours de mon voyage, trouver l'occasion d'éclaircir cette question, en observant des individus de ces espèces, qui se trouvent hors de la sphère de cette influence artificielle.

Un autre caractère, qui est général pour toutes les herbes et arbrisseaux des Campos, consiste dans le raccourcissement de la tige ; rarement on en trouve qui excèdent la hauteur de 1 à 2 pieds. Comme
suite de cette particularité, qui s'explique facilement par l'exposition de ces champs au soleil, à l'air et aux vents, on observe
un plus grand rapprochement des feuilles, lequel atteint son comble
dans la disposition imbriquée de ces organes, disposition qu'on
rencontre fort souvent chez les plantes des Campos. Cette tendance
vers le raccourcissement de la tige explique aussi le manque
complet de plantes grimpantes. En effet, bien que ces Campos
contiennent un assez grand nombre d'espèces des genres Mikonia,
Échites, Ipomea, Banisteria, il n'y en a pas une seule qui soit
grimpante. Vous ne laisserez pas de remarquer combien ce caractère des Campos place leur végétation en opposition avec celle
des forêts vierges, caractérisée principalement par l'alongement
démesuré des troncs des arbres et des arbrisseaux, ainsi que par
l'abondance des plantes grimpantes.

Je passe sur quelques autres propriétés assez générales des
plantes des Campos, par exemple, la grandeur des fleurs, la pureté et l'éclat de leurs couleurs, propriétés qu'elles partagent avec
les plantes alpines en général, et je quitte le tapis de verdure qui
couvre ces champs, pour vous dire deux mots des petits bosquets
(*capoes*), qui se trouvent dispersés sur leur surface. Les arbres qui
composent ces bosquets, se distinguent éminemment de ceux des forêts
vierges, par les deux caractères suivants : 1° par un tronc rabougri et

raccourci, dont les branches s'étendant dans le sens horizontal, forment une tête d'arbre très-aplatie ; 2° par une écorce très-épaisse, sillonnée de crevasses profondes, et de consistance de liège. Il n'échappera certainement pas à votre attention, combien cette dernière propriété concourt admirablement avec l'organisation particulière, mentionnée plus haut, des rhizomes des herbes vivaces, pour mettre la végétation des Campos à l'abri des dévastations dont elle est menacée par la mer de feu qui les inonde annuellement. Les herbes annuelles n'existent pas dans les Campos, ce que vous expliquerez facilement, excepté dans les marais où elles sont à l'abri du feu.

——————

2) *Mort de Pohl.* — La mort, qui semble depuis quelques années avoir spécialement sévi sur les naturalistes, vient encore d'atteindre l'un de ceux auquel la botanique a des obligations. M. le Dr. Jean-Emanuel Pohl est mort le 22 mai, à Vienne, âgé d'environ 50 ans ; il avait débuté dans la carrière en publiant, à Prague en 1810, le premier volume d'un Essai (*Tentamen Floræ Bohemiæ*) d'une Flore de la Bohême, sa patrie ; ouvrage écrit en allemand, avec un titre latin, et qui comprend l'énumération des treize premières classes du système sexuel. Il fut détourné de ce travail, parce qu'il fut choisi pour faire partie de l'expédition attachée à l'Archiduchesse d'Autriche, lorsque cette Princesse partit pour devenir Impératrice du Brésil. M. Pohl, chargé de la botanique dans cette expédition, y développa beaucoup d'activité ; il recueillit et fit recueillir une collection de plantes très-considérable ; on porte à environ huit mille le nombre des espèces qu'il en a rapportées, et cette collection n'est pas moins remarquable par la beauté et l'abondance des échantillons, que par le nombre des plantes. A son retour, M. Pohl fut nommé Conservateur du bel établissement formé à Vienne sous le nom de Musée Brésilien. Ce vaste édifice contient les collections des trois règnes de la nature, formées pendant la durée de l'expédition, et accrues dès-lors par les envois de quelques voyageurs. C'est un des établissemens les plus curieux qui

existent : on s'y trouve transporté dans un autre monde ; des salles immenses remplies d'animaux inconnus , des amas des minéraux les plus précieux (diamans , émeraudes , etc. à l'état brut), des ustensiles employés par les Brésiliens , des herbiers enfin qui recèlent une grande partie de la végétation du pays , donnent une haute idée du zèle déployé par les voyageurs , et de la libérale protection qui les a secondés.

M. Pohl a commencé dès 1826 la publication des plantes nou-velles qu'il avait découvertes ; il les faisait dessiner par d'habiles peintres, soit d'après des échantillons desséchés, soit d'après les notes et croquis qu'il avait pris sur les lieux. Le premier volume in-folio de ce bel ouvrage , intitulé *Plantarum Brasiliæ Icones et Descrip-tiones* , est achevé ; mais la santé de l'auteur, altérée par ses voyages mêmes , en a ralenti la publication , et la mort vient de la suspendre ; il serait à désirer qu'une pareille entreprise ne fût point abandonnée. Vienne possède un botaniste (M. Et. Endlicher), qui , dans des tra-vaux récens (la *Flore de l'île de Norfolk* , les *Acta botanica* , etc.), a montré un talent si remarquable pour décrire les plantes d'après les échantillons desséchés , et pour démêler les formes les plus ano-males des végétaux exotiques , que la science a lieu d'espérer que les collections brésiliennes ne resteront pas sans utilité. M. Pohl joignait à ses talens botaniques des connaissances variées et un ca-ractère aimable , digne de l'estime et de l'attachement des hommes de bien et des amis de la science.   **DC.**

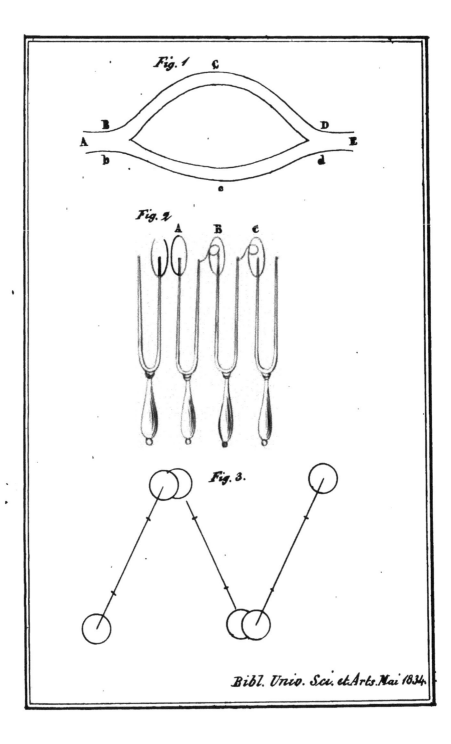

Fig. 1

Fig. 2

Fig. 3.

9

MAI 1834.

Phases de la Lune.	Jours.	...RE 3 h.	PLUIE OU NEIGE en 24 h.	GELÉE BLANC.
		degrés.		
		78	pl. 0,¹15	—
		86		—
		73	1,47	—
		63	—	RO
		66	—	RO
		63	—	RO
●		76	—	RO
		71	—	RO
		59	—	RO
	1	66	—	RO
	1	68	0,18	RO
	1	81	0,37	RO
	1	76		
	1	81	1,10	R
☽	1	74		
	1	89		
	x	89	4,78	
	x	97	5,15	
	2	90	18,40	
	2	86	3,13	
☉	2	76		R
	2	72		R
	2	81		R
	2	87		R
	2	70		
	2	75		
	2	71		
	2	67		
☾	3	66	—	
	3	58		
		69		
Moyenne		**74,97**	**Pl. 35,¹13**	**14**

MON DU CIEL.

lidi.	idi.	3 b. ap. m.
; dix.		
3, 2	ge	neige
5, 4	nua.	sol. nua.
0, 0	in	serein
1, 8	in	serein
1, 9	nua.	sol. nua.
3, 0	in	serein
2, 0	in	serein
2, 5	in	serein
0, 0	in	serein
7, 5	nua.	sol. nua.
6, 5	nua.	sol. nua.
4, 0	nua.	sol. nua.
6, 8	ge.	neige
3, 6	uil.	brouil.
3, 2	nua.	sol. nua.
1, 4	in	serein
0, 5	nua.	brouil.
0, 2	nua.	sol. nua.
4, 8	nua.	sol. nua.
3, 7	nua.	sol. nua.
4, 0	nua.	sol. nua.
0, 4	uil.	brouil.
0, 3	nua.	sol. nua.
1, 4	nua.	sol. nua.
0, 0	nua.	sol. nua.
3, 5	in	sol. nua.
0, 8	vert	couvert
2, 5	vert	couvert
0, 0	ge	neige
1, 8	uil.	brouil.

1,12

CHIMIE.

DE L'ALTÉRATION DE L'AIR PAR LA GERMINATION ET PAR LA FERMENTATION ; par Théodore DE SAUSSURE. (*Mémoire lu à la Société de Physique et d'Histoire Naturelle de Genève, le 15 juin 1834, et tiré des Mémoires de cette Société*, T. VI, Partie II).

§ 1. Les expériences sur la germination de l'eau et de l'air en vases clos, donnent des résultats plus justes, ou beaucoup plus rapprochés de l'état où elles végètent naturellement que ceux qui proviennent des mêmes expériences sur les plantes développées ; ces plantes souffrent par leur séparation de la terre végétale qui leur fournissait le support et les alimens qu'elles exigent ; elles languissent d'ailleurs sous des cloches, par une atmosphère trop humide, et par la chaleur qu'elles y éprouvent au soleil ; tandis que les graines appelées à germer à l'ombre et dans l'humidité, se trouvent sous un récipient dans une atmosphère convenable ; elles puisent dans leurs cotylédons, dans l'eau pure et dans l'air, les alimens adaptés à un développement rapide qu'on n'obtient point avec des plantes toutes formées.

Les auteurs qui ont recherché les changemens que les graines germantes produisent dans l'air, se sont accordés à reconnaître qu'elles en détruisent l'oxigène, et qu'elles

y forment de l'acide carbonique ; mais ils ont différé sur
le résultat de ces deux effets : Schéele (1) en opérant
sur les pois , a trouvé que la germination ne change pas
le volume de l'air, et que la destruction de son oxigène
est égale à la production de l'acide carbonique ; mes observations (2) m'avaient fourni le même résultat : M. El-
lis (3), en employant la graine précédente, a trouvé que
la disparition de l'oxigène de l'air est plus grande que
la formation de l'acide carbonique. On a mis quelque importance à cette discussion, parce qu'en se conformant
aux derniers résultats, l'oxigène est employé à se fixer
dans la graine, tandis que par les premiers, il ne paraît
destiné qu'à lui enlever du carbone. Le détail de toutes ces
observations indique que si l'oxigène se fixe dans la graine,
cette fixation n'a lieu qu'en très-petite quantité, relativement à celle qui est employée à la formation de l'acide
carbonique.

§ 2. Je commencerai par donner une esquisse de mes
nouvelles observations à ce sujet, sans les entraver d'a-
bord par des descriptions d'appareils, et par des détails
numériques qui, à une première lecture, font souvent
perdre de vue l'ensemble des résultats. Ces observations
faites par des procédés beaucoup plus précis que les précédentes, montrent que la germination dans l'air atmosphérique ne peut pas servir à établir une règle générale

(1) *Traité chimique de l'air et du feu*, p. 209.
(2) *Recherches chimiques sur la végétation*, p. 7.
(3) *An inquiry into the changes induced on atmosph. air by germination*, p. 15.

sur la destruction de l'oxigène et la production relative de l'acide carbonique pour toutes les graines. Dans les unes, telles que le blé et le seigle, la formation de l'acide carbonique paraît égale en volume à la destruction de l'oxigène ; dans d'autres graines, telle que les haricots, la production du premier gaz l'emporte sur la destruction du second ; avec d'autres graines, la différence a lieu en sens inverse du précédent. Ces effets opposés peuvent s'observer dans la même graine, telles que les feves, les lupins, suivant l'époque plus ou moins avancée de la germination. Dans la première époque, l'acide carbonique produit l'emporte sur l'oxigène consumé ; dans la seconde, c'est le contraire. On conçoit que dans le cas où la même graine produit deux résultats opposés à des époques successives, il y en a une intermédiaire où, par une exacte compensation, la destruction de l'oxigène paraît égale à la formation de l'acide carbonique. On peut expliquer ainsi les contradictions des observateurs qui n'ont pas décrit les circonstances de leurs opérations.

§ 3. Les résultats que je viens d'annoncer, et qui sont remarquables par leurs variations, se rapportent à la germination dans l'air atmosphérique ; mais ils ne donnent plus lieu aux mêmes écarts, lorsqu'elle s'opère dans le gaz oxigène à peu près pur ; dans ce cas, la destruction de ce gaz par les graines précédentes, y est constamment plus grande que la formation de l'acide carbonique.

Avant de remonter à la source de la différence principale que présentent ces deux atmosphères, je dois remarquer que les graines tuméfiées par l'eau, et placées dans du gaz azote pur, peuvent, par un commencement de fermentation, y émettre une petite quantité d'acide carbonique, sans perdre par cette émission initiale leur faculté germinative avec le contact de l'air; elles la perdent seulement par une fermentation plus avancée dans l'azote pur.

· § 4. La différence entre les effets de la germination dans l'air atmosphérique, et ceux qu'elle produit dans le gaz oxigène, paraît dépendre de ceux que présente la décomposition spontanée de plusieurs substances organiques, à l'aide de l'eau; elles exhalent les deux élémens de l'acide carbonique dans des milieux dépourvus de gaz oxigène, tandis qu'elles n'abandonnent que le carbone (1) de cet acide dans une atmosphère de gaz oxigène.

Les effets opposés produits par les développemens d'une même graine dans l'air atmosphérique, peuvent se rapporter à l'une ou à l'autre des circonstances précédentes; lorsque la semence commence à s'ouvrir, elle offre trop peu de contact à l'oxigène de l'air, pour être privée de

---

(1) On peut citer des exemples qui semblent opposés à cette règle, mais qui y rentrent cependant par un plus mûr examen. Quatre pois, pesant un gramme dans l'état sec, et qui avaient perdu leur faculté germinative en séjournant pendant sept jours sous l'eau, en ont été retirés pour être placés pendant huit jours dans une atmosphère qui occupait 200 c. c. et qui était composée de partie égale d'oxigène et d'azote confinés par du mercure; ces pois n'en ont pas notablement changé le volume; ils y ont détruit 72 c. c. d'oxigène qu'ils ont remplacé par 72 c. c. d'acide carbonique. La même expérience a été faite dans une atmosphère à partie égale d'oxigène et d'acide carbonique; les pois en opposition avec la règle prescrite et les résultats précédens ont augmenté cette atmosphère de 11 c. c; ils y ont produit

l'influence qu'exerce le gaz azote pur qui fait exhaler à cette graine les deux élémens de l'acide carbonique, tandis que par un développement ultérieur, elle offre assez de surface à l'air, pour s'y comporter comme dans l'oxigène. On conçoit que l'effet de l'enveloppement initial dans l'air atmosphérique, peut disparaître lorsqu'on lui ajoute une grande quantité d'oxigène.

D'après ces considérations et celles des principes d'une graine, qui ne sont pas en totalité essentiels à son développement, on doit admettre que dans toutes les germinations que j'ai opérées, soit avec l'oxigène pur, soit avec l'air, il y a eu fixation de gaz oxigène; mais qu'elle n'a pas toujours été sensible dans l'air, parce que les graines y ont perdu de l'oxigène dans de l'acide carbonique dont elles ont fourni, seulement alors, les deux élémens.

§ 5. *Absorption du gaz azote dans la germination.* — Toutes les expériences que j'ai faites sur les graines germantes dans l'air atmosphérique, montrent qu'elles diminuent son azote en plus ou moins grande quantité.

---

28 c. c. d'acide carbonique en ne détruisant que 17 c. c. d'oxigène. Dans ce dernier cas, les graines ont commencé par se pénétrer d'acide carbonique, qui en les préservant du libre contact de l'oxigène leur a fait produire les deux élémens de l'acide carbonique, sans les priver en totalité de l'influence du premier gaz. La fermentation sous l'eau, dont la surface est en contact avec l'air, produit des résultats analogues, ou en partie, à ceux d'une fermentation sans le contact de l'air. Le gaz hydrogène est le produit d'une fermentation opérée sans ce contact. On en peut dire autant de la production de l'alcool. Je fais abstraction de l'infiniment petite quantité de gaz oxigène qui paraît requise pour déterminer une fermentation initiale.

Cette diminution, quelquefois très-notable, est d'autres fois si petite, qu'elle paraît se confondre avec les erreurs d'observations ; mais la constance des résultats ne laisse aucun doute sur la réalité de cette absorption.

On pourrait soupçonner qu'elle est uniquement l'effet d'une imbibition due à la porosité ; on doit observer qu'elle n'y contribue qu'en partie, parce que la graine germante, après avoir séjourné pendant plusieurs jours dans l'air, ou pendant un temps suffisant pour qu'elle fût saturée d'azote, n'a pas laissé de continuer à absorber ce gaz ; mais on peut admettre que la porosité contribue en partie à cette fixation, parce que les graines que j'ai éprouvées n'absorbent point d'azote dans une atmosphère où l'oxigène est en beaucoup plus grande proportion que dans l'air ; ainsi cette condensation n'est que peu ou point sensible par les pois en germination dans une atmosphère composée de partie égale d'oxigène et d'azote. Or l'on sait que dans les absorptions dues à la porosité, la présence d'un gaz met en partie obstacle à la condensation d'un autre gaz. D'après cette observation réunie à la première, on ne doit considérer l'action de la porosité que comme un moyen auxiliaire de la fixation de l'azote par la graine germante.

J'ai trouvé que quelques substances végétales en fermentation, absorbent l'azote de l'air qui les environne ; tels sont les pois qui ont été privés de leur faculté germinative par une longue submersion dans l'eau. Quoique les graines que j'ai fait germer dans l'air n'aient point paru souffrir, je n'entrerai dans aucune discussion à ce sujet, parce qu'il est impossible de distinguer toujours

dans une plante vivante les effets de la végétation, de
ceux d'une fermentation qui peut n'avoir lieu que dans
des parties qui échappent à notre examen.

On opposera sans doute aux résultats de la germination,
ceux de la végétation des plantes feuillées, où l'absorption du gaz azote n'a pas été reconnue; mais quoique
cette fonction y soit certainement trop faible pour sub-
venir à l'entier développement de leurs fruits, elle doit
rester, jusqu'à un certain point, indécise à l'égard de ces
dernières; 1º parce qu'elles ont beaucoup moins de vigueur en vases clos que les graines germantes, ainsi que
je l'ai dit précédemment; 2º parce que la forme des vases
qui ont servi aux expériences sur la germination, a permis d'estimer dans son atmosphère un changement de
volume qui n'était pas appréciable avec les appareils
adaptés à la délicatesse de la plupart des plantes feuillées,
et au grand espace qu'elles occupent; 3º parce qu'elles
recèlent dans leur intérieur une plus grande quantité d'air
dont les modifications restent indéterminées.

§ 6. *Procédés des expériences sur la germination.*
— Avant d'introduire les graines sous des récipiens pleins
d'air, je les ai submergées pendant vingt-quatre heures
dans quatre ou cinq fois leur volume d'eau de pluie; elles
y ont absorbé toute l'eau requise pour leur germination;
une quantité excédante les aurait trop préservées du contact de l'air, et aurait augmenté l'erreur qui résulte de l'absorption de l'acide carbonique par ce liquide. Les graines
que j'ai employées n'ont produit aucun gaz pendant leur
submersion.

On doit, autant qu'on le peut, les environner d'air

sous le récipient où elles germent ; si elles sont entassées, ou trop enveloppées par leur support, elles produisent de l'acide carbonique indépendant de celui qu'elles forment avec l'oxigène ambiant. Les fèves, par leur contact avec le mercure, augmentent d'une manière très-frappante leur atmosphère par cet excès d'acide carbonique. Lorsque j'ai opéré sur de grosses graines telles que les pois, les fèves, les lupins, je les ai placées dans une spirale lâche, en fil de platine, qui restait suspendue par son élasticité dans le récipient ; j'ai obtenu le même résultat en les perçant (sans blesser le germe) avec une aiguille fine, après leur tuméfaction par l'eau, et en les enfilant dans un fil de platine. Lorsqu'elles étaient trop petites pour subir cette opération, elles ont été espacées sur les parois du récipient où elles adhéraient par leur humectation.

L'expérience doit être terminée avant que la moitié de l'oxigène de l'air ait été détruite, parce que dans un air plus vicié, elles ne donneraient plus le même rapport entre l'acide carbonique produit et l'oxigène consumé ; d'ailleurs l'analyse d'un air plus corrompu exige avec l'eudiomètre de Volta une addition d'oxigène, qui, en compliquant l'opération, la rend moins exacte.

Le changement de volume que les graines produisent souvent dans l'air où elles germent, est une observation importante, et qu'on ne peut pas toujours faire avec des récipiens cylindriques, aussi courts que ceux qui sont destinés au transvasement d'un gaz dans le mercure ; je les ai remplacés par des matras renversés pourvus d'un col gradué, et assez large pour que les graines germées pussent le traverser sans que les radicules en fussent froissées. J'ai évalué sur ce col, qui était en partie plongé dans le mercure, un changement de volume équivalent à $\frac{1}{700}$ de l'air soumis à l'expérience.

Les corrections pour la température et la pression, ont été faites sur l'eau avec un manomètre analogue à l'appareil précédent. Ce manomètre était d'ailleurs beaucoup plus sensible, parce que le col du matras peut y être plus étroit.

J'ai comparé dans chaque expérience, les résultats donnés dans le même moment, par l'analyse de l'air atmosphérique, avec ceux de l'air vicié par la germination, en employant pour ces deux analyses (avec l'eudiomètre de Volta) l'hydrogène fourni par le même flacon. Celle de l'air atmosphérique ne paraît pas constante, parce que les indications de cet eudiomètre, qui sont suffisamment justes au même moment dans leurs quantités relatives, ne le sont pas toujours pour les quantités absolues qu'on obtient à des époques éloignées, où toutes les circonstances du procédé sont rarement les mêmes.

Après avoir exposé, § 2, en termes généraux, les altérations de l'air par différentes graines, je vais donner les exemples détaillés des expériences qui s'y rapportent. Les observations barométriques et thermométriques indiquent les degrés moyens où la germination s'est opérée, et s'adaptent aux volumes de l'air analysé.

Germination dans l'air atmosphérique.

§ 6. *Germinations où l'oxigène consumé est égal à l'acide carbonique produit.*—Vingt et une graines de blé tuméfiées par l'eau, et pesant un gramme dans l'état sec, ont été placées dans l'air, en vase clos, pendant vingt et une heures : elles ont commencé à y germer au bout de dix-sept heures. Therm. 19° c. Barom. 725 m.

L'atmosphère du blé contenait avant l'expérience,		Après la germination,	
Gaz azote.....	148,84 cent. c.	Gaz azote.......	148,32 cent. c.
oxigène...	39,86	oxigène.....	37,44
		Acide carbonique.	2,47
	188,7		188,23

Le blé a diminué son atmosphère de 0,47 c. c. ; il a formé 2,47 c. c. d'acide carbonique, en détruisant 2,42 c. c. d'oxigène et 0,52 c. c. d'azote.

Dans une autre expérience avec les mêmes quantités de blé et d'air, et où la graine tuméfiée a été renfermée dans cette atmosphère pendant quarante-huit heures, elle y a poussé des radicules de 16 millimètres et des ti-gelles de 5 millimètres à une température de 22° c. Le volume de l'air n'a pas été notablement changé par la germination ; elle a produit 12,2 c. c. d'acide carbonique, en détruisant 12 c. c. d'oxigène, et 0,4 c. c. d'azote.

Un gramme de seigle sec a été, après sa tuméfaction par l'eau, renfermé pendant quarante-huit heures dans la même quantité d'air que dans les expériences précé-dentes ; il y a poussé des radicules de 2 à 28 millim. Th. 21° c. Bar. 733 millim. ; il n'a pas changé le volume de son atmosphère ; il y a formé 16,5 c. c. d'acide car-bonique, en détruisant 16,2 c. c. d'oxigène, et 0,26 c. c. d'azote.

Dans les expériences précédentes, les différences entre
l'oxigène consumé et l'acide carbonique produit, sont
trop petites pour ne pas dépendre des erreurs d'observation. Il n'en est plus de même dans les résultats suivans.

§ 7. *Germination où l'acide carbonique produit est
en excès sur l'oxigène consumé.*—Trois graines sèches de
haricot (*phaseolus vulgaris*, L.) pesant un gramme,
ont été (après leur tuméfaction par l'eau) renfermées
avec de l'air, pendant quarante-huit heures; elles y ont
poussé des radicules de cinq à neuf millimètres, après
avoir commencé à germer au bout de vingt-quatre heures.
Therm. 19° c. Bar. 731 millim.

L'atmosphère des haricots contenait avant l'expérience,	Après l'expérience.
	Gaze azote........ 150,44 cent. c.
Gaz azote.... 151,41 cent. c.	oxigène. 31,26
oxigène.. 40,24	Acide carbonique.. 9,53
191,65	191,23

Les haricots ont diminué leur atmosphère de 0,42 c. c.;
ils ont formé 9,53 c. c. d'acide carbonique, en détruisant
8,98 c. c. d'oxigène et 0,97 c. c. d'azote.

Suite de la germination précédente.—Les haricots qui
avaient germé dans la dernière opération ont été humectés d'une goutte d'eau, et promptement transvasés dans
une même quantité d'air atmosphérique pur; ils y ont
séjourné quarante-huit heures, au bout desquelles ils
avaient des radicules de 16 à 27 millimètres; ils n'ont
pas changé le volume de leur atmosphère; ils y ont pro-

duit 15,94 c. c. d'acide carbonique, en détruisant 15,13 c. c. d'oxigène et 0,81 c. c., d'azote.

On voit qu'indépendamment du résultat annoncé, ils ont continué à absorber de l'azote, quoiqu'ils eussent pu s'en saturer dans la première opération.

§ 8. *Germination où l'oxigène consumé est en excès sur l'acide carbonique produit.* Quatre graines sèches de fèves (*faba vulgaris equina*, D. C.) pesant un gramme, ont été (après leur tuméfaction par l'eau) renfermées avec de l'air pendant quarante-huit heures, elles y ont poussé des radicules de 16 à 13 millimètres, après avoir commencé à germer au bout de vingt et une heures. Therm. 22° c. Bar. 729 millimètres.

L'atmosphère des fèves. contenait avant l'expérience,		Après l'expérience,	
		Gaz azote.......	209,41 cent. c.
Gaz azote.....	210,26 cent. c.	oxigène. ...	44,38
oxigène ...	56,29	Acide carbonique.	11,27
	266,55		265,06

Ces graines ont diminué leur atmosphère de 1,49 c. c. elles ont produit 11,27 d'acide carbonique en détruisant 11,91 c. c. d'oxigène, et 0,85 c. c. d'azote.

§ 9. *Résultats opposés, fournis par la même graine dans différentes époques de la germination.* Quatre graines sèches de lupins (*lupinus albus*, L.) pesant 1,2 gramme, ont, après leur tuméfaction par l'eau, séjourné dans l'air atmosphérique en vase clos, pendant vingt-quatre heures ; elles y ont poussé des radicules de deux à trois millimètres. Therm. 17° c. Bar. 722 mill.

L'atmosphère des lupins contenait avant l'expérience,		Après l'expérience,	
		Gaz azote.........	150,61 cent. c.
Gaz azote.....	151,25 cent. c.	oxigène......	36,7
oxigène ..	40,1	Acide carbonique.	4,23
	191,35		191,54

Ces graines ont produit 4,23 c. c. d'acide carbonique, en détruisant 3,4 c. c. d'oxigène, et 0,64 c. c. d'azote.

Suite de cette germination. — Les lupins qui avaient germé dans l'expérience précédente, ont été légèrement humectés et transvasés dans une même quantité d'air atmosphérique pur ; ils y ont séjourné vingt-quatre heures, au bout desquelles ils avaient des radicules de 6 à 12 millim. Therm. 19° c. Bar. 722 millim. Ces graines ont diminué leur atmosphère de 1,19 c. c. ; elles ont produit 5,88 c. c. d'acide carbonique, en détruisant 6,57 c. c. d'oxigène, et 0,5 c. c. d'azote.

Suite ultérieure de cette germination. — Les lupins qui avaient germé dans les deux opérations précédentes, ont été placés comme ci-devant, dans une nouvelle atmosphère d'air commun pendant vingt-quatre heures, au bout desquelles les radicules avaient 15 à 26 millimètres. Therm. 16°,5 c. Bar. 731 millim. Ils ont diminué cette atmosphère de 2,75 c. c. ; ils y ont produit 8,54 c. c. d'acide carbonique, en détruisant 10,68 c. c. d'oxigène, et 0,61 c. c. d'azote.

. On voit qu'à la première époque de la germination, les lupins ont produit plus d'acide carbonique, qu'ils n'ont détruit d'oxigène, tandis qu'ils ont offert une différence opposée dans une germination plus avancée.

Les fèves, dans des expériences semblables, ont présenté la même opposition entre le commencement et la suite de la germination.

§ 10. *Les graines vicient moins l'air en temps égal, lorsqu'elles commencent à germer, que dans une germination plus avancée.* — La germination des lupins, § 9, offre un premier exemple de ce résultat ; j'y ajoute particulièrement celui des pois (*pisum sativum*, L.), parce que l'expérience a été plus prolongée, et qu'elle se rapporte à celle que j'ai faite sur la marche que suit la chaleur dans la germination de cette graine (1).

Quatre pois secs, pesant un gramme, ont après leur tuméfaction par l'eau, poussé dans vingt-sept heures, des radicules d'un à trois millim. dans 188 c. c. d'air. Therm. 17°,5. Bar. 731 m. Ils ont diminué cette atmosphère de 0,33 c. c. en formant 5,76 c. c. d'acide, et en détruisant 5,22 c. c. d'oxigène, et 0,88 c. c. d'azote.

Les mêmes pois germés, légèrement humectés, et placés pendant vingt et une heures à la température précédente dans un égal volume d'air, avaient à ce terme des radicules de 8 à 13 millimètres ; ils y ont formé 6,03 c. c. d'acide carbonique, en détruisant 6,32 c. c. d'oxigène, et 0,33 c. c. d'azote.

(1) *Mém. de la Soc. de Phys. et d'Hist. Nat. de Genève*, T. VI, Partie I, p. 248.

Les mêmes pois germés, placés dans les mêmes circonstances que les précédentes dans une nouvelle atmosphère, avaient, au bout de vingt et une heures, des radicules de 18 à 24 millimètres; ils ont produit 8,4 c. c. d'acide carbonique, en détruisant 8,1 c. c. d'oxigène, et 0,68 c. c. d'azote.

Ces épreuves, continuées avec les mêmes intervalles, pendant les quatre jours suivans, ont fourni pour chacun d'eux des altérations à peu près semblables à la précédente, elles n'en différaient principalement que par une moindre absorption d'azote. Les pois ayant le septième jour des radicules de 37 à 67 mill. , et des gemmules verdoyantes de 24 mill. ont formé dans les dernières 21 h., 8,52 c. c. d'acide carbonique, en détruisant 8,48 c. c. d'oxigène, et 0,17 c. c. d'azote.

Germination dans le gaz oxigène.

§ 11. Les graines germent plus promptement dans le gaz oxigène que dans l'air commun; la différence est toutefois très-petite, et n'est souvent appréciable que par des observations simultanées, et que par une moyenne entre les développemens des graines qu'on soumet à cette comparaison.

Quatre pois secs pesant un gramme ont été, après leur tuméfaction par l'eau, placés pendant quarante-huit heures dans du gaz oxigène, Therm. 20°,5 c. Bar. 733 mill. La même expérience a été faite simultanément avec de l'air commun.

Au bout de dix-huit heures les radicules dans l'oxigène avaient en moyenne deux millimètres, tandis que celles de l'air commun commençaient seulement à paraître. En terminant l'expérience, les radicules dans l'oxigène avaient 15 à 23 millim., et seulement 12 à 19 mill. dans l'air commun.

L'atmosphère d'oxigène contenait avant l'expérience,	*Après l'expérience,*
	Gaz oxigène....... 178 cent. c.
Gaz oxigène... 194,7 cent. c.	acide carboniq. 15
azote...... 4,8	azote......... 4,7
199,5	197,7

L'atmosphère d'air commun contenait avant l'expérience,	*Après l'expérience,*
	Gaz azote..... 160,17 cent. c.
Gaz azote........ 161,2 cent c.	oxigène... 31,23
oxigène...... 43,1	acide carb. 11,7
204,3	203,1

On voit que les pois, dans le gaz oxigène, ont détruit 16,7 c. c. d'oxigène, en formant 15 c. c. d'acide carbonique, tandis que dans l'air commun, ils n'ont détruit que 11,87 c. c. d'oxigène, qui ne différaient pas sensiblement du volume de l'acide carbonique produit; ils ont absorbé dans l'air commun 1,04 c. c. d'azote.

Germination du blé. — Un gramme de blé sec, traité comme les pois de l'expérience précédente, a poussé pendant un séjour de 48 heures dans du gaz oxigène, des radicules de 20 mill. en détruisant 15,6 c. c. d'oxigène, et en produisant 14,7 c. c. d'acide carbonique, tandis que dans l'expérience simultanée faite avec l'air commun, cette graine a poussé des radicules de 16 mill., en produisant 12,2 c. c. d'acide carbonique, et en détruisant 12 c. c. d'oxigène, et 0,3 c. c. d'azote.

Germination des fèves. — Un gramme de cette graine sèche, traitée comme les précédentes, et placée pendant 24 heures dans du gaz oxigène, y a détruit, en commençant à germer, 4,1 c. c. de ce gaz en formant 3,79 c. c. d'acide carbonique, tandis que dans l'air commun, ces fèves ont produit dans le même temps une différence opposée, en détruisant 2,23 c. c. d'oxigène, et en formant 2,77 c. c. d'acide carbonique, elles ont absorbé dans cette atmosphère 0,5 c. c. d'azote. On a vu § 8, que la germination prolongée de cette graine dans l'air, détruit plus d'oxigène qu'elle n'y forme d'acide carbonique; il en a été de même à plus forte raison pour sa germination prolongée dans l'oxigène.

Trois haricots pesant un gramme, placés pendant 72 heures dans du gaz oxigène après leur tuméfaction par l'eau, ont poussé des radicules de 11 à 13 mill. en détruisant 13,5 c. c. d'oxigène, et en formant 13,1 c. c. d'acide carbonique; therm. 16° c. On a vu § 8 que la différence de ces gaz dans l'air commun y était en sens inverse. Ces deux atmosphères ont subi le même changement de volume, parce que la fixation de l'oxigène dans l'oxigène pur, a été compensée dans l'air, par l'absorption de l'azote, en la diminuant de l'excès d'acide carbonique sur l'oxigène consumé.

Sciences et Arts. Juin 1834.

On doit admettre d'après ces résultats :

1° Que toutes les graines employées aux recherches précédentes, fixent ou absorbent du gaz oxigène par leur germination, soit dans l'oxigène pur, soit dans l'air, mais que cette absorption ne peut pas toujours être observée dans l'air, parce qu'elle est masquée par l'oxigène contenu dans l'acide carbonique, que l'azote de cet air leur fait développer.

2° Qu'elles absorbent du gaz azote dans l'air atmosphérique.

Absorption du gaz azote dans la fermentation.

§ 12. J'ai annoncé, § 5, que plusieurs substances végétales absorbent du gaz azote en se décomposant spontanément dans l'air. On pourrait présumer cette absorption par des considérations vagues et indirectes; telle est celle du maintien perpétuel des végétaux sur un sol qui ne reçoit d'autres engrais que la dépouille partielle de cette végétation. Comme ces végétaux ne paraissent pas condenser le gaz azote pendant leur vie, et qu'ils subissent des pertes, par les vents, les pluies, les récoltes, et l'exhalation qu'ils font souvent de ce gaz, on doit croire qu'il est absorbé dans l'air par leurs dépouilles qui, en se réduisant en terreau, présentent un aliment plus azoté qui pénètre dans la plante par ses racines.

M. Vaudin (1) a attribué à l'azote atmosphérique l'o-

_____

(1) *Observations relatives à l'action du gaz azote sur les végétaur.* Journ. de Chimie médicale, 1833, p. 321 et 466.

deur d'acide nitreux qui se dégage quelquefois de certains extraits, et des parties mortes des végétaux ; mais cet auteur ne montre nullement que cet azote n'existait pas chez ces végétaux dans une autre combinaison, avant l'apparition de l'acide nitreux. Il ne prouve point non plus que l'azote atmosphérique ait contribué à cette exhalaison. Si la présence de l'air est requise pour former cet acide, on est autant fondé à expliquer sa production par la combinaison de l'oxigène atmosphérique avec l'azote préexistant dans le végétal, qu'à établir l'explication sur l'emploi de l'azote atmosphérique. L'opinion généralement admise, est que ce dernier ne contribue point à la formation du nitre dans les nitrières artificielles (1), parce qu'elles exigent toujours la présence des matières organiques azotées, dont la fonction paraît être de combiner leur azote avec l'oxigène atmosphérique. Cette explication n'est cependant pas plus prouvée que la première, car la substance organique azotée pourrait n'être essentielle qu'en sa qualité de ferment, qui est toujours une matière organique azotée.

L'absorption du gaz azote dans la fermentation, n'étant appuyée sur aucune observation directe, j'exposerai les résultats que j'ai obtenus principalement par la fermentation des pois dans les mélanges de ce gaz avec l'oxigène, l'hydrogène et l'acide carbonique. Les premiers gaz interviennent comme parties principales de notre atmosphère, les derniers comme produits de la fermentation elle-même. J'ai employé cette graine parce qu'elle

_____

(1) Berzélius. *Traité de chimie*, T. III, p. 390.

offre une substance très-fermentescible, qui s'adapte facilement à ce genre d'expérience.

On irait beaucoup trop loin en appliquant à la fermentation de toutes les substances végétales, les effets que j'ai obtenus; mais on ne saurait douter qu'ils ne conviennent dans leur généralité aux plantes mortes qui sont azotées, et qui dégagent de l'hydrogène par leur fermentation sous l'eau; j'en donnerai des exemples avec de la luzerne.

Les nombres que je citerai dans le détail des expériences se rapportent toujours à une observation faite avec beaucoup de soin; mais on doit se souvenir que des circonstances inappréciables font varier les quantités des produits des fermentations opérées par le même procédé.

Celui que j'ai employé ordinairement, consiste : 1° à renfermer avec quatre grammes d'eau, quatre pois secs, pesant un gramme, dans un récipient plein de mercure, jusqu'à ce qu'ils y eussent dégagé, par une fermentation préliminaire, une petite quantité de gaz; 2° à les enfiler dès-lors dans un fil de platine, pour les maintenir à l'ombre dans la boule d'un matras renversé, qui contenait environ deux cents centimètres cubes de gaz, et dont le col de vingt-deux millimètres de diamètre intérieur, était en partie plongé dans du mercure. Ces pois, imprégnés d'eau, pesaient deux grammes, au moment de leur introduction dans le matras : ils avaient leur première consistance.

Lorsque les quantités de gaz oxigène, mêlées au gaz azote, n'excédaient pas $\frac{1}{50}$ de son volume, elles ont été déterminées par l'eudiomètre à gaz nitreux, avec autant de précison que par tout autre procédé, si l'on tient compte de l'absorption de ce gaz par l'eau de la cuve, dans des circonstances analogues à celles où il se trouve pour l'analyse : on obtient cet effet en mêlant le gaz nitreux avec de l'hydrogène pur.

Les petites quantités d'hydrogène, mêlées au gaz azote, ont été déterminées avec l'eudiomètre de Volta, par une addition d'oxigène et d'hydrogène, en comparant le résultat de leur détonation avec celui que donnait cette addition à une atmosphère d'azote pur, ou qui avait à peu près la même composition que celle qui était soumise à l'analyse.

Influence de la surface du corps fermentescible. — On admet en général que les corps non submergés, en fermentation, ne fournissent point de gaz hydrogène dans l'air atmosphérique : je n'ai pas obtenu d'hydrogène avec des graines de pois, non-submergées, dans une atmosphère qui contenait plus de $\frac{1}{200}$ d'oxigène après leur fermentation ; mais ce résultat est subordonné au volume, à la surface et à la perméabilité de l'enveloppe du corps fermentescible ; car les accumulations de fumiers non-submergés produisent du gaz hydrogène dans l'air atmosphérique. Ces considérations doivent s'appliquer au dégagement du gaz azote, dont je m'occuperai dans la suite.

Voici un exemple du développement de l'hydrogène dans de l'oxigène presque pur, par un gramme de pois, qui n'étaient recouverts que d'une petite quantité d'eau : ces pois avaient émis, par une fermentation préliminaire avec quatre grammes d'eau, 6 c. c. de gaz composé presque uniquement d'acide carbonique, sans y comprendre celui que l'eau a retenu. Ces graines ont été dès-lors submergées dans 6 c. c. d'eau placée à la surface du mercure dans le col du matras : ils y ont séjourné huit jours. Therm. 18° c,

L'atmosphère des pois contenait avant l'expérience,	Après l'expérience.
	Gaz oxigène.... 123,8 cent. c.
	acide carbon. 61
Gaz oxigène.... 196 cent. c.	azote 3,6
azote...... 3,4	hydrogène.. 1,6
199,4	190

Les pois ont diminué leur atmosphère de 9,4 c. c. détruisant 72,2 c. c. d'oxigène, et en produisant 61 c. c. d'acide carbonique, et 1,6 c. c. d'hydrogène.

Dans une expérience semblable, où le col du matras ne contenait point d'eau, les pois tuméfiés, et non submergés, ont diminué le volume de leur atmosphère en détruisant 45 c. c. d'oxigène, et en produisant 39 c. c. d'acide carbonique. Ce résultat indique comment les graines de pois en fermentation se comportent en général dans le gaz oxigène pur.

La même expérience a été faite avec des pois imprégnés d'eau, qui ont été dépouillés de leur enveloppe, et réduits par la trituration en une pâte épaisse, bien liée. Deux grammes de cette pâte, représentant un gramme de pois secs, ont été renfermés en un seul nouet sphérique dans de la gaze claire, et suspendus pendant huit jours dans 200 c. c. d'oxigène : cette pâte a augmenté son atmosphère, en formant 28,5 c. c. d'acide carbonique, et en détruisant 23,6 c. c. d'oxigène. Ce résultat montre l'influence de la surface, qui étant moindre avec la pâte qu'avec les pois entiers, lui a fait produire les deux élémens de l'acide carbonique.

La fermentation du mélange de la levure avec une solution de sucre, n'augmente pas le volume d'une atmosphère d'oxigène, lorsqu'on mouille avec le liquide fermentescible, des pierres ponces ou d'autres corps poreux, de manière que ce gaz les traverse librement : l'acide carbonique se forme alors aux dépens de l'oxigène atmosphérique, et il ne paraît pas qu'on obtienne de l'alcool.

Absorption du gaz azote par la fermentation dans l'air. — L'absorption suivante a été faite avec un gramme de pois, qui par la fermentation préliminaire avaient dégagé 4 c. c. de gaz; ils ont séjourné deux jours dans le matras plein d'air. Therm. 19°.

L'atmosphère des pois contenait avant l'expérience,	Après l'expérience,
	Gaz azote..,.... 147,6 cent. c.
Gaz azote...... 149 cent. c.	oxigène.... 28,8
oxigène.... 39,5	acide carbon. 13,2
————	————
188,5	189,6

Les pois ont absorbé 1,4 c. c. d'azote; ils ont produit 13,2 c. c. d'acide carbonique, en détruisant 10,7 c. c. d'oxigène.

Les pois qui sortaient de l'atmosphère précédente, ont

été renfermés deux jours dans une nouvelle quantité d'air du même volume; ils y ont absorbé 1,4 c. c. d'azote, en détruisant 11,25 c. c. d'oxigène, et en produisant 16,7 c. c. d'acide carbonique.

Dans une autre expérience disposée comme la première, mais où les pois ont séjourné quatre jours dans le même air, ils ont diminué cette atmosphère de 1 c. c., ils ont détruit 17,4 c. c. d'oxigène, qui ont été remplacés par le même volume d'acide carbonique; ils ont absorbé 1 c. c. d'azote. Therm. 18°

Dans une autre expérience où un demi-gramme de pois en fermentation a séjourné une semaine dans 200 c. c. d'air, ces graines n'en ont pas changé le volume; elles y ont absorbé 2,3 c. c. d'azote, en détruisant 28,6 c. c. d'oxigène, et en formant 30,9 c. c. d'acide carbonique. Therm. 18°. Ces résultats montrent les différences auxquelles on doit s'attendre dans ces opérations, elles paraissent dépendre principalement de la différente constitution des graines de la même espèce.

Des jeunes tiges feuillées de luzerne, *medicago sativa*, L. soumises, sous l'eau, à la fermentation préliminaire décrite pour les pois, et suspendues ensuite en faisceau lâche, pendant 46 heures, dans 268 c. c. d'air (Th. 19°), ont diminué cette atmosphère de 4,8 c. c.; elles ont absorbé 1,8 c. c. d'azote, en formant 20,7 c. c. d'acide carbonique, et en détruisant 23,7 c. c. d'oxigène. Cette luzerne desséchée pesait huit décigrammes.

Les pois et la luzerne ont absorbé du gaz azote par leur fermentation sous l'eau, dont la surface était en contact avec l'air.

La faculté qu'ont plusieurs substances végétales, de condenser le gaz azote, lorsqu'elles sont suspendues dans l'air, s'éteint promptement quand il n'est pas renouvelé : 1° parce que l'acide carbonique qu'elles forment dans une atmosphère non renouvelée, s'oppose à l'absorption de l'azote; 2° parce qu'elles n'ont pas la quantité d'eau suffisante pour soutenir long-temps leur fermentation.

Absorption du gaz azote par la fermentation dans du gaz azote pur. — Les pois en fermentation dans du gaz azote seul, peuvent en absorber une aussi grande quantité que lorsqu'ils sont placés dans l'air atmosphérique; mais je n'ai obtenu ce résultat que dans le cas où ils produisaient par la lenteur de la fermentation une très-faible proportion d'acide carbonique; ainsi un gramme de pois a absorbé dans huit jours 3 c. c. d'azote dans 200 c. c. de ce gaz, lorsque la fermentation y a ajouté 2 à 3 c. c. d'acide carbonique, tandis que ces graines n'ont point absorbé d'azote, lorsque la fermentation était assez rapide pour leur faire dégager, pendant le même temps, 30 à 35 c. c. d'acide carbonique.

Les pois submergés dans une petite quantité d'eau peuvent absorber l'azote avec lequel cette eau seule est en contact; ainsi un gramme de pois qui avaient, par une fermentation préliminaire, produit 10 c. c. de gaz, a été introduit à la surface du mercure dans le col d'un matras, avec 7 c. c. d'eau de pluie dont la surface seule était en contact avec 200 c. c. de gaz azote; ces graines ont absorbé pendant cette immersion, dans l'espace de huit jours, 2,5 c. c. d'azote, en produisant 22 c. c. d'acide carbonique, et 5,5 c. c. d'hydrogène. Therm. 23°

Des jeunes tiges feuillées de luzerne, après avoir subi sous l'eau la fermentation préliminaire, ont été réduites en une pâte qui contenait les trois-quarts de son poids d'eau. En suspendant pendant une semaine deux grammes de cette pâte en nouet avec de la gaze, dans 200 c. c. d'azote (Therm. 17°), ces deux grammes ont absorbé 4,8 c. c. de ce gaz, et l'ont remplacé par le même volume d'acide carbonique, sans dégagement d'hydrogène.

Absorption du gaz azote par la fermentation, dans une atmosphère d'hydrogène et d'azote. — Les pois en fermentation, ne condensent pas l'azote dans une atmosphère composée de partie égale d'oxigène et d'azote; mais ils condensent ce dernier gaz dans une atmosphère composée de partie égale d'hydrogène et d'azote. Les pois employés à l'expérience suivante avaient dégagé par une fermentation préliminaire sous l'eau, 10 c. c. de gaz, qui était de l'acide carbonique, mêlé d'une petite proportion d'hydrogène. Ils ont séjourné huit jours dans le mélange d'azote et d'hydrogène. Therm. 19°.

L'atmosphère des pois contenait avant l'expérience,		*Après l'expérience,*	
		Gaz azote......	100,3 cent. c.
Gaz azote......	103 cent. c.	hydrogène..	99,5
hydrogène..	102,1	acide carbon.	12,5
oxigène	0,5	oxigène	0,5
	205,6		212,8

Les pois ont fait disparaître 2,7 c. c. d'azote, et 2,6 c. c. d'hydrogène; ils ont produit 12,5 c. c. d'acide carbonique.

On voit que dans cette opération l'hydrogène a été condensé; ce résultat est remarquable, parce que ce gaz n'a pas paru être absorbé dans une atmosphère composée de partie égale d'hydrogène et d'oxigène, quoiqu'ils aient diminué le volume de cette atmosphère, en condensant de l'oxigène.

Les pois en fermentation lente dans de l'hydrogène pur en absorbent une petite quantité, et ils y exhalent de l'acide carbonique; la pureté du gaz hydrogène résidu n'est point d'ailleurs altérée par cette opération : l'absorption de ce gaz y est moindre que lorsqu'il est mêlé au gaz azote. On ne s'aperçoit pas toujours (même dans ce mélange) de la condensation de l'hydrogène, parce qu'ils peuvent en émettre autant et plus qu'ils n'en absorbent; mais celle de l'azote y a toujours été très-notable. Ils n'ont jamais paru absorber l'hydrogène dans une atmosphère formée à partie égale de ce gaz et d'acide carbonique, et ils y ont souvent exhalé une certaine quantité du premier.

Toutes les épreuves auxquelles j'ai soumis les pois, telles que l'ébullition dans l'eau, l'introduction dans l'acide carbonique pur, pour expulser l'azote qu'ils avaient condensé, n'ont abouti qu'à obtenir au plus un sixième du gaz absorbé.

Dégagement du gaz azote par la fermentation.

§ 13. La production du gaz azote par les substances organiques en fermentation, est un effet qui n'a point été constaté, et qui ne peut s'observer comme l'absorption de ce gaz, que dans certaines circonstances.

Lorsque j'ai soumis un gramme de pois, à la fermentation préliminaire, décrite § 12, et que je les ai isolés dans une atmosphère d'acide carbonique pur qui ralentît la fermentation, ils n'ont pas exhalé une quantité notable de gaz azote; mais il n'en a pas été de même, lorsque cet acide était mêlé à une grande proportion de gaz azote. Dans l'expérience suivante, les pois avaient dégagé par la fermentation préliminaire 10 c. c. de gaz; ils ont séjourné huit jours dans l'atmosphère d'acide carbonique et d'azote. Therm. 17° c.

L'atmosphère des pois contenait avant l'expérience,		*Après l'expérience,*	
		Gaz azote...... 112 cent. c.	
Gaz azote...... 104,3 cent. c.		acide carbon. 103,5	
acide carbon. 85,7		hydrogène.. 3,8	
oxigène 0,5		oxigène 0,4	
190,5		219,7	

Les pois qui se sont plus décomposés ou déformés dans ce résultat que dans d'autres expériences semblables, ont produit 18 c. c. d'acide carbonique, 3,8 c. c. d'hydrogène, et 7,7 c. c. d'azote.

On remarquera que cette grande production d'azote par un gramme de pois, est évidemment un produit de la fermentation, et non pas celui d'un dégagement dû à la porosité, parce que le gaz qu'on peut leur supposer dans l'état sec, a dû être expulsé par la fermentation préliminaire.

Les deux expériences suivantes indiquent que les pois

dégagent plus d'azote à la fin qu'au commencement de la fermentation. J'ai placé d'une part, dans un mélange d'azote et d'acide carbonique à partie égale, un gramme de pois qui n'avaient été submergés qu'un jour dans l'eau, et qui conservaient alors leur faculté germinative; et d'autre part, dans une semblable atmosphère, un gramme de pois qui avaient été submergés six jours, et qui avaient dégagé dans cette submersion 12 c. c. de gaz; ils ont séjourné huit jours dans ces atmosphères. Therm. 19°.

L'atmosphère des pois qui n'avaient point subi de fermentation préliminaire, contenait avant l'expérience,	Après l'expérience,
Gaz azote ...... 100,25 cent. c.	Gaz azote...... 102 cent. c.
acide carbon. 96,5	acide carbon. 120,6
oxigène 0,5	hydrogène.. 1,3
197,25	223,9

Il y a eu une augmentation de volume de 26,6 c. c., il s'est dégagé 24,1 c. c. d'acide carbonique, 1,3 c. c. d'hydrogène, et 1,75 c. c. d'azote.

Les pois qui avaient subi la fermentation préliminaire ont exhalé dans une atmosphère semblable, 4 c. c. d'azote, 7 c. c. d'acide carbonique, et 2,7 c. c. d'hydrogène.

Ces graines peuvent exhaler du gaz azote dans du gaz azote pur, pourvu que la fermentation y soit vive, ou qu'ils y dégagent beaucoup d'acide carbonique, et une petite quantité d'hydrogène; mais l'exhalation de l'azote

y est moins considérable que dans l'atmosphère formée
d'avance avec partie égale d'azote et d'acide carbonique.

Les pois ont même exhalé du gaz azote, par une fermentation très-vive dans du gaz azote où l'acide carbonique, immédiatement après sa formation, était absorbé
par une solution de potasse qui était placée dans le col
du matras, sans qu'elle fût en contact avec les graines ;
l'opération a duré huit jours. Therm. 19°.

L'atmosphère des pois contenait avant l'expérience,	Après l'expérience,
	Gaz azote...... 204,1 cent. c.
Gaz azote...... 202,3 cent. c.	hydrogène.. 3,2
oxigène.... 0,9	oxigène.... 0,9
203,2	208,2

On voit qu'un gramme de pois qui avaient subi une
fermentation préliminaire où ils avaient dégagé 10 c. c.
de gaz, ont exhalé ensuite 1,8 c. c. d'azote et 3,2 c. c. d'hydrogène. J'ai jugé que la fermentation avait été vive, d'a-
près l'altération extraordinaire que les graines ont éprouvé
dans cette opération.

De la luzerne en pâte et en fermentation vive dans
une atmosphère composée de partie égale d'acide carbonique et d'azote, y a exhalé 1 c. c. du dernier gaz dans
des circonstances d'ailleurs égales à celles où elle l'avait
absorbé dans du gaz azote pur, § 12.

Les atmosphères suivantes sont celles dans lesquelles
les pois en fermentation n'ont pas exhalé du gaz azote,
ou une quantité de ce gaz, supérieure à la moitié du
volume des grammes dans l'état sec :

Le gaz hydrogène pur;

Le mélange de l'hydrogène avec son volume d'acide carbonique;

Le mélange de l'hydrogène avec son volume d'azote;

Le mélange de l'hydrogène avec son volume d'oxigène;

L'oxigène pur;

L'acide carbonique pur;

Le mélange de l'acide carbonique avec son volume d'oxigène;

Le mélange de l'oxigène avec son volume d'azote;

L'air atmosphérique;

Il paraît cependant que les deux dernières atmosphères doivent offrir une exception, qui est celle où tout l'oxigène serait à peu près converti en acide carbonique; car elles rentreraient dans le cas d'une atmosphère formée d'acide carbonique et d'azote, soit d'un mélange favorable au développement du dernier gaz.

§ 14. *Gaz dégagés par la fermentation sous l'eau sans le contact de l'air.* — J'ai dit, § 12, que les pois en fermentation sous l'eau qui est en contact, soit avec l'air (1), soit avec du gaz azote seul, y absorbent ce dernier gaz.

---

(1) Je réparerai ici l'omission d'un exemple de l'altération de l'air par les pois qui fermentent en submersion dans l'eau, § 12.

Un gramme de pois qui avaient dégagé, par une fermentation préliminaire, 8 c. c. de gaz, a été introduit sur le mercure dans le col d'un matras avec 6 c. c. d'eau de pluie qui offrait à l'air contenu dans ce vase, une surface circulaire de 23 millim. de diamètre; ces graines y ont séjourné trois jours (therm. 23°); elles y ont subi une fermentation vive, qui s'est annoncée par leur puanteur, par leur

On peut présumer, d'après ce résultat, qu'ils ne dégagent pas ce gaz, lorsqu'ils sont privés de ce contact. J'ai fait cette recherche avec les graines de pois, de seigle, de haricot, de lentille, de chou, de blé et d'orge, en introduisant sous des récipiens pleins de mercure, trois grammes de chacune de ces graines avec douze grammes d'eau de pluie ; elles ont fourni à l'ombre, au bout de deux mois d'été, à une température qui s'est souvent élevée à 24° c. tout le gaz qu'elles pouvaient développer ; elles n'y ont point produit de gaz azote, car il n'excédait pas le quart du volume de ces graines, qui en étaient, ainsi que l'eau, naturellement imprégnées avant l'immersion.

Les quantités de gaz que les mêmes espèces de graines peuvent fournir, sont très-variables ; celles qui sont récentes en produisent beaucoup plus que les anciennes. Trois grammes de pois michaux, recueillis depuis une

changement de forme et de consistance, et par l'augmentation du volume de l'air.

Il contenait avant la fermentation,		Après la fermentation,	
		Gaz azote......	207,3 cent. c.
		oxigène....	54,6
Gaz azote......	209,6 cent. c.	acide carbon.	14,7
oxigène....	55,8	hydrogène..	5,9
	265,4		282,5

Les pois, en absorbant dans cette opération 2,3 c. c. d'azote, en exhalant 5,9 c. c. d'hydrogène, et 14,7 c. c. d'acide carbonique, sans y comprendre celui que l'eau a retenu, ont fait disparaître 1,2 c. c. de gaz oxigène.

année, ont produit 342 c. c. de gaz, réduit à la température de 15°, et à 760 millim. du Bar. Les quantités de gaz fournies par les autres graines ont diminué dans l'ordre où elles ont été inscrites; le blé n'en a fourni que 38 c. c., et l'orge encore moins. Je ne comprends pas dans ces nombres le gaz retenu par les douze grammes d'eau où elles étaient submergées.

Dans toutes ces graines, le blé et l'orge sont les seules qui, par ce procédé (1), n'aient jamais fourni que du gaz acide carbonique sans mélange de gaz hydrogène. Comme la fermentation dégage, relativement à l'acide carbonique, d'autant plus d'hydrogène que la température est plus élevée, et que celle-ci s'accroît avec la masse du corps qui la fermente, il est possible que l'absence de ce gaz tienne à la petite quantité de graine que j'ai employée.

On sait que la fermentation sous l'eau commence ordinairement par ne développer que du gaz acide carbonique pur, et que la quantité du gaz hydrogène relativement à l'acide carbonique s'accroît en raison du progrès de la fermentation.

Sur les 342 c. c. de gaz produit par la fermentation totale des pois, il y avait 98 c. c. de gaz hydrogène : la quantité de ce gaz l'emportait sur celle de l'acide carbonique à la fin de la fermentation.

(1) Les mêmes quantités de blé et d'orge ont exhalé de l'hydrogène par leur fermentation sous l'eau dont la surface était en contact avec l'air (Therm. 23°). Elles subissent alors, ainsi que d'autres substances organiques, une beaucoup plus grande décomposition que par la fermentation sous l'eau sans la présence de l'air.

. Trois grammes de pois recueillis en même temps que les précédens, ont fourni, par leur fermentation totale, en les mettant en expérience deux ans après leur récolte, 185 c. c. de gaz, dont 45 c. c. étaient de l'hydrogène.

Trois grammes de seigle mis en expérience un mois après la récolte, ont fourni 225 c. c. de gaz, dont 61 c. c. étaient de l'hydrogène.

La même quantité de seigle, récoltée depuis seize ans, a fourni, par sa fermentation totale, 78 c. c. de gaz, dont 22 c. c. étaient de l'hydrogène. La fermentation du seigle ancien a commencé plus tôt, plus rapidement, et s'est terminée beaucoup plus promptement que celle du seigle nouveau.

Sur 64 c. c. de gaz produit par la fermentation totale des lentilles, à une température qui s'est élevée souvent à 24°, elles ont produit 7 c. c. d'hydrogène. Elles n'ont fourni que du gaz acide carbonique par leur fermentation totale à la température de 12° à 15°.

J'ai montré que l'atmosphère d'hydrogène est particulièrement propre à la condensation du gaz azote. Il en résulte que les substances végétales qui exhalent le plus d'hydrogène pourraient être les plus propres à servir d'aliment à la végétation, par l'azote atmosphérique qu'elles lui ourniraient,

L'hydrogène produit par ces opérations n'est pas rigoureusement pur; il est mêlé d'une très-petite quantité d'hydrogène protocarburé, ou d'oxide de carbone. La densité de l'hydrogène que les pois ont fourni, est 0,08863. Cent parties de ce gaz ont détruit, par leur combustion, 55,45 de gaz oxigène, en formant 2,64 de gaz acide carbonique.

§ 15. *Action de la fermentation sur le gaz azote.*
— Les résultats que j'ai exposés sur la fermentation des pois suspendus dans les atmosphères d'azote, d'oxigène, d'acide carbonique et d'hydrogène, montrent que les mêmes substances organiques azotées peuvent absorber, et exhaler du gaz azote, suivant les conjonctures où elles sont placées.

Ces substances ont la faculté d'absorber ce gaz, lorsqu'elles sont exposées à son contact renouvelé, ou à celui de l'air atmosphérique, dans une fermentation lente ; elles condensent encore le gaz azote dans son mélange avec une grande proportion de gaz hydrogène, quelle que soit l'intensité de la fermentation. Une grande proportion de gaz oxigène, mêlée au gaz azote, s'oppose à l'absorption de ce dernier.

La circonstance qui produit principalement le dégagement du gaz azote, est le contact d'une atmosphère composée d'azote et d'acide carbonique, avec des substances azotées, soumises à une vive fermentation. Celles que j'ai éprouvées, n'ont point exhalé d'azote dans l'acide carbonique seul.

L'exhalation et l'absorption du gaz azote peuvent s'expliquer en admettant que la fermentation sépare ce gaz de sa combinaison organique ; mais qu'après cette séparation, il est condensé dans les pores de la substance dont il formait un élément. Il s'exhale par une fermentation rapide dans une atmosphère qui ne peut pas se combiner avec l'azote condensé, et qui tend d'ailleurs à le déplacer. Ces conditions ne s'obtiennent pas avec l'atmosphère d'acide carbonique pur, qui déplacerait l'azote, s'il ne ralentissait pas beaucoup la fermentation ; mais elles se trouvent dans le mélange de l'acide carbonique avec l'azote ; ce dernier affaiblit la faculté antiseptique de l'acide, et ces deux gaz ne peuvent pas se combiner avec l'azote condensé.

Les pois en fermentation rapide peuvent exhaler de l'azote dans une atmosphère d'azote seul ; mais cette exhalation y est moindre que dans le mélange préliminaire d'azote et d'acide carbonique : elles produisent d'ailleurs ce dernier en quantité suffisante pour qu'il opère en partie le déplacement du premier gaz.

Les atmosphères opposées à l'exhalation de l'azote sont celles qui contiennent en grande proportion le gaz oxigène, ou le gaz hydrogène dont les liaisons avec l'azote sont connues.

Les pois en fermentation ne dégagent pas du gaz azote dans une atmosphère d'hydrogène ; mais par une fermentation vive, ils exhalent du gaz hydrogène dans l'atmosphère d'azote. Ces deux résultats se contrediraient, si l'on ne considérait pas, 1° que dans les composés de ce genre, l'hydrogène est un principe plus abondant que l'azote ; 2° qu'un petit volume de ce dernier déplace un grand volume du premier, lorsqu'ils ne se combinent pas.

L'absorption du gaz azote, qui s'opère par une fermentation lente, soit dans le gaz azote pur, soit dans ce gaz mêlé à une petite proportion d'oxigène, peut s'expliquer, en admettant que cette fermentation sépare, dans un état condensé, l'hydrogène élémentaire de la substance fermentescible, et que l'azote atmosphérique se combine, soit avec cet hydrogène, soit avec celui qui se forme par la décomposition de l'eau.

Une grande proportion de gaz oxigène s'oppose à l'absorption du gaz azote, en se combinant en partie avec l'hydrogène, qui provient de ces deux sources. Cette combinaison n'empêche pas celle du gaz oxigène avec l'azote préexistant dans le corps qui fermente, ni celle du gaz oxigène avec le carbone; mais elle n'empêche l'absorption du gaz azote extérieur qui se trouve privé de l'hydrogène auquel cet azote aurait pu se réunir.

Nous n'avons, sans doute, aucune donnée pour prouver ici ces combinaisons; mais on voit que l'absorption et l'exhalation du gaz azote, par une même substance organique en fermentation, admettent des explications qui ne sont pas incompatibles lorsqu'on a égard aux circonstances de ces opérations.

Sans avoir la prétention de remonter aux causes des résultats de ces recherches, on trouvera qu'ils peuvent fournir des données utiles pour la préparation des engrais végétaux, pour l'explication de la formation des nitrates dans les nitrières artificielles, et des produits si variés de la respiration.

PHYSIQUE.

NOUVELLES OBSERVATIONS SUR LES APPARENCES ÉLECTRO-
CHIMIQUES, LES LOIS ÉLECTRO-DYNAMIQUES, ET LE MÉ-
CANISME INTÉRIEUR DE LA PILE, par M. L. NOBILI.

Quand on reçoit les deux apparences électro-chimiques sur une seule lame, il n'en résulte aucune diminution dans le nombre des anneaux colorés, dont elles sont
composées; mais ceux-ci se déforment et s'aplatissent du
côté intérieur, comme s'ils avaient été comprimés ou refou-
lés l'un sur l'autre (1). Il n'y a pas de changement sensible du côté extérieur; les anneaux sont larges et ordinairement légèrement nuancés. Cette gradation des
couleurs manque totalement au côté intérieur, lors même
que les deux apparences sont séparées par une distance
très-considérable (*fig.* 1). L'intervalle qui règne entr'elles
n'est recouvert d'aucune couche; fait qui prouve que l'a-
platissement des anneaux n'est pas, ainsi que je l'avais
présumé la première fois que j'observai ce phénomène,
un effet mécanique dû à la rencontre de deux espèces

(1) Voyez pour la manière d'obtenir ces apparences, mes mémoires
précédens sur ce sujet, et principalement le troisième, publié dans
la *Bibl. Univ.* T. XXXV, p. 261.

de couches qui venaient se déposer sur la lame (1). Les premières apparences sur lesquelles je remarquai ce refoulement étaient d'une dimension trop petite, pour qu'il me fût possible de discerner exactement leurs limites. J'avais alors fait très-peu d'observations sur l'influence réciproque des deux apparences ; mais je pensais déjà que ce fait, s'il était mieux étudié, pourrait conduire à quelque résultat nouveau. Nous allons voir si l'analyse que j'en ai faite confirme cette opinion.

Si l'on rejette la supposition que l'aplatissement des apparences est dû à la rencontre des deux couches qui les forment, on est amené à penser que ce résultat dépend en quelque manière des conditions électro-dynamiques dans lesquelles la lame se trouve placée. On sait, d'après une expérience d'Ampère, que les parties successives d'un même courant se repoussent mutuellement ; or ne pourrait-on pas voir dans cette espèce de répulsion une cause suffisante pour expliquer l'éloignement l'un de l'autre des bords intérieurs des deux apparences ? Mais voici un fait positif qui fixera mieux notre opinion sur ce point particulier.

Soit A B (*fig.* 2) la lame destinée à recevoir les deux apparences sous l'action des pointes P et N, que nous supposerons être plongées dans le liquide jusqu'à la ligne *ll* ; en plaçant au milieu de la lame A B une lame mince de verre qui dépasse un peu le niveau *ll* du liquide, et qui empêche ainsi qu'il ne s'établisse, au moyen de celui-ci, une communication directe entre les deux pôles secon-

(1) *Bibl. Univ.* T. XXXIV, p. 211 et 212.

daires de la lame, au moment où l'on fermera le circuit voltaïque, il se formera deux apparences sur A B; mais au lieu d'être séparées l'une de l'autre par un intervalle considérable, elles s'étendront toutes les deux jusqu'à la traverse V, sans qu'il y ait de changement sensible dans les anneaux qui se trouvent compris dans cet intervalle. Mais si l'on substitue une séparation de métal à la traverse isolante V, les apparences se forment à distance l'une de l'autre, et sont déformées comme lorsque l'on n'interpose aucune lame entre les pointes P et N. .

On peut conclure de cette observation, d'abord que l'état électrique de la lame seule, n'exerce aucune influence sur l'aplatissement des deux apparences; en second lieu, que cette déformation dépend en quelque manière de l'électricité qui passe directement par le liquide de la pointe P à la pointe N. Cette dernière condition est essentielle pour la production du phénomène, et nous allons chercher à l'examiner dans ses différentes parties.

Dans ce but nous observerons d'abord que les courans électriques une fois qu'ils sont entrés dans la lame A B (*fig.* 1) au-dessous de la pointe P, ne l'abandonnent plus que pour sortir du côté opposé au-dessous de la pointe négative N. En effet, si l'on observe attentivement la surface inférieure de la lame, on n'y découvre jamais aucune coloration. Si les courans avaient traversé l'épaisseur de cette lame de manière à parcourir la route plus ou moins tortueuse *p o n*, il se serait formé aux points où ils seraient entrés et d'où ils seraient sortis, deux autres pôles secondaires qui se seraient couverts des couches ordinaires.

Nous devons remarquer, en second lieu, qu'il y a une plus grande quantité d'électricité transmise lorsque la lame A B est placée dans le conducteur liquide, sous les pointes P et N, que lorsqu'elle n'y est pas plongée. Je me suis assuré de cette augmentation par le moyen d'un galvanomètre placé dans le circuit du courant. Dans une des expériences que j'ai faites dans ce but, j'ai observé que sans la présence de la lame A B, la déviation du galvanomètre était de 71°, et qu'en introduisant la lame sous les pointes P et N, cette déviation était aussitôt de 75°. La pile dont je me servais dans ces expériences était composée de douze élémens, de quatre pouces de surface; la lame A B était de platine, et le liquide était une solution d'acétate de cuivre et d'acétate de plomb. Ce mélange avait l'avantage d'être favorable au développement des deux apparences électro-chimiques (1).

La lame AB occupe il est vrai une partie bien peu considérable de l'espace que le courant parcourt dans son long circuit ; mais si ce court intervalle est une fraction à peine remarquable du circuit entier, elle joue un rôle plus important lorsqu'on la considère dans son rapport

(1) Le courant qui passe au travers de la lame A B se reconnaît aussi en mettant cette lame en communication avec les fils d'un galvanomètre, soit que cette communication ait lieu en dedans ou en dehors du vase, l'instrument donne toujours la même indication d'un courant qui suit le circuit du courant de la pile. Cet effet est assez semblable à celui que l'on obtient en plongeant les pointes d'un galvanomètre dans le liquide. Il ne faut point le confondre avec les inductions électro-dynamiques de Faraday qui, dans l'état actuel de la science, sont complétement différentes.

avec l'espace que parcourt le courant dans la solution où
les deux pointes P et N sont plongées. C'est dans cette
comparaison qu'il faut chercher la cause de l'augmentation produite par la lame A B, dans l'intensité de l'électricité transmise. Lorsque ce fragment de conducteur
parfait vient à manquer, le courant doit nécessairement
passer en entier par un conducteur imparfait, savoir le
liquide employé dans cette expérience. Lorsque la lame
A B est en place, le courant va de la pointe P à la pointe
N, en suivant en partie la route du conducteur humide,
et en partie celle du conducteur métallique. Ce second
chemin est beaucoup plus favorable que le premier au
passage du courant, d'où il résulte que la portion qui a
suivi la route la plus facile, éprouve une augmentation
d'intensité assez notable pour qu'elle puisse être mesurée
au moyen du galvanomètre (1).

Ici une autre question se présente, savoir, si les courans qui suivent le conducteur humide ont une intensité
constante, ou si la présence du conducteur A B la rend
variable. Si l'on fait tremper dans le liquide, entre les
pointes P et N, deux fils de platine très-fins, et communiquant avec le circuit d'un galvanomètre très-sensible,

(1) Si l'on plaçait la lame entre les deux pointes, comme un diaphragme, on obtiendrait un effet inverse, savoir une diminution
du courant, ainsi que le prouvent des observations analogues du
Prof. De La Rive, qui a étudié l'influence d'un écran métallique,
dans le cas où le courant tout entier est obligé de le traverser. Il reste
encore à étudier le cas dans lequel une portion du courant seulement
le traverse, et où l'autre portion en fait le tour. J'ai déjà entrepris
ce travail, que je publierai pour faire suite à ce mémoire.

on voit cet instrument indiquer une déviation, qui diminue de plusieurs degrés lorsqu'on présente la lame A B au-dessous des pointes P et N. Cette lame n'altère pas, par sa présence, la conductibilité du liquide; celui-ci n'est ni meilleur ni moins bon conducteur qu'auparavant, et la diminution qu'éprouve l'intensité des courans, provient seulement de ce qu'une partie d'entr'eux s'est dirigée au travers du conducteur métallique.

Il n'y a pas de doute que la présence de la lame A B, au-dessous des pointes P et N, est cause qu'une portion du courant passe par cette lame, tandis que le reste chemine directement au travers du liquide, de l'une à l'autre pointe; mais si l'on considère les fils métalliques autour desquels a lieu la décomposition du liquide, on peut se demander quels sont les points de ces fils d'où sort le courant qui traverse la lame, et ceux qui émettent le courant dirigé seulement au travers du conducteur liquide.

Il faut avant tout simplifier la question en recherchant d'abord comment s'exécute le mouvement du courant entre les deux pôles P et N indépendamment de la présence de la lame A B.

Les observations de De La Rive et d'autres physiciens, nous apprennent que les décompositions opérées par la pile, s'opèrent sur toute la ligne des conducteurs métalliques qui se trouvent plongés dans le liquide qui fait partie du circuit voltaïque. Mais une semblable décomposition est-elle égale partout, et instantanée, ou diffère-t-elle en temps et en intensité entre les portions du métal qui sont plongées dans le liquide. Les observations antérieures ne

ne répondent point à cette question ; elles ont été faites
d'une manière trop vague pour nous servir dans ce cas,
qui exige des expériences très-précises, vu qu'elles doivent
faire connaître les détails les plus circonstanciés de la marche des courans de l'un à l'autre des deux pôles P et N.

Les apparences électro-chimiques nous offrent heureusement un moyen d'étudier les phénomènes délicats dont
nous venons de parler. Les effets sont peu visibles, il
est vrai, sur des fils aussi minces que P et N ; mais ils deviennent plus distincts sur des fils plus gros, et le sont
davantage encore, si au lieu des fils P et N, on se sert
de deux lames aplaties, d'un pouce de largeur, placées
parallèlement l'une à l'autre. L'on observe les phénomènes suivans, en se servant de la solution des deux acétates de plomb et de cuivre.

1° Les couches électro-chimiques se forment d'abord
sur les angles $a' a$ (*fig.* 3).

2° De là elles s'étendent sur les trois bords ab, aa',
$a'b'$, non pas d'une manière égale sur toutes les lignes ;
mais plus promptement sur la ligne horizontale et inférieure aa' que sur les deux autres.

3° Enfin on voit qu'après avoir occupé ces trois lignes,
les apparences s'étendent sur l'intérieur de la lame cd,
en produisant des anneaux contournés, comme l'indique
la figure assez visiblement pour montrer que les couches
électro-chimiques se réunissent en d, après être parties
des angles a et a' et avoir parcouru les bords ab, $a'b'$,
et être enfin passé de là dans l'intérieur de la surface cd.

Cette description, ainsi que la figure 2, sont relatives
à la surface intérieure de l'une des deux lames parallèles.

La surface extérieure se colore un peu plus tard que la première, mais en suivant à peu près les mêmes phases, et sans que le phénomène soit accompagné d'autres circonstances qui méritent d'être mentionnées (1).

Voici donc ce qui se passe lorsqu'on opère avec les deux fils P et N, *fig.* 4. Le rayonnement commence aux extrémités P et N de ces fils, et a lieu peu à peu sur tous les points jusqu'au niveau du liquide P″ N″. Ce mouvement s'opère un peu plus rapidement du côté intérieur que du côté extérieur.

Cette succession de faits ne pouvait point être prévue d'après ce que l'on savait déjà, relativement au rayonnement des courans dans les liquides conducteurs. En effet, au lieu de s'attendre à voir commencer la décomposition sur les extrémités P et N, on devait supposer qu'elle aurait lieu d'abord au niveau du liquide en P″ et N″, qui sont les premiers points où le circuit se trouve fermé. Mais il n'en est point ainsi, et il nous reste maintenant à étudier le phénomène quand on fait usage de la lame A B (*fig.* 5).

Cette lame devient elle-même partie du circuit, et c'est entr'elle et les pointes P et N que commence le rayonnement du courant. Au bout de quelques instans ce rayon-

---

(1) Lorsqu'on fait l'expérience avec l'acétate de plomb seul, on trouve au bout d'un certain temps que les deux lames sont entièrement recouvertes, la positive d'une couche noire, et la négative de plomb coloré, avec cette différence seulement que la partie plane et intérieure des lames n'est recouverte que d'une simple couche très-mince, tandis que cette même couche est très-épaisse sur les bords.

nement s'étend plus loin jusqu'à P' et N', par exemple, en continuant toujours toutefois à se diriger sur la lame A B. Les courans arrivent ensuite successivement jusqu'au niveau P'' N'' du liquide, mais ils n'y parviennent qu'après s'être divisés en deux branches, dont l'une se dirige comme auparavant au travers de la lame, et dont l'autre abandonne ce chemin pour passer directement de l'un à l'autre fil. Mais dans ce cas les portions intérieures des fils $N''N$ et $P''P$, sont les seules qui émettent ces derniers courans; les portions extérieures continuent à rayonner leurs courans vers la lame AB, qui est exposée directement à leur action et sur laquelle ils se précipitent avant d'avoir pu se détourner pour passer directement d'un fil à l'autre.

Telle est la cause de la dilatation qu'éprouvent extérieurement sur la lame les apparences électro-chimiques, dilatation qui n'a pas lieu intérieurement, vu que les courans qui passent directement au travers du conducteur liquide ne peuvent par conséquent plus rayonner sur la lame.

C'est déjà quelque chose sans doute, d'être parvenu à expliquer jusqu'à ce point les phénomènes qui nous occupent, mais ce n'est pas assez. Il ne suffit pas, en effet, de savoir que les deux apparences sont plus étendues à l'extérieur qu'à l'intérieur, par le motif qui vient d'être indiqué, il faut en outre rendre raison du grand intervalle qui sépare les deux apparences, et du rapprochement qu'éprouvent leurs anneaux du côté intérieur où ils ont lieu sans gradation de nuances, et où ils sont serrés les uns contre les autres de telle façon, qu'il est impossible de pouvoir artificiellement en imiter l'effet (1).

_____

(1) La manière la moins défectueuse d'éviter cet effet est la sui-

· Il reste aussi à rectifier si l'aplatissement que subissent les apparences du côté intérieur, n'a lieu qu'à cette seule place, ou s'il s'étend jusqu'au centre et le dépasse.

Lorsqu'on reçoit les deux apparences sur une lame très-rapprochée des pointes P et N (*fig.* 1), elles se forment si exactement au-dessous de ces pointes que leurs centres paraissent y correspondre parfaitement. Si l'on éloigne les pointes P et N de la lame, on voit distinctement que tout le système est dérangé ; les apparences commencent à se former en *p* et *n* (*fig.* 6) comme si elles étaient animées d'un mouvement réciproque de répulsion.

Cette particularité, aussi bien que toutes les autres, dépend, il est vrai, de la route que chaque système de courans qui s'établit dans le liquide est forcé de se frayer, lorsque l'un d'eux va directement d'une pointe à l'autre, et que l'autre pénètre dans la lame A B. Mais quel sera le chemin que suivra plus spécialement chacun de ces courans? Je pense que ce sera celui qui est tracé par les lois d'Ampère, ainsi que j'ai cherché à le vérifier de la manière suivante :

vante : on verse sur une lame de platine ou d'acier, une goutte d'une solution d'acétate de plomb, en ayant soin qu'elle conserve sa forme circulaire, et qu'elle soit aussi gonflée que possible. On touche ensuite la lame avec la pointe positive de l'appareil, tandis que l'on fait avancer la pointe négative sur la goutte de manière à ce qu'elle y pénètre légèrement un peu de côté. Ces dispositions terminées, on ferme le circuit pour obtenir l'apparence qui prend l'aspect d'un *œil*, et qui ressemble un peu à l'apparence aplatie de la *fig.* 1, mais qui en diffère essentiellement par les conditions spéciales dans lesquelles l'expérience est placée, comme on le verra plus tard.

Le fait établi par la première loi est l'attraction mutuelle des courans dirigés dans le même sens. Pour vérifier cette loi dans les liquides, j'ai substitué à chacun
des fils ordinaires, des fils en forme de fourchette PP' et
NN' (*fig.* 7), munis de deux pointes parallèles entr'elles et placées à égale distance de la lame. Il se forme
alors de chaque côté deux petites apparences du même
genre, qui ont leurs centres $p, p'n, n'$ plus rappochés l'une
de l'autre que ne le sont les pointes mêmes, ce qui est conforme au principe que les courans dirigés dans le même
sens s'attirent. Pour ne pas confondre les résultats, il
est nécessaire d'employer une pile plutôt faible et des
pointes très-fines, qui trempent peu dans le liquide, et
qui soient placées à trois ou quatre lignes de distance de
la lame, et à une distance mutuelle dans chaque fil de
deux lignes environ.

· Pour vérifier l'autre principe, c'est-à-dire celui de la
répulsion entre les courans dirigés en sens contraire, il
faut fixer une bande d'étain *ss* (*fig.* 8) sur une lame de
platine, et recevoir ensuite au milieu de celle-ci les anneaux colorés qui constituent l'apparence positive p de l'a-
cétate de plomb. Lorsqu'on ne se sert pas de bande d'étain,
les anneaux qui se forment sont parfaitement circulaires, et
lorsqu'on en fait usage, les anneaux extérieurs sont aplatis
du côté de cette bande, mais demeurent les mêmes dans
tout le reste de leur contour.

L'étain et le platine forment une combinaison voltaïque,
et les courans qui en sont le résultat partent de l'étain qui
est le métal *positif*, et entrent, après avoir traversé le
liquide, dans le platine qui est le métal *négatif*. Les cou-

rans de la pile qui produisent l'apparence positive *p*, sortent du platine ; ils sont par conséquent contraires à ceux de l'appendice *s s* qui en arrête les progrès, conformément au principe posé par la seconde loi d'Ampère.

Ici je ferai observer, puisque l'occasion s'en présente, que les courans ne peuvent, ni se croiser, ni se superposer les uns sur les autres comme des rayons lumineux ; chaque filet d'un courant est obligé de suivre une route à part, comme le prouve la remarque faite sur les deux apparences contraires, la positive et la négative qui ne peuvent jamais exister simultanément. Si cette observation n'est pas suffisante pour décider la question sur un point aussi important que l'est celui d'assigner aux courans électriques leur véritable chemin, je puis ajouter à cette remarque l'exposé de deux expériences qui, je le pense, ne laissent rien à désirer à cet égard.

On place dans un vase, rempli d'une solution d'acétate de plomb, quatre petites lames verticales situées, comme l'indiquent leurs projections, en N, N′ et P, P′ (*fig.* 9) à l'extrémité des diagonales d'un carré. L'on place ensuite les lames situées sur une même diagonale dans le circuit d'une pile, et les deux autres lames P′ et N′ en communication avec une seconde pile. On voit que cette disposition est bien favorable pour obtenir dans le liquide deux courans qui se croisent à angle droit ; mais l'effet que l'on obtient est tout-à-fait différent. Il y a ici deux circonstances à examiner ; celle ou l'on se sert de piles à force égale, et celle où les piles dont on fait usage sont de force inégale.

Dans la première supposition, celle où les piles sont de

force égale, les deux piles n'agissent pas séparément l'une de l'autre, comme on pourrait le supposer; elles concourent ensemble à former un seul circuit et donnent lieu à un seul courant qui passe deux fois par le liquide, une fois de P à N, et l'autre fois de P' à N', ainsi que le prouvent à l'œil les apparences positives qui commencent à se former en P et P' du côté de N' et de N.

Cette différence ne doit pas être attribuée à une absence de précision dans l'arrangement de l'appareil, car les mêmes lames, placées de la même manière, se colorent également des deux côtés, lorsqu'après avoir supprimé l'action d'une des piles, le courant de la seconde passe nécessairement par la diagonale qui sépare les lames dans l'expérience.

Lorsqu'on emploie des piles à force inégale, l'effet qui en résulte est indiqué dans la fig. 10. Je suppose dans cette figure que la pile la plus forte soit celle qui communique avec les lames P et N. Le courant de cette pile se divise en deux parties, l'une qui va directement par la diagonale PN, l'autre qui s'unit au courant plus faible avec lequel elle parcourt le même circuit que dans le phénomène précédent, en traversant deux fois le liquide, une fois en prenant la route de P à N et l'autre fois de P' à N'. On peut suivre avec l'œil cet effet sur la lame P', où la coloration a lieu seulement du côté de N. La lame P se colore au contraire sur tous ces points; mais davantage du côté de N', où passe le courant de la pile la plus forte.

Quand la pile la plus énergique est celle qui communique avec les lames P' et N' (*fig.* 11), c'est son courant

qui traverse partiellement la diagonale P′ N′ ; le reste
s'unit au courant plus faible qui passe comme de coutume
deux fois par le liquide, ainsi que l'indique la figure.

Mais quelle est la partie du courant le plus énergique
qui passe directement par la diagonale du vase, et quelle
est celle qui circule conjointement avec le courant de la
pile la plus faible? On trouve naturellement la réponse à
cette question en considérant ce qui a lieu dans le cas des
deux piles de force égale (*fig.* 9) ; lorsque l'une des deux
reçoit d'une manière quelconque une augmentation de
courant, cette addition n'altère, ni l'effet chimique, ni
l'effet galvanométrique du courant qui ne reçoit pas l'augmentation ; il circule indépendamment de la première
circulation commune qui continue à avoir lieu comme
auparavant. Voilà donc ce qui se passe dans toutes les
combinaisons possibles de courans inégaux ; le courant le
plus fort circule en partie avec le courant le plus faible
et en partie seul. Cette dernière portion n'est que l'excès de la première sur la seconde.

. Les apparences électro-chimiques tranchent donc la
question. Mais il est à remarquer que dans ces circonstances, les déviations d'un galvanomètre mis dans les cir-
cuits des deux piles avec lesquelles on fait l'expérience,
n'augmentent, ni ne diminuent; elles sont les mêmes,
soit dans le cas où il n'y a qu'une seule pile en action,
soit dans celui où l'on fait usage de toutes les deux (1).

. C'est d'après cette parité de résultats, qu'un physicien

(1) Voyez le mémoire de Marianini sur ce sujet. *Ann. de Chimie
et de Phys.* Octobre 1829, et *Bibl. Univ.*, T. XLIII, p. 138, 1830.

distingué a cru que les courans possédaient la propriété
qu'ont les rayons lumineux de se croiser librement sans
se mêler les uns avec les autres. Le fait était spécieux et
l'analogie séduisante, mais néanmoins cette conséquence
déduite des indications du galvanomètre n'est pas exacte.
Cet instrument indique la force des courans, et non le
chemin qu'ils suivent avant d'arriver jusqu'à lui ; et si en
changeant de chemin, les courans changent généralement
de force, il y a des cas où cette différence ne se présente
pas ; tel est, par exemple, celui qui a donné lieu à la
supposition que les courans se croisaient. Ces cas particuliers sont intéressans et demandent une étude spéciale
sous différens rapports ; nous nous en occuperons dans
une autre occasion, sans entrer dans plus de détails maintenant sur ce sujet, afin de ne pas retarder la marche
de ce mémoire, dont le but est de donner une idée aussi
exacte que possible du circuit que doivent parcourir les
courans, pour produire les apparences aplaties de la fig. 1.

Si l'on observe la fig. 12, on verra le circuit que parcourent les courans, circuit qui semble résulter de l'ensemble des observations précédentes ; les courans qui
vont de la pointe à la lame, ont été séparés de ceux qui
vont directement d'une pointe à l'autre, par une ligne
pointillée, destinée à rendre plus claire l'intelligence de
la manière dont le phénomène se passe. Ces derniers courans sont les plus forts, et tendent constamment à s'ap-
proprier les filets qui leur arrivent ainsi attirés par le voisinage de la lame A B. Ces filets ont une direction contraire, et se repoussent conformément à la loi dont nous
avons fait mention, ils se recourbent et se reculent de

manière à former, du côté intérieur, les apparences comprimées et sans gradation de nuances, que nous avons déjà décrites plusieurs fois.

Si l'on place entre les deux pointes P et N une lame isolante, les courans qui allaient d'une ligne à l'autre diminuent d'intensité ; tous, ou à peu près tous, se dirigent sur la lame A B, et le phénomène ne présente plus rien d'extraordinaire (*fig.* 2).

C'est ici que ce mémoire devrait se terminer ; mais le phénomène qui en forme le sujet principal est tellement lié avec le mécanisme intérieur de la pile, que je ne puis m'empêcher de faire encore deux réflexions. L'une, est que si la loi électro-dynamique d'Ampère se vérifie dans la masse des conducteurs, ainsi que paraissent le démontrer mes dernières observations, les chimistes devront y avoir égard, et associer les principes électro-dynamiques aux principes purement électro-statiques qui font la base de leur science ; association qui servira peut-être à reconstruire l'édifice électro-chimique qui, dans l'état actuel de la science, manque de solidité.

La seconde réflexion que j'ai à présenter, concerne un fait que je crois très-important et auquel se rapporte la figure 3. Nous y voyons que les courans ont la tendance la plus évidente à s'accumuler sur les pointes et sur les bords, avant que d'entrer dans le liquide qu'ils décomposent. Ce résultat est un effet de tension produit par le manque de conductibilité du liquide.

Lorsque, pour produire cet effet, on se sert d'une pile composée d'un certain nombre de paires actives de cuivre et de zinc, mises en action toutes également par le

même liquide, et que cette pile est fermée par un fil conducteur assez gros pour décharger tout le courant de
l'appareil, on peut conclure que le courant qui en ré-
sultera sera continu, ou peu éloigné de l'être. Dans ces
circonstances, le courant qui est en circulation est le même
que celui qui est produit par une seule paire, ainsi que
le savent très-bien les physiciens, et comme l'a prouvé
le premier d'une manière évidente le Prof. Marianini (1).
Dans cet état de choses, le mécanisme de la pile est réduit à sa plus grande simplicité, puisque l'influence d'un
grand nombre d'élémens se réduit à l'action d'un seul.

Si nous coupons maintenant le fil qui ferme le circuit
pour en plonger les extrémités coupées dans un liquide
quelconque, le fil qui, tant qu'il était continu, n'offrait,
à cause de sa grande conductibilité, peu ou point de
résistance au courant qui lui arrivait de la pile, est maintenant remplacé par un liquide, qui, quelque bon conducteur qu'il soit, l'est toujours infiniment moins que le
métal. Quel sera alors l'effet produit par une substitution
aussi défavorable à la régularité de la circulation? Le
courant trouve dans le liquide un obstacle qui diminue
la rapidité de sa propagation. Ce résultat est déjà connu,
mais nous irons plus loin; si la circulation était continue auparavant, elle devient maintenant intermittente,
et si elle était déjà intermittente, elle le sera encore davantage; si jadis il ne restait dans le circuit fermé aucune trace sensible de *tension*, maintenant il s'en manifeste une par la tendance du courant à s'accumuler sur

---

(1) *Essai d'expériences électrométriques*, Venise 1825.

les pointes et sur les bords avant que d'entrer dans le liquide, qui l'interrompt dans son cours ordinaire. Le mé-canisme de la pile devient dans ce cas une alternative de tensions et de courans ; le courant s'arrête un instant au point où finit le conducteur métallique, et ce moment est celui où la tension se manifeste, et où le fluide électrique se dirige vers les pointes, et vers les bords, suivant les lois bien connues de l'électro-statique. Dans l'instant qui succède, l'électricité entre dans le liquide et achève son circuit pour arriver de nouveau au point d'interruption, où se renouvellent les mêmes circonstances qu'auparavant.

Ce changement offre toutefois une complication très-embarrassante. Il ne s'agit plus d'un courant qui part d'un élément quelconque d'une pile, sans que les autres élémens y prennent aucune part ; il est question d'un courant qui s'arrête aux extrémités d'un conducteur très-imparfait, qui remplit momentanément l'office de corps isolant, et à l'effet duquel viennent concourir les conditions de la pile isolée et celles de la pile fermée ; les premières, parce que chaque paire donne son impulsion au courant arrêté ; les secondes, parce que, plus le courant en circulation sera fort et rapide, plus il y aura d'accumulation d'électricité au point d'interruption, où le courant s'arrête le temps qui lui est nécessaire pour acquérir la force dont il a besoin afin de pouvoir le franchir.

Cette propriété de l'électricité de se constituer en état de tension au point d'interruption, n'est pas une hypothèse gratuite ; c'est un fait rendu évident par la comparaison des deux résultats qu'on peut obtenir avec un seul élément de Wollaston, au moment où l'on ferme et où l'on ouvre le circuit. Dans cette dernière circonstance, qui est celle d'une interruption subite, on obtient une étincelle, mais elle ne se dégage jamais dans l'acte de fermer le circuit, action qui correspond à une tension très-faible (1). Tel est le fait qui m'a conduit à l'idée du *condensateur électro-dynamique*, après m'être occupé avec attention de l'étincelle que l'on peut produire avec des aimans ordinaires (2), fait que je rappelle maintenant dans le but de donner, aux nouveaux aperçus sur le mécanisme intérieur de la pile, tout l'intérêt qu'ils réclament dans l'état actuel de la science.

Florence, le 24 décembre 1833.

(1) *Anthologie de Florence*, N° 131, page 153, et N° 136, p. 71.

(2) On fait ordinairement cette expérience dans l'air, à cause de sa nature isolante; elle réussit également dans un conducteur humide, comme le seraient par exemple l'eau et les solutions salines.

BOTANIQUE.

INSTRUCTION PRATIQUE SUR LES COLLECTIONS BOTANIQUES ;
par M. Aug. Pyr. De Candolle (1).

Le globe entier est aujourd'hui, grâces au développement du commerce et à la conservation de la paix générale, parcouru par une foule de voyageurs, et des centres
de civilisation se sont formés dans une multitude de pays
long-temps occupés par des peuples sauvages ; parmi ces
voyageurs ou ces habitans des pays lointains, les uns ont
des connaissances approfondies en histoire naturelle et
doivent se diriger d'après leurs propres idées ; mais il
en est un grand nombre, qui, sans être naturalistes, ont
cependant quelque goût pour l'étude de la nature et seraient disposés à concourir à ses progrès s'ils avaient la
conscience de pouvoir le faire d'une manière utile. C'est
pour cette classe, beaucoup plus nombreuse qu'on ne le
croit, que cette instruction est rédigée. Que les voyageurs
ou les colons soient entraînés à s'occuper d'histoire natu-

(1) Déjà en 1821 j'ai fait imprimer une notice analogue à celle-ci,
mais je me suis borné à l'adresser à ceux de mes correspondans qui
la réclamaient pour faciliter leurs travaux. C'est à raison des services
que cette instruction m'a rendus, qu'appuyé sur l'expérience je la
reproduis ici avec quelques développemens.

relle et de botanique en particulier, par le désir vague de
servir à l'avancement des sciences, par le plaisir de rendre
quelque service à un ami ou à quelque établissement
public, par le besoin qu'ils peuvent éprouver d'acquérir
des connaissances propres à éclaircir certaines exploita-
tions, ou par l'intérêt personnel qu'ils peuvent trouver
à former des collections dont la vente les indemnisera
des frais de leur voyage ; quel que soit, dis-je, le motif
qui les détermine, il importe de les prémunir contre les
illusions qui ont souvent arrêté les efforts de leurs devan-
ciers, et de leur montrer les moyens de rendre leur activité aussi utile qu'il sera possible. Il ne s'agit point ici d'en-
gager ces voyageurs à un travail qui leur prendrait plus de
temps qu'ils ne peuvent en consacrer à cet objet, mais de
leur indiquer les moyens d'employer ce temps de la manière la plus profitable. S'ils ne peuvent ramasser qu'un
petit nombre d'objets, ils ne doivent point s'en abstenir,
car toutes ces contributions éparses des amateurs concourent beaucoup aux progrès de la science, lorsqu'elles
sont faites avec méthode.

§ 1. *Des collections en général.*

Les productions naturelles des pays exotiques jouent
un si grand rôle dans leur aspect et dans leur histoire, que
tous les voyageurs en sont vivement frappés. Presque tous
cherchent à en donner une idée, soit par leurs récits,
soit par des images ; mais il importe de leur faire comprendre que tous les récits sont bien loin de suffire à
ce but, et qu'on ne peut obtenir quelque degré d'exacti-

tude qu'en rapportant des échantillons des plantes qu'on
a observées. Sans cette précaution, la confusion des no-
menclatures vulgaires, l'incohérence des descriptions, le
vague des comparaisons, le doute que le public conserve
souvent sur des récits non appuyés de preuves, etc., font
que les voyageurs les plus habiles ne peuvent donner que
des idées très-imparfaites des végétaux exotiques, tandis
que le moindre échantillon desséché suffit à un botaniste
pour prendre une idée assez exacte de ces végétaux.
C'est pour avoir négligé long-temps de rapporter des
échantillons desséchés qu'on a si souvent confondu les
plantes étrangères avec les nôtres, ou celles des régions
lointaines les unes avec les autres : c'est par la même
cause que les récits de plusieurs voyageurs, éclairés d'ailleurs et très-véridiques, se sont trouvés d'une inutilité
presque complète pour la botanique.

On a cru long-temps, et beaucoup de personnes croient
encore, que les mêmes espèces de plantes se trouvent
sauvages dans des pays fort éloignés les uns des autres,
et d'après cette idée, les voyageurs se dispensaient de recueillir des échantillons des plantes qu'ils croyaient exister
en Europe, ou qu'ils pensaient avoir déjà recueillis dans
leur voyage. Je sais que cette dispersion de certains végétaux à de grandes distances a lieu quelquefois, mais
c'est un fait fort rare, et le cas contraire est la règle ordinaire de la nature. Lors même qu'on croit reconnaître
un végétal à une grande distance de sa patrie ordinaire,
il convient de le recueillir, car s'il se trouve identique
on aura constaté une nouvelle exception à la loi commune ; et si, à un examen plus attentif, il se trouve dif-

férent, on aura enrichi la science d'un objet nouveau. Ajoutons encore qu'il arrive souvent qu'une plante, identique en réalité, présente un aspect assez différent lorsqu'elle croît dans des pays fort éloignés ; ainsi, celles des plantes de nos Alpes qui croissent au Kamtchatka, y prennent une grandeur et une force telles, qu'au premier coup-d'œil on est tenté de les croire différentes.

On n'avait point, dans les temps antérieurs au nôtre, une idée suffisante du nombre des végétaux qui peuplent la surface du globe, et lorsqu'on en avait recueilli quelques-uns, on se croyait trop vite au bout de sa tâche ; il importe que les voyageurs et les colons sachent que le nombre des plantes de la plupart des pays est beaucoup plus grand que le public ne le pense, et qu'ils ne doivent point, par conséquent, se décourager trop tôt. Il est peu de pays (sauf les petites îles) qui ne renferme quelques milliers d'espèces végétales.

Il est encore nécessaire de prémunir les voyageurs contre l'idée, trop commune parmi eux, que nous connaissons la plupart des végétaux qu'ils rencontrent hors d'Europe. Il n'en est point ainsi, et la plupart des plantes qui croissent dans les pays peu ou point civilisés nous sont inconnues, et sont encore rares dans les collections. Les voyageurs doivent donc tout recueillir dans les pays lointains, même les objets les moins apparens.

Plusieurs voyageurs, bienveillans pour la science, croient lui être suffisamment utiles en récoltant les graines des végétaux qu'ils rencontrent, et sans doute ils lui rendent déjà un service réel ; mais il importe encore de leur dire que des échantillons desséchés pour l'herbier sont au moins

aussi utiles ; en effet , des graines sont de vrais billets de
loterie : si l'on suppute le nombre de celles qui ne lèvent
pas , le nombre des plantes qui meurent avant d'avoir
fleuri , le nombre de celles qui ne produisent elles-mêmes
point de graines , le nombre de celles qui , par suite des
erreurs des jardiniers ou des négligences des directeurs
de jardins , ne sont point décrites , ou introduisent des
erreurs sur l'origine des espèces , on verra qu'il n'en est
qu'une faible proportion qui tourne à l'avantage réel de la
science ; tandis que des échantillons desséchés , déposés
dans des collections publiques ou particulières , sont des
documens certains et permanens qui éclairent la classification et la nomenclature , et servent même souvent à rectifier les erreurs des jardins. Ce sont des types sauvages
toujours plus précieux à observer que des végétaux déformés par la culture ; et quoique les plantes sèches soient
un peu plus difficiles à décrire que des plantes vivantes,
on y parvient cependant à un degré dont s'étonnent ceux
qui n'en ont pas l'habitude ; il n'est pas rare de voir les
voyageurs , corriger , d'après la plante sèche , des descriptions faites sur le vivant. Ce fait singulier s'explique
d'un côté par la fatigue et la préoccupation qui a toujours
lieu dans le cours d'un voyage, de l'autre par l'avantage
que présente un herbier d'offrir les plantes analogues dans
un état comparatif, circonstance qui améliore beaucoup
certaines parties des descriptions. On ne saurait donc trop
recommander la collecte des échantillons pour l'herbier
à tous ceux qui veulent servir la botanique. J'indiquerai
tout-à-l'heure les moyens de rendre cette collecte facile
et véritablement utile.

§ 2. *Mesures générales d'ordre.*

La mesure d'ordre la plus féconde en résultats est aussi heureusement la plus simple de toutes ; et celle qui est la plus utile entre les mains d'un botaniste consommé est précisément celle qui est la plus facile pour les amateurs les moins exercés.

Chaque collecteur, voyageur ou sédentaire, doit, en commençant ses recherches, désigner les plantes qu'il récolte par la série indéfinie des nombres naturels : ainsi la première plante qu'il dessèche porte le n°1, fixé à l'un des échantillons, la seconde le n° 2, et ainsi de suite. En même temps il ouvre un cahier dans lequel il inscrit, sous les mêmes numéros, ce qui est utile à noter sur chaque plante, savoir ;

1° La patrie considérée sous le rapport géographique.

2° La nature particulière du terrain ou de l'exposition dans laquelle la plante a été cueillie.

3° L'époque de l'année où elle a été récoltée, ou en fleur, ou en fruit.

4° Le nom populaire que la plante porte dans le pays, lorsqu'on le connaît.

5° Les circonstances de l'espèce qui peuvent échapper dans la dessication, comme la couleur des fleurs, leur odeur, leur fugacité, la grandeur de l'arbre, ses usages locaux, sa rareté ou sa fréquence, etc.

6° Le botaniste pourra y joindre les noms génériques ou spécifiques s'il les sait, et la mention des observations spéciales de structure ou de végétation que la plante lui aura offertes.

Selon le degré d'intérêt que le collecteur attache à ses collections, et selon le degré de son habileté, il pourra étendre ou resserrer ces six articles ; mais le premier est le plus essentiel et doit toujours être noté.

On voit que cette méthode est complétement indépendante du nom de la plante qu'on cueille. Voyons l'utilité qui en résulte dans la pratique.

1º Un numéro bien fixé à la plante n'entraîne ni erreur, ni préjugé. Les anciens voyageurs, ou ne joignaient aucune désignation à leurs plantes, et alors on ne savait comment s'entendre avec eux, ou ils mettaient des noms qui étaient presque toujours faux (puisqu'en voyage on manque des termes de comparaisons nécessaires pour les avoir justes), et alors ces dénominations fautives répandaient une foule d'erreurs lentes à détruire.

2º Au moyen de ces numéros le collecteur peut facilement, soit pendant son voyage, soit après son retour, correspondre avec les botanistes. Il envoye des échantillons munis de leurs numéros, et le botaniste peut, sur l'examen qu'il en fait, renvoyer les noms de ces plantes. On peut de part et d'autre faire sur ces êtres innommés, mais numérotés, toutes les questions nécessaires, ou pour connaître leur histoire, ou pour en obtenir des graines.

3º Ces plantes numérotées, envoyées à divers botanistes, ou déposées dans des collections diverses, donnent à tout jamais un moyen exact de concordance entre tous les savans, et entre ceux-ci et les voyageurs. Il résulte de là en particulier que, si l'un d'eux vient à décrire la plante sous un nom, tous les autres le savent sans effort et avec certitude.

4° Toutes les parties des végétaux, tels que les écorces ou les bois, tous leurs produits, tels que les racines ou les huiles, qui, dans l'ancienne méthode de récolte, restaient souvent inutiles parce qu'on ignorait leur origine, s'étiquettent avec clarté en y mettant le numéro de la branche desséchée pour l'herbier.

Le premier voyageur qui a employé cette méthode d'une manière générale est M. Will. Burchell, et c'est en étudiant quelques parties de son herbier du Cap de Bonne-Espérance que j'en ai compris toute l'importance. Avant cette époque, et surtout depuis lors, j'ai engagé tous mes correspondans à l'adopter; j'en ai vivement senti l'utilité et je vois avec plaisir que tous les collecteurs se rangent peu à peu à cette méthode.

Pour qu'elle produise tous les fruits qu'on a droit d'en attendre, il faut donner quelque attention aux points suivans :

1° Toutes les fois qu'on recueille une plante à une distance un peu notable d'un point où l'on en a déjà récolté une qu'on croit semblable, il faut lui mettre un nouveau numéro. En effet, si les deux espèces, à un examen approfondi, se trouvent semblables, on en sera quitte pour dire que les numéros 10, 200 et 1150, par exemple, de tel collecteur, sont de la même espèce. Il n'y a là aucune erreur; mais si, au contraire, deux espèces réellement distinctes se trouvaient mêlées sous un même numéro, on ne saurait plus à laquelle des deux appartiendraient les documens obtenus sur chacune d'elles. Cet exemple est un des cas très-nombreux qui tendent à prouver aux vrais naturalistes (contre l'opinion si répandue et si mal réfléchie) que les erreurs par excès de réunion sont beaucoup plus redoutables que celles par excès de séparation.

2° Une fois qu'un certain numéro a été affecté à une plante, elle doit le garder constamment, afin de pouvoir servir de terme de comparaison et de correspondance permanente; ainsi il est des collecteurs qui adoptent une série de numéros pour chacun de leurs correspondans, c'est une méthode vicieuse en ce qu'elle rend incommensurables entr'eux les documens obtenus par divers. L'inconvénient est plus grand encore quand il s'agit de collections vénales et devenues publiques; il vaut mieux y laisser des numéros vacans, mais conserver à chaque espèce celui qui servira de terme d'intelligence universelle entre tous les botanistes, lesquels citent ces numéros dans leurs écrits comme les pages d'un livre.

Après ces considérations générales, il convient d'entrer dans le détail des soins spéciaux qu'exige chaque genre d'objet.

§ 3. *Méthodes spéciales à chaque sorte de collections.*

I. Des Herbiers.

Les herbiers ou les collections d'échantillons desséchés des plantes en fleur ou en fruit, sont les travaux les plus utiles pour la botanique de tous ceux que peut faire un voyageur. Les procédés de dessication réduits à ce qu'ils ont d'absolument essentiel, sont assez simples pour n'effrayer personne.

On doit se procurer du papier gris, non collé, en quantité proportionnée au temps que l'on doit passer en voyage, sans pouvoir en acquérir de nouveau; quelques cahiers suffisent dans les pays civilisés d'Europe, où l'on peut les renouveler. Plusieurs rames peuvent s'employer facilement dans les pays hors d'Europe. Plus on s'avance vers l'équateur, plus la grandeur des plantes oblige à employer un papier de plus grand format. Le format généralement le plus commode est de 15 à 18 pouces de longueur, sur 8 à 10 pouces de largeur.

On doit se munir encore de plusieurs planches de la même dimension que le papier adopté; ces planches sont formées de deux planchettes collées l'une sur l'autre, de manière à ce que l'une ait les fibres du bois en long et l'autre en travers, précaution nécessaire pour les empêcher de se rompre.

Il faut avoir enfin ou une presse ou, ce qui est plus simple, un nombre proportionné de courroies, munies d'une boucle à une de leurs extrémités, et qui servent à serrer les paquets de papiers gris sous les planchettes.

On fera bien encore de se munir d'une boîte de fer-blanc et d'un gros livre de papier gris à dos très-lâche, fermé par de petites courroies et susceptible d'être porté en forme de havre-sac. Ce livre et cette boëte servent, pendant la marche, à y placer provisoirement les plantes que l'on recueille.

Le choix des échantillons mérite quelque soin. On doit en général prendre la plante entière, y compris la racine si sa dimension le permet; dans le cas contraire, on prend au moins une branche en fleurs et une en fruits; si les feuilles du bas de la plante diffèrent de celles du haut, on en joint aussi des échantillons.

Dès qu'on arrive à une station, on sort les plantes du livre ou de la boîte où elles étaient entreposées, et on les place dans des feuilles sèches de papier gris ; entre chaque feuille de papier qui renferme une plante, on a soin de placer deux ou plusieurs feuilles sèches et vides, puis on serre le tout entre des planchettes, au moyen des courroies, et on l'expose dans un lieu sec, chaud et aéré. Chaque jour on doit visiter le paquet pour changer le papier humide contre du sec, jusqu'à la dessication parfaite. On peut abréger un peu ce travail en ne changeant que les feuilles intermédiaires, et en laissant toujours la plante dans celle où elle a été primitivement placée, mais dans ce cas le nombre des feuilles intermédiaires doit être plus considérable. Lorsqu'on a, à la fois, des plantes à divers degrés de dessication, il faut ou les distribuer en plusieurs paquets, ou les séparer par des planchettes, afin que les plus humides ne gâtent pas les plus sèches. On doit serrer les plantes pendant leur dessication au point suffisant pour les empêcher de se crisper, mais pas assez pour déformer ou coller ensemble les parties délicates. Dans les pays ou dans les saisons très-humides, on peut accélérer la dessication par une chaleur artificielle, celle d'un four, par exemple, après la cuisson du pain.

. Les plantes grasses, les liliacées, les orchidées, etc. , sont souvent douées d'une telle vitalité qu'elles continuent à croître dans l'herbier, ce qui déforme et dénature les échantillons ; on évite cet accident en les plongeant à deux ou trois reprises (sauf les fleurs) dans de l'eau bouillante, puis on les essuie et on les place dans le papier comme à l'ordinaire ; par ce procédé, on les tue complétement et elles se dessèchent sans peine. Il faut seulement avoir soin, les premiers jours, de changer très-exactement leurs papiers.

Les plantes qui vivent dans la mer conservent souvent, à leur surface, une certaine quantité de sel marin qui attire l'humidité de l'air et les empêche de se sécher. On évite cet inconvénient en les lavant à l'eau douce et en les faisant sécher à l'air libre avant de les mettre dans du papier. Celles des plantes, soit marines, soit aquatiques, qui sont fort délicates, exigent encore un soin particulier : on doit les faire flotter dans un bassin d'eau douce, puis passer sous elles un papier blanc un peu fort, qu'on soulève lentement et obliquement, de manière que la plante y reste collée dans sa position naturelle. Si la plante est plus délicate encore, au lieu de papier on se sert de talc ou de verre.

Dans tous les cas, et *sans exception*, on doit joindre à la plante que l'on met en presse, une étiquette de papier un peu solide, et fixée à un individu de chaque espèce ou à plusieurs, dans le cas où on pourrait ne pas reconnaître à quelle fleur, par exemple, appartient tel fruit ou telle feuille.

Chaque étiquette doit porter un numéro d'ordre qui correspondra avec le journal du voyage, si on en fait un, et qui servira du moins à mettre le collecteur en rapport avec le botaniste auquel il enverra sa collection.

Les herbiers, une fois formés en voyage, doivent être préparés pour le transport, pour cela, on place dans et entre chaque feuille autant d'échantillons desséchés qu'il peut s'en loger commodément : on serre le tout fortement entre des planches ou des cartons, et on l'expédie le plutôt possible après la dessication, soit pour éviter l'embarras de charrier avec soi un grand bagage, soit pour diviser les chances de perte, soit afin que, dans certains cas, la collection arrive au botaniste assez tôt pour que celui-ci puisse demander au voyageur, ou le voyageur au botaniste, les renseignemens utiles à leur but réciproque.

II. Des Graines.

Les graines recueillies dans les pays étrangers sont, vu l'extrême difficulté du transport des végétaux vivans, les vrais moyens d'accroître les richesses des jardins, soit d'instruction, soit d'utilité ; on ne saurait trop recommander aux voyageurs d'en ramasser et surtout d'en ramasser avec ordre.

Les graines doivent être prises toutes les fois qu'on en trouve l'occasion, que la plante soit belle ou laide, utile ou inutile, rare ou commune. En effet, les plantes qui sont les moins apparentes ont été souvent les plus négligées, et sont celles où le botaniste trouve le plus d'instruction. Les semences doivent être recueillies bien mûres et un peu séchées à l'air libre, avant d'être enfermées dans des sacs de papier. Lorsque le fruit est charnu, on doit les en séparer; lorsqu'il est sec, il est souvent plus avantageux de les laisser dans leur gousse et de les expédier sans les avoir épluchées, pourvu qu'elles soient bien sèches. Dans celles qui sont destinées à des voyages très-longs, on

se trouve bien de les mêler, chaque espèce dans son sac,
avec du sable fin et sec qui arrête l'effet de l'humidité et
des insectes. Ces sacs doivent être renfermés, si la distance
est grande, dans une caisse goudronnée et bien fermée.
Chaque sac de graine doit porter une étiquette ; lorsqu'on
ne fait point d'herbier correspondant, cette étiquette doit
porter tout ce que nous avons indiqué plus haut (§ 2).
Lorsqu'on fait un herbier, le numéro seul, correspondant
avec la plante sèche, suffit pour donner au botaniste toutes
les connaissances nécessaires à son but.

Il ne faut pas craindre de mettre dans les sacs plus de
graines qu'un jardin ordinaire ne peut naturellement en
semer. Le reste sert ou à tenter divers procédés de culture,
ou à expédier en échange à d'autres jardins.

Lorsqu'il s'agit de graines huileuses qui perdent promptement leur faculté germinative, comme les glands, les
noix, les graines de thé, de café, etc., on place un lit de
deux pouces de terre sablonneuse au fond d'une caisse,
puis un lit de graines, puis un second lit de terre, un second de sable et ainsi de suite, jusqu'à ce que la caisse soit
parfaitement plaine ; celle-ci doit être fermée de manière
que rien de ce qu'elle renferme ne puisse ballotter, et que
cependant il y arrive de l'air.

Dans certains pays on peut recueillir des graines sans
beaucoup de peine, en ramassant celles qui sont rejetées
comme inutiles dans les récoltes, telles que les épluchures
du blé, du riz, et la poussière des fenières. On doit encore,
lorsqu'on est hors d'Europe, garder les noyaux de tous
les fruits qu'on mange. La réunion de ces petits moyens
finit toujours par donner d'utiles résultats.

III. Des Fruits.

Lorsque les fruits des plantes sont assez petits pour pouvoir faire partie des échantillons desséchés pour l'herbier, on doit les y placer avec les rameaux en fleurs et en feuilles.

Si leur épaisseur est trop considérable (au-delà d'½ pouce, par exemple), on doit alors les recueillir séparément.

Si leur nature est sèche et coriace, ils n'exigent aucune autre préparation que d'être conservés dans leur intégrité en un lieu sec, non exposé au soleil ; quelquefois les valves des fruits tendent à s'ouvrir avec élasticité par la dessiccation ; on évite cet inconvénient en liant le fruit avec une ficelle un peu forte.

Si le fruit est charnu, on doit le conserver dans une bouteille pleine d'eau-de-vie forte ou alcool faible, et dans quelques cas de simple eau saturée de sel marin ; la bouteille doit toujours être bouchée avec soin.

Dans tous les cas, on doit cueillir les fruits à l'état de maturité, choisir des échantillons entiers et bien conditionnés, leur laisser les écailles, folioles ou enveloppes qui pourraient les entourer, à moins que celles-ci ne fussent de nature à les altérer, les emballer dans des caisses bien closes, et où ils ne puissent point ballotter, ni être altérés par l'humidité ; on doit enfin les étiqueter avec un grand soin.

Si on a un herbier correspondant, il suffit de mettre à chaque fruit un numéro semblable à celui de l'échantillon desséché. Si l'on n'a point d'herbier, il faut mettre sur l'étiquette tout ce que nous avons indiqué plus haut pour les étiquettes de l'herbier.

On ne saurait trop recommander aux voyageurs de ne pas négliger ce genre de collections, devenu très-important dans l'état actuel des connaissances botaniques, soit pour améliorer l'anatomie des fruits, soit pour faire connaître un grand nombre d'objets utiles dans l'économie domestique et dans les arts.

IV. Des Bois.

Les bois ne sont utiles à recueillir que dans deux cas, ou lorsqu'il s'agit d'arbres très-célèbres ou très-remarquables, lors-même que leur histoire botanique serait mal connue, ou lorsqu'on fait un herbier correspondant, et qu'au moyen de numéros on peut savoir exactement à quelle espèce chaque échantillon appartient; le soin des étiquettes doit être d'autant plus grand dans cette collection, que le botaniste sédentaire n'a aucun moyen de reconnaître l'origine de chaque bois. Il faut donc apporter beaucoup de précaution, pour que les numéros ou les noms correspondent exactement avec les échantillons d'herbier.

Les bois doivent être pris sur des arbres ou arbustes sains. Si le tronc n'excède pas un pied de diamètre, on doit en couper un tronçon d'un pied de longueur, et revêtu de son écorce avec les épines ou aiguillons s'il y en a. Si le tronc excède un pied de diamètre, on peut ou choisir une branche moyenne pour l'échantillon, si elle ne diffère pas du tronc, ou si elle en diffère, couper le tronçon longitudinalement, de manière à avoir une moitié, un quart de la circonférence, mais toujours de la moëlle à l'écorce.

Lorsqu'il s'agit de palmiers, de fougères ou de tout autre arbre monocotylédone, on doit avoir un tronçon d'un pied de longueur, quel que soit le diamètre. Si le palmier est rameux, ce qui est fort rare, on doit couper le tronçon six pouces au-dessous de la ramification; et six pouces au-dessus. Les voyageurs sont instamment priés de ne négliger aucune occasion de recueillir les palmiers, fougères en arbre, dragoniers (*dracæna*), vaquois (*pandanus*), ou les arbres analogues.

Dans les cas où l'on ne peut évidemment point avoir une portion de tronc qui donne une idée de sa grosseur, comme par exemple, quant au baobab ou au ceïba, on doit tenir note exacte des dimensions.

Les échantillons de bois coupés frais, doivent être placés, pour dessécher, dans des lieux qui ne soient ni trop secs, ni trop chauds, afin d'éviter qu'ils ne se fendent. Cette seule précaution suffit pour ce genre de collections.

V. Des Racines.

Les racines destinées aux collections sèches ne valent la peine d'être recueillies que lorsqu'elles offrent quelque chose de remarquable par leur structure, et dans ce cas on doit suivre à leur égard toutes les précautions indiquées en parlant des bois.

Les racines destinées à propager les plantes dans les jardins peuvent l'être dans deux cas; savoir, quand la distance à franchir n'est pas trop grande, ou quand la vitalité de la racine est très-durable.

Les racines de la plupart des plantes vivaces de pleine

terre, prises à l'entrée de l'hiver, peuvent supporter un voyage d'une quinzaine de jours sans périr. Mais comme ce transport est coûteux, on ne doit expédier que celles qu'on sait manquer au jardin pour lequel on collecte.

Les Bulbes ou Tubercules des plantes vivaces, ou les boutures de plantes grasses, peuvent supporter plusieurs mois de voyage sans périr. On peut les expédier en les plaçant chacune enveloppée dans du papier et enfermée dans une caisse, avec du sable fin et sec pour garnir tous les vides. Chaque bulbe ou tubercule doit être étiquetée comme les graines. On doit, vu leur grosseur, les expédier en prenant soin que le port ne dépasse pas leur valeur.

VI. Des Gommes, Résines et autres produits végétaux.

Les voyageurs sont instamment priés de ne pas négliger ce genre de collections, qui se lie à l'histoire économique commerciale et médicale des plantes. Les gommes, les résines, les gommes-résines, les sucs, les écorces, et en général tous les produits végétaux employés dans les arts, la médecine et l'économie domestique ou susceptibles de l'être, doivent être recueillis. Si on a un herbier correspondant, on doit étiqueter le produit du même numéro que porte la branche fleurie et desséchée. Si l'on n'a point d'herbier, on doit étiqueter la gomme, résine, etc., du nom vulgaire qu'elle porte dans le pays ou dans le commerce, et y joindre, s'il est possible, un échantillon, quelque grossier qu'il soit, de sa feuille, et surtout de la fleur ou du fruit du végétal qui la porte.

On doit traiter de la même manière les produits artificiels de végétaux, tels que les bois ou écorces travaillés par les naturels du pays, les cordes, fils ou toiles faits de certaines plantes, les préparations industrielles médicales ou économiques, toutes les fois que leur origine est bien constatée, leur conservation possible, et leur transport facile.

VII. Des Cryptogames.

Les champignons charnus doivent être traités comme les fruits charnus, c'est-à-dire, mis dans l'eau-de-vie. Les champignons, de nature à se dessécher sans trop d'altération, et les lichens doivent être traités comme les fruits secs, c'est-à-dire que selon leur épaisseur on doit les mettre en herbier ou les conserver isolés et enveloppés à part. Les fougères, les mousses, les algues doivent être séchées et mises en herbier. Si on manque de temps on doit envelopper grossièrement les mousses pêle-mêle, en écrivant sur le paquet le nom du pays, et on peut encore les ranger à leur arrivée.

Cette méthode est encore très-bonne pour les petites algues soit d'eau douce, soit surtout du bord de la mer. Lorsqu'après une cueillette de ce genre on a choisi les objets les plus apparens pour les sécher à part, il ne faut pas abandonner le reste, où se trouve d'ordinaire une foule de petites espèces confondues, mais les réunir en masse, les faire sécher grossièrement, les étiqueter du lieu et de l'époque où elles ont été cueillies, et les conserver pour être épluchées lorsqu'on en a le temps.

Dans l'état actuel de la science, les voyageurs doivent faire une grande attention à recueillir les petits crypto-games qui naissent sur les végétaux vivans; la plupart des taches ou des excroissances qu'on voit sur les feuilles, les tiges ou les fruits, méritent d'être recueillies ou conservées. Dans ce cas, on doit récolter la feuille chargée de parasite et une branche en fleur du même arbre, pour en faire connaître l'espèce.

VIII. Des Monstruosités.

Les voyageurs rendront un service important à la science, en recueillant avec soin les monstruosités ou accidens permanens des végétaux; tels sont les soudures naturelles des organes d'une même plante, les organes avortés ou altérés dans leur forme, leur nombre ou leur apparence. Ces cas étant hors de la ligne ordinaire, on ne peut donner de règle précise pour leur conservation, on doit seulement observer constamment qu'à côté de l'échantillon, malade ou monstrueux, on doit en conserver un dans l'état ordinaire de l'espèce pour terme de comparaison.

IX. Des dessins botaniques.

Les voyageurs qui savent dessiner ou peindre, et qui veulent rendre leur talent utile à la botanique, doivent chercher à ménager leur temps en ne s'occupant que des parties des dessins botaniques qui ne peuvent point se faire dans les herbiers.

Les dessins coloriés doivent être réservés pour les fleurs et les fruits, ou pour les champignons charnus, dont la couleur s'altère par la dessication ; si on a l'intention de dessiner en couleur les plantes du pays qu'on parcourt, et que le temps manque pour ce travail, on peut se contenter de faire une esquisse au simple trait passé à la plume et colorier, par échantillon, un bout de tige, une feuille, une fleur, etc.

Les dessins en noir doivent être réservés en voyage : 1° pour fixer les formes des organes délicats ou susceptibles d'altération, tels que les détails de la fleur ou du fruit ; 2° pour rappeler le port général des grands végétaux.

A ce dernier égard, nous devons insister auprès des voyageurs ; nous ne connaissons que d'une manière très-imparfaite le port des arbres étrangers, et il serait précieux que ceux qui parcourent les régions situées hors d'Europe, fissent ou fissent faire des croquis soignés des arbres qu'ils rencontrent ; on doit choisir pour cela les individus qui peignent le mieux l'état ordinaire de l'espèce, mettre au bas du dessin une échelle qui indique la grandeur, et joindre à ce dessin ou le nom de l'arbre ou, ce qui est mieux, une branche en fleur, séchée, ou enfin, si on a un herbier, le simple numéro correspondant à l'échantillon desséché.

X. Des Descriptions.

Ceux des voyageurs qui désireront faire des descriptions des plantes qu'ils rencontrent, doivent s'attacher particulièrement aux objets suivants :

1º Décrire les parties de la plante qui ne peuvent pas se conserver facilement dans l'herbier, telles que les racines, les tiges des arbres, les fruits charnus.

2º Décrire les particularités des plantes qui se perdent par la dessication même dans les organes que celle-ci peut conserver, telles sont, le port général des végétaux de grande dimension, la couleur, l'odeur ou la saveur des parties, la position ou direction des organes, soit en eux-mêmes, soit relativement aux autres organes.

3º Ceux qui sont habitués aux détails techniques de la botanique, sont priés de noter avec soin, d'après la plante vivante, certaines particularités difficiles à voir dans les herbiers, telles que l'insertion exacte des parties de la fleur et du fruit, surtout quand ces organes sont très-petits, la structure intime de la graine, etc.

4º Tous les descripteurs doivent noter les particularités de chaque plante qui ne durent que pour un temps déterminé, telle que la fleuraison ou la germination.

5º Ils doivent noter les lieux où les plantes ont été trouvées, en désignant, 1º soit le pays en général, soit le nom spécial de la ville ou du village près duquel on les a recueillies; 2º la nature du terrain où elles croissent, et, dans certains cas, on ne doit pas craindre d'indiquer les autres végétaux avec lesquels elles cohabitent. Il est bon encore de noter, à cet égard, si la plante est rare ou commune, si elle croît isolée ou en sociétés formées d'un grand nombre d'individus, si elle occupe un grand espace de pays, ou si elle est circonscrite dans un lieu déterminé.

6º Les voyageurs doivent encore noter le nom vulgaire

que l'on donne à la plante dans son pays natal, et les emplois que les habitans ont coutume d'en faire ; si c'est une plante cultivée, indiquer enfin les procédés généraux de sa culture.

MÉDECINE.

MÉMOIRE SUR L'EMPLOI DE L'EXTRAIT ALCOOLIQUE D'ACONIT-NAPEL DANS LE TRAITEMENT DU RHUMATISME ARTICULAIRE AIGU. (*Extrait de la Gazette Médicale de Paris*).

Les propriétés médicales de l'aconit m'ont paru si remarquables, que depuis deux ans j'en ai fait l'objet de recherches spéciales que je viens vous communiquer en ce qui regarde le traitement du rhumatisme articulaire aigu. La préparation d'aconit que j'ai employée est un extrait alcoolique que j'ai fait préparer avec soin ; l'extrait ordinaire est souvent complétement inerte, soit par la

(1) Depuis la lecture de ce mémoire à la Société médicale, dans la séance du 5 mai 1834, plusieurs de ses membres ont employé l'extrait alcoolique d'aconit d'après la méthode du Dr. Lombard, et en ont obtenu des résultats satisfaisans, qu'ils ont communiqués à cette Société.

quantité considérable d'amidon et de matière végétale
qui délaie le principe actif, soit à cause de sa mauvaise
préparation. Le suc de la plante, exprimé et soumis à
une légère ébullition pour coaguler l'albumine végétale, est
évaporé au Bain-Marie et repris par l'alcool, filtré et
puis de nouveau évaporé à une douce température. De
cette manière, les principes volatils n'ont pas été perdus
comme dans la préparation ordinaire des extraits, et le
principe actif qui, suivant l'opinion de quelques chimistes,
paraît être détruit par la chaleur, n'a subi aucune modification fâcheuse. Le résultat a démontré que toutes ces
précautions n'étaient pas inutiles, puisque j'ai obtenu
avec l'extrait ainsi préparé les résultats remarquables que
je vais transcrire, tandis que bon nombre d'auteurs ont
déclaré que l'extrait d'aconit était une préparation inerte,
et qu'ils l'avaient employée à très-haute dose sans obtenir
aucun résultat thérapeutique. Les malades que j'ai traités
par l'extrait alcoolique d'aconit en ont éprouvé des effets
très-prononcés; tous ont été guéris promptement et sans
accidens, ainsi qu'on peut en juger par l'exposé des observations suivantes.

*Rhumatisme aigu de l'articulation scapulo-humérale droite, du-
rant depuis 15 jours et guéri en 48 heures par l'aconit.*

Obs. I. — M. G... , habituellement bien portant, âgé de 50 et
quelques années, n'ayant jamais eu de maladie goutteuse ni rhumatismale, fut atteint de douleur aiguë des articulations du poignet
gauche et de l'épaule droite; les tégumens du poignet étaient rouges et tuméfiés; la pression et le mouvement développaient beaucoup de douleur dans les parties affectées. Cet état fut stationnaire pendant 8 jours employés à des frictions mercurielles et des

opiacés. Pendant la seconde semaine, le tartre stibié à haute dose et les vésicatoires furent employés avec avantage pour la maladie du poignet, qui se dissipa en partie; mais la douleur de l'épaule persistait toujours aussi intense; elle était augmentée par la pression et par le mouvement, et empêchait complétement le sommeil. C'est alors que j'administrai l'extrait alcoolique à la dose d'un demi-grain trois fois par jour.

Dès la première nuit, l'effet du médicament fut très-marqué; le malade dormit mieux qu'il ne l'avait fait jusqu'alors; les mouvemens du bras furent plus faciles, et les douleurs de l'épaule furent moins intenses. Il n'y eut aucun autre effet qui parût résulter de l'emploi de l'aconit continué à la même dose.

Le lendemain, les douleurs sont tellement diminuées que les mouvemens sont peu gênés, et que le malade demande à reprendre son occupation de copiste. (Même prescription).

Le troisième jour de l'administration de l'aconit et le dix-neuvième de la maladie, la pression sur l'articulation de l'épaule ne développe presque plus de douleur, et les mouvemens du bras malade sont presque aussi libres que ceux de l'autre bras.

Cette première observation nous offre un cas remarquable de guérison par l'emploi de l'extrait alcoolique d'aconit; nous y voyons une maladie qui datait de quinze jours et qui avait résisté à diverses médications, s'améliorer notablement en vingt-quatre heures et disparaître en trois jours. Nous ne pouvons expliquer cette prompte guérison que par une action spécifique de l'aconit sur la maladie de l'articulation, car il n'y avait eu aucune évacuation qui pût faire admettre une dérivation; le malade n'avait eu, ni sueurs, ni diarrhée, ni vomissemens, et n'avait paru éprouver aucun effet autre que l'action bienfaisante et curative du médicament. La guérison n'a pas été moins durable que prompte, car depuis cinq mois aucune rechute n'est venue déranger la santé de M. G. Le second cas que je vais citer n'est pas moins remarquable que le précédent.

Rhumatisme articulaire de l'épaule datant de trois semaines, enlevé en 48 heures par l'aconit.

Obs. II. — Vittel, femme de 52 ans, entre à l'hôpital le 18 décembre. Elle me raconte avoir eu, il y a quelques années, un rhumatisme articulaire aigu qui l'obligea à rester plusieurs mois au lit et à marcher pendant long-temps avec des béquilles. Depuis lors elle avait toujours été bien portante, si ce n'est que, depuis trois semaines, elle avait ressenti une douleur assez vive dans l'articulation de l'épaule gauche. Depuis deux jours cette douleur avait pris un degré d'intensité suffisant pour empêcher complétement les mouvemens du bras. L'articulation est excessivement douloureuse sous la pression à la région antérieure ; les fonctions digestives ne sont pas troublées, non plus que la circulation, qui est à l'état normal. Des sangsues appliquées sur la douleur, et quelques opiacés, n'amenèrent aucun soulagement ; aussi dès le lendemain de l'entrée de la malade, je prescrivis un grain d'extrait alcoolique d'aconit, à prendre quatre fois dans la journée.

Huit grains sont administrés par mégarde ; et comme il ne s'ensuit aucun effet fâcheux, je prescris deux grains à prendre toutes les deux heures. Il n'y a pas grande diminution des douleurs ; mais les mouvemens deviennent plus faciles.

Le troisième jour de l'administration de l'aconit, l'amélioration est si prononcée que la douleur peut être considérée comme diminuée des trois quarts ; les mouvemens du bras ne sont presque plus gênés, au point que la malade peut s'en servir pour s'habiller. Enfin on peut appuyer avec force sur l'articulation, sans développer aucune souffrance. Aussi la malade se considère comme guérie, et demande à sortir de l'hôpital. Elle y reste encore deux jours pour s'assurer de la réalité de la guérison, et la sortie est accordée après un séjour de quatre journées.

Dans le second cas, comme dans le premier, l'administration de l'aconit a été promptement suivie de la cessation des symptômes morbides ; la douleur provoquée par les mouvemens du bras était d'une telle intensité, qu'elle arrachait des cris à la malade, et cependant il a suffi de 48 heures pour l'enlever complétement, et pour ramener les fonctions du bras à leur état normal.

Aucun effet fâcheux n'a suivi l'administration de 20 à 24 grains d'extrait répétée pendant trois jours ; seulement, au bout de ce temps, les selles commençant à devenir fréquentes, on suspendit l'emploi de tout médicament. Mais la guérison déjà obtenue ne s'est pas démentie depuis lors.

Rhumatisme articulaire aigu occupant successivement diverses articulations, et promptement guéri par l'aconit.

OBS. III. — Soulier, ferblantier, âgé de 30 ans, entre à l'hôpital après 6 jours de maladie. Il raconte n'avoir jamais eu de rhumatisme si ce n'est depuis six jours, qu'il a été pris de douleurs aiguës dans les deux articulations tibio-tarsiennes ; deux jours après les genoux ont été attaqués et tuméfiés ; les hanches ont été aussi atteintes la veille de son entrée à l'hôpital. La douleur paraît occuper surtout les ligamens dans les parties fibreuses, qui sont douloureux sous la pression. Il y a réaction fébrile et anorexie. Je prescris un demi-grain d'extrait alcoolique d'aconit, d'abord cinq fois, puis six fois par jour.

Au bout de 48 heures l'amélioration est très-prononcée ; le pouls, qui était à 100, ne bat plus que 80 fois par minute, l'anorexie s'est dissipée, et les douleurs ont disparu dans tous les points qu'elles occupaient précédemment ; mais elles se sont portées aux gros orteils, qui sont rouges et tuméfiés. (Même prescription.)

Le lendemain, dixième jour de la maladie, les orteils sont dégagés, mais les hanches sont un peu douloureuses.

Le onzième, la douleur occupe le poignet gauche, dont les tégumens sont rouges et tendus, ainsi que plusieurs des articulations de la main. La dose du médicament est portée successivement à cinq et six grains dans les 24 heures.

Enfin le quatorzième jour, toutes les articulations sont dégagées et ont repris leurs mouvemens habituels. La guérison est complète.

Cette observation nous fournit plusieurs remarques importantes. En premier lieu, nous voyons un état fébrile et des symptômes généraux se dissiper en 48 heures ; les douleurs et la tuméfaction occuper successivement plusieurs articulations, mais ne se fixer sur aucun

point pendant plus de deux jours, grâces à l'administration de l'aconit, qui poursuit le principe rhumatismal
partout où il se montre, et ne lui donne pas le temps
d'amener une désorganisation dans les tissus. L'observation suivante nous montrera d'une manière plus évidente
encore cette propriété remarquable de l'aconit, de faire
cesser les fluxions rhumatismales partout où elles tendent
à s'établir.

*Rhumatisme aigu occupant diverses articulations, et cédant en sept
jours à l'emploi de l'aconit à haute dose.*

OBS. IV. — Mad. P:..., blanchisseuse, âgée de 31 ans, fut atteinte il y a trois ans, à l'époque d'un sevrage, d'un rhumatisme
articulaire qui la retint au lit pendant trois mois, et la rendit im-
potente pendant fort long-temps. Elle commençait à sevrer, il y a
huit jours, lorsqu'elle fut saisie de douleurs exactement semblables
à celles qu'elle éprouva, il y a trois ans. La poitrine et la tête, et
plus tard les membres, furent successivement le siége de douleurs
aiguës qui ne tardèrent pas à être accompagnées de fièvre, et qui obli-
gèrent la malade à garder le lit.

Appelé le neuvième jour, je trouve le pouls à 90 ; la peau chaude,
le genou gauche tuméfié, chaud et très-douloureux par la pression
et le mouvement ; les deux hanches sont aussi très-douloureuses.
Malgré l'apparition de la menstruation, je prescris l'aconit à la dose
d'un demi-grain toutes les deux heures, pour apaiser l'intensité des
douleurs qui, depuis huit jours, ne cessaient d'augmenter et suppri-
maient complétement le sommeil. Dès la première nuit, le sommeil
reparaît, et les douleurs sont notablement diminuées ; les hanches
sont dégagées, mais les deux genoux sont encore douloureux. (Un
grain d'aconit toutes les deux heures.)

La malade a eu cette nuit, comme la précédente, d'abondantes
sueurs ; les genoux sont libres, mais les gros orteils sont douloureux
et tuméfiés. (Un grain et demi d'aconit toutes les deux heures.)

Les douleurs sont presque complétement disparues, les extrémités inférieures sont dégagées, au point que la malade peut se tenir
sur ses jambes pendant quelques instans ; les sueurs continuent ; la
menstruation n'est point arrêtée. (Même prescription.)

Le lendemain, 13ᵉ jour de la maladie, les articulations de l'é-
paule, du coude, du poignet et de la main gauche, sont le siége de

douleurs aiguës et d'une tuméfaction assez prononcée , surtout à la main ; elle a pu néanmoins reposer un peu pendant la nuit ; sueurs abondantes ; la menstruation est presque terminée ; appétit bon ; digestion facile ; le pouls , qui précédemment ne dépassait pas 80, s'est élevé cette nuit à 96. (Trois grains d'extrait d'aconit toutes les deux heures.)

L'épaule et le coude sont dégagés , mais le poignet est toujours tuméfié et douloureux ; les articulations de la main sont presque toutes libres , sauf celles du pouce qui sont un peu tuméfiées et douloureuses sous la pression ; un peu moins d'appétit qu'hier ; langue blanche ; point de selles depuis hier ; pulsations 96. (Trois grains d'aconit toutes les heures et demie.)

Le lendemain toutes les articulations sont libres , mais les mouvemens du poignet et des pieds sont encore gênés ; l'épaule droite est un peu douloureuse ; sueurs abondantes pendant la nuit. (Six grains d'extrait d'aconit toutes les deux heures.)

La convalescence était complète lorsque la malade fit une grande imprudence qui ne tarda pas à amener une rechute ; elle se leva étant en sueur et se promena pendant plus de deux heures quoiqu'à peine vêtue. Aussi dès le lendemain recrudescence des douleurs, qui, le surlendemain, acquièrent une intensité qu'elles n'avaient point encore atteinte ; toutes les articulations du bras et de la main droite sont tuméfiées et douloureuses ; le moindre mouvement arrache des cris à la malade, il n'y a cependant pas augmentation de symptômes généraux. Je prescris d'abord six grains , le lendemain neuf grains d'extrait d'aconit toutes les deux heures , et grâce à cette puissante médication , je ne tarde pas à obtenir la diminution et même la cessation des douleurs ; cependant cet heureux résultat est plus lent à paraître que dans la première attaque. Dès le second jour les douleurs qui étaient des plus aiguës diminuèrent, au point que la malade put reposer toute la nuit ; le troisième jour les douleurs et la tuméfaction ont complétement disparu à l'épaule, au coude et au poignet ; mais les phalanges restent douloureuses sous la pression ou le mouvement, et ne sont complétement dégagées que le cinquième jour, et même à cette époque il reste encore plus de raideur et de gêne dans les mouvemens de la main que dans ceux du bras et de l'épaule.

Cette observation a présenté quelques particularités dignes d'être signalées. Comme dans les cas précédens, nous voyons les douleurs céder en quelques heures, et tandis que, dans une précédente attaque, la malade est restée 3 mois au lit, elle a pu, grâces à l'aconit, se lever au bout de huit jours. Lorsqu'une grave imprudence a ramené de nouvelles douleurs, l'aconit les a de nouveau dissipées et n'a pas tardé à faire cesser le mal partout où il se montrait. L'administration de doses considérables d'aconit (*trois ou quatre scrupules par jour*), n'a été suivie d'aucun effet fâcheux, ni sur l'estomac qui a continué ses fonctions pendant toute la durée du traitement, ni sur les intestins, qui n'ont été en aucune manière irrités, ni sur le système nerveux, qui n'a présenté d'autre trouble que quelques éblouissemens et des rêves, ni même sur la menstruation, qui a suivi son cours régulier, malgré les douleurs et le médicament. Mais le symptôme principal qui nous a paru résulter de l'emploi de l'aconit, a été une sueur abondante et presque continuelle. Au reste, ce phénomène ne doit point être considéré comme un effet constant de l'administration de l'aconit, puisque ce cas est le seul où je l'aie observé. Chez tous les autres malades il y a eu guérison sans sueurs, et même chez Mad. P..., qui fait le sujet de cette observation, les sueurs n'ont pas toujours accompagné l'amélioration des symptômes, ainsi que je l'ai remarqué pendant la recrudescence du mal. Une dernière remarque qui sera vérifiée par l'observation sixième, c'est la rapidité de la guérison des grandes articulations, comparée à celle des petites : les premières ont été dégagées long-temps avant celles-ci, qui sont restées pendant plusieurs jours engorgées, et douloureuses sous la pression et par le mouvement.

Rhumatisme articulaire aigu avec épanchement considérable dans le genou droit, promptement guéri par l'aconit.

OBS. V. — Joseph Beck, charpentier, âgé de 30 ans, entre à l'hôpital après six semaines de maladie. Il raconte avoir eu successivement des douleurs aux reins, à l'épaule et au genou droit. Ce dernier organe n'est atteint que depuis trois jours. Il est notablement augmenté de volume et présente une fluctuation évidente ; le moindre mouvement y développe des douleurs aiguës. La clavicule gauche est sensible sous la pression ; le pouls est fébrile (96 à 100) ; la peau toujours couverte d'une sueur abondante ; la langue blanche ; les autres fonctions normales. Je prescris d'abord un demi-grain d'extrait *trois fois par jour, puis six, huit et dix fois.* Au bout de trois jours de traitement, la fièvre et les sueurs ont complétement disparu. Les douleurs du genou sont notablement diminuées ; son volume paraît un peu moindre. La dose du médicament est portée à *six* et *sept* grains par jour, et dès le sixième jour du traitement, les douleurs de la clavicule et celles du genou ont complétement cessé ; la marche n'est plus gênée que par l'épanchement synovial, qui n'est point encore résorbé en totalité. Néanmoins la diminution du genou est déjà de 9 lignes sur la mesure prise à l'entrée du malade. Tous les organes sont à l'état normal, y compris l'estomac, qui supporte bien une alimentation assez considérable.

La convalescence continua sans accident, sauf un peu de douleur et de gonflement à l'articulation du poignet gauche, qui ne tardèrent pas à se dissiper. L'humidité de l'atmosphère ramena aussi, au bout de quinze jours, un peu de lumbago et quelques élancemens dans le genou. Je voulus contrebalancer cette influence atmosphérique par des bains de vapeur ; mais l'état du malade restant stationnaire, je repris l'aconit à la dose de *douze* à *dix-huit* grains par jour, et dès le surlendemain, il y eu une amélioration très-remarquable ; en sorte que le malade demande la continuation des pilules qui, suivant lui, exerçaient plus d'influence sur les douleurs que les bains de vapeur.

Le cas de Joseph Beck est un nouvel exemple de rhumatisme articulaire aigu promptement amélioré par l'usage de l'aconit. Dès le second jour de l'emploi de ce médicament, les douleurs et la fièvre disparaissent, l'appétit se développe, toutes les fonctions reprennent leur état normal, et en moins d'une semaine l'épanchement considérable qui existait dans le genou avait diminué des trois quarts ; en sorte que ce malade, qui ne pouvait faire un mouvement dans son lit sans de grandes souffrances, a pu marcher librement sans autre gêne que l'action mécanique d'une synovie trop abondante. Tandis que dans l'observation précédente les sueurs ont paru résulter de l'administration de l'aconit, nous les avons vues, dans ce dernier cas, cesser après deux jours de traitement, et ne plus reparaître malgré la continuation de l'emploi du médicament.

Rhumatisme articulaire aigu occupant le poignet de la main droite, guéri par l'aconit.

Obs. IV. — Mad. B..., , âgée de 59 ans, blanchisseuse, fut atteinte il y a trois ans d'une sciatique qui céda à l'emploi des vésicatoires. Depuis lors, elle n'avait eu aucune douleur rhumatismale jusqu'au moment où toutes les articulations, et principalement celles du pouce de la main droite, devinrent le siége d'une vive douleur et d'une tuméfaction œdémateuse, accompagnée en quelques points de rougeur des tégumens. La moindre pression développe une douleur aiguë dans tous les points attaqués. La santé générale est bonne ; il n'y a ni anorexie, ni symptôme fébrile. Je prescris d'abord un grain d'aconit toutes les deux heures, puis je porte successivement la dose à deux, trois et quatre grains et demi, distribués de même.

La première pilule produit des nausées et des vomissemens ; la seconde a le même effet ; mais les suivantes ne paraissent avoir aucune action sur l'estomac, non plus que sur les intestins. Les autres symptômes qui résultent de l'emploi du médicament sont des vertiges, des éblouissemens, une grande vivacité d'impressions, que la malade compare *à la lanterne magique* qui lui apparaîtrait dès qu'elle ferme les yeux. L'effet local sur les douleurs fut prononcé, dès le premier jour, par leur diminution notable ; et à chaque augmentation de la dose du médicament la malade en a ressenti immédiatement l'action sédative. L'enflure n'a pas diminué aussi promptement que les douleurs ; car à la fin du traitement, il existait encore un œdème très-prononcé au dos de la main et autour des petites articulations. Pendant que la malade était en traitement, le mal s'étendit de la main au poignet, au coude et à l'épaule ; mais ces diverses fluxions rhumatismales, quoique plus intenses et plus étendues que celles des phalanges, cédèrent plus promptement à l'emploi du médicament ; en sorte que les articulations qui avaient été les premières atteintes furent les dernières guéries. Dès le sixième jour de la maladie et le troisième du traitement, le pouce a été dégagé. Au dixième, les articulations du médius et de l'annulaire ont été les seules malades. Enfin, deux jours après, c'est-à-dire le douzième jour, la malade a pu reprendre ses occupations et n'a éprouvé qu'un peu de raideur dans les articulations de la main qui avait été le siége du mal.

Plusieurs remarques intéressantes nous sont fournies par l'observation qu'on vient de lire ; en premier lieu, nous voyons l'estomac, qui, d'abord paraissait ne pouvoir supporter l'aconit, s'y accoutumer au point que des doses considérables ont pu être administrées pendant plus de quinze jours sans aucun dérangement des fonctions digestives. En second lieu, nous avons pu suivre mieux que chez d'autres malades les symptômes consécutifs à l'emploi de ce remède, tels que l'engourdissement du bras malade, les vertiges, les visions, les bouffées de chaleur au visage et une grande vivacité d'impression presque toujours accompagnée de pensées gaies et riantes. En troisième lieu, l'amélioration des symptômes et de la diminution des douleurs n'ont pas été moins frappantes dans ce cas que dans les précédens ; dès le premier jour, les douleurs avaient notablement diminué, et chaque fois que la dose du médicament avait été augmentée, les douleurs avaient été aussi calmées en proportion ; ce dernier effet avait été si prononcé que lorsque la malade avait pris trois grains toutes les deux heures, elle avait cru être sous l'influence d'un nar-

cotique. Enfin nous avons vu les grandes articulations du
poignet, du coude et de l'épaule, être plus promptement
guéries que celles des phalanges digitales, quoique celles-
ci eussent été les premières affectées par le principe rhumatismal. L'œdème, qui s'est montré autour des articulations malades, a suivi la même marche que les douleurs,
c'est-à-dire qu'il s'est dissipé plus promptement autour des
grandes que des petites articulations.

Je pourrais citer encore deux ou trois observations de
rhumatisme articulaire aigu dissipé par l'emploi de l'extrait
alcoolique d'aconit, mais je pense que les précédentes
suffisent pour démontrer l'utilité de cette médication,
surtout si j'ajoute que je n'ai pas rencontré un seul cas
de rhumatisme articulaire aigu qui ait été rebelle à ce traitement ; et lorsque je compare les résultats que j'ai obtenus précédemment par les antiphlogistiques, les opiacés,
les sudorifiques, le tartre stibié à haute dose, et les dé-
rivatifs, je n'hésite pas à déclarer que l'avantage est tout
en faveur du traitement par l'extrait alcoolique d'aconit.

Les recherches que j'ai faites sur ce traitement m'ont
démontré qu'il jouit d'une vertu spécifique pour dissiper
les fluxions rhumatismales fixées sur les articulations. Il ne
paraît pas détruire le principe du rhumatisme, puisque
l'on voit des articulations être attaquées pendant que le
malade prend des doses considérables d'aconit ; mais sans
exercer d'action préservative ou prophylactique, il n'en
guérit pas moins le rhumatisme en neutralisant son influence morbide partout où il tend à se fixer.

L'action de l'aconit sur les articulations atteintes de
rhumatisme aigu ne tarde pas beaucoup à se montrer ;

souvent des malades m'ont affirmé avoir éprouvé une diminution de leurs douleurs dans l'espace d'une heure; mais ordinairement l'effet sédatif n'est évident qu'au bout de quelques heures ; l'action antiphlogistique qui détruit la fluxion et la tuméfaction , soit intérieures , soit extérieures à l'articulation , est ordinairement plus tardive ; douze à vingt-quatre heures sont l'époque la plus ordinaire de cette amélioration ; elle se fait cependant quelquefois attendre trente-six à quarante-huit heures. Ainsi que nous l'avons vu dans deux cas , l'aconit agit plus promptement sur les grandes que sur les petites articulations. Nous avons déjà noté que les engorgemens du coude et du poignet , survenus plusieurs jours après ceux des phalanges , étaient dissipés long-temps avant ceux-ci. L'influence de l'aconit ne se borne pas au pourtour des articulations, elle s'étend encore à la membrane synoviale, et contribue puissamment à la résorption des épanchemens qui existent dans presque tous les cas de rhumatisme aigu. Nous avons vu avec quelle promptitude un épanchement considérable dans le genou avait été résorbé, grâces à l'administration de l'aconit.

Stork , qui le premier a donné ce médicament dans le rhumatisme , avait cru lui reconnaître une vertu sudorifique , et avait saisi cette indication. Les détails dans lesquels je suis entré à l'occasion des observations contenues dans ce mémoire , peuvent servir à démontrer que cette opinion est erronée ; en effet , sur huit à dix cas de rhumatisme articulaire aigu que j'ai traités par l'aconit, il n'en est qu'un où l'emploi de ce médicament ait été suivi de sueurs abondantes ; dans tous les autres , la guérison a été obtenue sans action sudorifique, et même dans ce cas (obs. 5ᵉ) l'emploi de l'aconit fit cesser des sueurs qui duraient depuis quinze jours.

L'influence de l'aconit sur le système nerveux est très-remarquable. Dès que les doses sont un peu élevées, j'ai toujours observé une certaine excitation de l'encéphale, caractérisée par des visions nocturnes, par une certaine gaîté et une grande vivacité d'impressions; la circulation de l'encéphale a paru être modifiée de manière à pro-duire des vertiges, des éblouissemens, des bouffées de chaleur au visage; mais dans aucun cas je n'ai observé d'effet fâcheux dû à l'administration de l'aconit, quoique je l'aie donné jusqu'à la dose d'*un gros et demi* dans les *vingt-quatre heures.*

Les fonctions digestives ne sont que peu ou point mo-difiées par l'emploi de ce médicament. J'ai vu chez la plupart des malades, traités par cette méthode, l'appétit se développer dès le second ou le troisième jour, et se maintenir pendant toute la durée du traitement. Quel-ques-uns se sont plaints d'avoir la bouche mauvaise et ont présenté un peu de blancheur de la langue; mais ils n'en ont pas moins continué à prendre des alimens, et ces symptômes n'ont pas tardé à se dissiper. Les selles n'ont point augmenté de fréquence, sauf dans un cas où cette circonstance engagea à suspendre le médicament, mais seulement après la cessation des symptômes rhumatis-maux, (obs. 2ᵉ). Les urines n'ont été altérées ni dans leur qualité, ni dans leur quantité, chez les malades traités ainsi. En sorte qu'après avoir passé en revue les diverses fonctions et avoir vu qu'elles n'étaient en aucune manière modifiées par l'administration de l'aconit , nous sommes amenés à ne considérer ce médicament, ni comme un dérivant , ni comme un sudorifique , mais comme un remède spécifique contre les fluxions rhumatismales , et dont l'action porte sur les parties fibreuses et tendineuses qui entourent les articulations , aussi bien que sur la membrane synoviale qui les tapisse.

Quant aux doses et au mode d'administration , je n'ai que peu de mots à dire ; il ne m'a pas paru nécessaire de joindre l'aconit à aucun médicament , et je l'ai par conséquent toujours administré seul ; il n'est cependant pas impossible que sa réunion avec l'opium, ou tout autre médicament indiqué dans un cas spécial , contribue à rendre son action plus sûre et plus convenable. N'étant pas encore guidé par l'expérience , j'ai dû commencer par de très-petites doses, telles qu'*un quart* ou un *demigrain* deux à trois fois par jour. Maintenant que j'ai vu l'administration de doses considérables être tout-à-fait inoffensives, je crois devoir conseiller de commencer par *un demi-grain* toutes les deux heures , et d'augmenter successivement jusqu'à *six* et *neuf* grains dans le même espace de temps. Il ne paraît pas probable qu'il soit nécessaire d'atteindre cette dernière quantité, que je n'ai pas dépassée ; mais je pense qu'elle peut être encore augmentée, si j'en juge par l'innocuité de cette dose.

CONCLUSIONS.

1° L'extrait alcoolique d'aconit est doué d'une propriété spécifique contre le rhumatisme articulaire aigu.

2° Il fait cesser très-promptement les douleurs et la tuméfaction, et dissipe les épanchemens de synovie contenus dans les articulations atteintes de rhumatisme aigu.

3° Ce médicament n'agit pas comme dérivatif sur la peau ou le canal intestinal.

4° Administré à haute dose, il produit une forte stimulation de l'encéphale et paraît modifier sa circulation.

5° L'extrait alcoolique contient le principe actif de l'aconit, du moins quant à ses propriétés anti-rhumatismales.

6° L'on peut administrer en doses croissantes et fractionnées, depuis six grains jusqu'à un gros et demi d'extrait alcoolique d'aconit dans les vingt-quatre heures.

ASTRONOMIE.

OBSERVATIONS OF NEBULÆ AND CLUSTERS OF STARS, etc.
Observations de nébuleuses et amas d'étoiles, faites
à Slough , de 1825 à 1833 , avec un télescope de
20 pieds ; par Sir JOHN HERSCHEL. Mémoire in-4° de
146 pages et 8 planches, inséré dans la seconde partie
des *Transactions Philosophiques* pour 1833.

(*Premier extrait.*)

« Ce mémoire, » dit l'auteur dans une courte introduction , « est le résultat d'observations entreprises dans le
but d'examiner de nouveau les nébuleuses et amas d'é-
toiles découverts par mon père , de trouver peut-être
d'autres objets de ce genre , et d'étendre en quelque
degré nos connaissances sur la nature et la construction
physique de cette classe mystérieuse et intéressante de
corps. Mon intention primitive était de différer la publication de ces observations , jusqu'à ce que je pusse en
présenter les résultats à la Société royale , sous la forme
plus complète d'un catalogue général des nébuleuses et
amas visibles à cette latitude, dans lequel auraient été
comprises toutes les nébuleuses de mon père , et où
leurs positions auraient été déterminées par deux ob-

servations au moins. Cependant, cela aurait encore exigé
quelques années de travail ; et l'absence d'une liste étendue de nébuleuses, arrangée selon l'ordre des ascensions
droites, se faisait sentir d'une manière de plus en plus
fâcheuse, depuis les perfectionnemens récens dans les
lunettes achromatiques, et au milieu des recherches toujours plus assidues des astronomes pour découvrir et observer des comètes. J'ai donc pensé qu'il était préférable
de suppléer à ce défaut autant que je le puis., en donn-
nant le résultat des observations que j'ai faites jusqu'à
présent, réduites à une époque commune, et en ayant
soin de citer, quand l'occasion s'en présente, toutes
celles du même objet céleste qui ont pu être faites.»

« Il existe une beaucoup plus grande latitude d'erreurs
dans les observations de nébuleuses que dans celles des
autres astres. Plusieurs de ces objets présentent une grande
surface, mal terminée, dans laquelle il n'est pas toujours
facile de dire où est situé le centre de plus grande clarté.
Un très-grand nombre d'entr'eux sont tellement faibles
qu'ils peuvent à peine être discernés, et ne le sont souvent
que lorsqu'ils ont été quelque temps dans le champ de vision
du télescope, ou qu'ils sont sur le point de le quitter,
ce qui rend les observations précipitées et incertaines.
Leur distribution, excessivement irrégulière dans le ciel,
est encore une source notable d'erreurs et d'embarras.
Ils sont accumulés dans certaines régions, de manière
à offrir à peine un intervalle entre leurs passages dans
le télescope, pendant que dans d'autres il s'écoule des
heures entières avant qu'une seule nébuleuse se présente
dans la zône du ciel qu'on examine. Dans les parties où

elles abondent ; ce n'est pas seulement le nombre, mais ce sont aussi la variété et l'intérêt des objets, qui distraient l'attention, et rendent à peine possible de procéder avec ce calme méthodique et cette régularité nécessaires pour obtenir de la correction dans des déterminations numériques ; surtout lorsque l'observateur a constamment présente à l'esprit la rareté des occasions de ce genre. Ce n'est, en effet, que dans les mois de mars, avril et mai, que les plus riches parties du ciel peuvent être avantageusement observées, et cela seulement en l'absence complète de la lune et du crépuscule. Quand on ajoute à ces conditions, celles qui proviennent de la nature variable et incertaine de notre climat, on voit qu'il faut un concours peu commun de circonstances, pour produire une nuit dans laquelle il soit possible de faire faire quelques progrès notables à une revue de nébuleuses.»

« Les observations consignées dans ce mémoire, comprennent environ 2300 nébuleuses et amas d'étoiles, dont 1800 avaient déjà été reconnus par mon père et dont 500 sont nouveaux. Ce qui prouve l'exacte et rigoureuse perquisition à laquelle mon père avait soumis les objets de ce genre, c'est que, sur ces 500 objets nouveaux, je ne puis me rappeler qu'une seule nébuleuse grande et remarquable, et qu'il n'y en a qu'un petit nombre qu'on doive mettre dans la première classe, ou dans celle des nébuleuses brillantes. Ce résultat est satisfaisant en ce sens, qu'il montre évidemment que notre connaissance des nébuleuses de l'hémisphère boréal est enfin presque complète, et que, pour y faire de nouveaux progrès, il faudra un instrument dont la puissance soit égale à celle du télescope de 40 pieds. »

« La difficulté de donner des représentations satisfaisantes d'objets de ce genre, est extrême, et je suis plus disposé à m'excuser de l'incorrection de celles qui accompagnent ce mémoire, qu'à en vanter l'exactitude, malgré le soin avec lequel j'en ai fait les dessins, et les ai comparés, dans plusieurs cas, à diverses reprises, avec les objets qu'ils représentent. On trouvera dans ces figures des objets très-extraordinaires, qui n'ont pas encore été suffisamment signalés aux astronomes, et pour quelques-uns desquels certaines particularités avaient échappé aux précédens observateurs. Plusieurs ont une unité dans leur ensemble et une symétrie dans leurs parties, qui, toute singulière que leur constitution puisse paraître, indique manifestement que ce sont des systèmes définis dans leur espèce, formant chacun un tout en lui-même, et servant à quelque but distinct dont nous conjecturerions en vain la nature.»

Le catalogue qui forme la partie principale de ce mémoire, et qui en occupe, à lui seul, 116 pages, renferme les positions, en ascension droite et en distance polaire, de 2307 amas d'étoiles et nébuleuses observées par Sir John Herschel, rangées suivant l'ordre des ascensions droites, et réduites à l'époque du 1er janvier 1830. Chaque objet est accompagné d'un numéro d'ordre, et lorsqu'il n'est pas nouveau, d'une indication du catalogue original où il se trouve déjà rapporté (1). Dans une colonne qui a

(1) Ces catalogues sont 1° celui de Messier, inséré dans les Mémoires de l'Académie des Sciences de Paris pour 1771, et dans la

pour titre, *description et remarques*, l'auteur énumère rapidement les traits caractéristiques principaux de chaque objet, au moyen d'un système d'abréviations très-simple et commode, déjà suivi par son père. Enfin, une dernière colonne indique le numéro de la revue du ciel (*sweep*) dans laquelle l'objet a été observé. Lorsque le même objet a été examiné dans plusieurs revues différentes, chacune des observations partielles est rapportée séparément, avec les remarques auxquelles elle a donné lieu ; et l'accord qui existe, en général, entre les déterminations de position ainsi obtenues, est propre à donner une idée très-favorable du degré de précision auquel l'auteur est parvenu, malgré toutes les difficultés qu'il a eues à surmonter. On comprend combien ce catalogue, résultat d'un travail si considérable et consciencieux, sera précieux aux astronomes, qui y trouveront les données les plus précises qu'on puisse obtenir encore sur les astres qui en sont l'objet, et qui pourront aussi, avec le temps, s'en servir comme de point de comparaison, pour constater les changemens que subiraient ces corps célestes.

Connaissance des Tems pour 1783 et 1784. Cette liste, courte mais importante, a été réimprimée à la suite de la traduction allemande publiée à Leipsic en 1826, par M. le Prof. Pfaff, des Mémoires d'Herschel père sur la construction du ciel ; 2° ceux de Sir W. Herschel, insérés dans les *Trans. Phil.* pour 1786, 1789, 1791 et 1802, comprenant en tout 2500 amas d'étoiles et nébuleuses, divisées en huit classes, suivant leur éclat et leurs apparences diverses, et rapportées aux étoiles brillantes près desquelles elles se trouvent placées. M. Struve a fait connaître aussi un petit nombre de nébuleuses nouvelles.

M. le Dr. Olbers, dans une annonce très-intéressante du mémoire que nous analysons, insérée dans le N° 261 des *Astr. Nachrichten*, observe que ce catalogue permet de vérifier complétement la remarque déjà faite par Sir W. Herschel, que les nébuleuses sont principalement situées dans une zône presque perpendiculaire à la Voie Lactée, et qui suit à peu près la direction du Colure des équinoxes. Entre les 2307 amas d'étoiles et nébuleuses dont il se compose, il y en a 926 qui se trouvent placées par 11, 12 et 13 heures d'ascension droite, 301 par 23, 24 et 0 heures; tandis qu'il ne s'en trouve que 92 par 3, 4 et 5 heures, et 82 par 16, 17 et 18 heures. L'heure la plus riche en objets de ce genre, est celle de 12 à 13 heures, qui en contient 441; la plus pauvre est celle de 17 à 18 heures, qui n'en renferme que 20 (1). Il sera curieux, ajoute M. Olbers, de voir si l'examen du ciel austral, auquel se livre maintenant Sir J. Herschel, confirmera ou modifiera ce singulier résultat. Ce sera alors le moment de placer sur deux planisphères toutes ces nébuleuses et amas d'étoiles, afin de pouvoir embrasser d'un coup-d'œil la position, la direction et l'épaisseur variable de cette couche nébuleuse.

(1) Entr'autres nébuleuses nouvelles, rapportées dans ce catalogue, nous en avons remarqué une, sous le n° 250, appelée *Polarissima* par M. Herschel, parce qu'elle n'est située qu'à cinq minutes de degré du pôle nord. Elle est très-faible, ronde; sa lumière augmente graduellement vers le centre; son diamètre est d'environ 25″; et elle a dans son voisinage une étoile de onzième grandeur, située à 2′ vers le sud.

Le catalogue de M. Herschel est suivi d'un *Appendix*, destiné 1º à l'exposition du système suivi par l'auteur pour la réduction de ses observations ; 2º à l'explication des planches qui accompagnent le mémoire, et à la description circonstanciée donnée à cette occasion, de quelques-uns des objets observés les plus remarquables. Nous dirons seulement quelques mots sur le premier point, et nous entrerons dans un peu plus de détails sur le second.

L'instrument avec lequel toutes les observations contenues dans ce mémoire ont été faites, est un télescope à réflexion, construit en 1821, sous la direction de MM. Herschel, dont le miroir a 18 pouces de diamètre et 20 pieds de distance focale, et qui est du même genre que tous les grands télescopes d'Herschel, ensorte que l'observateur y est placé vers l'extrémité supérieure du tube, de manière à tourner le dos à l'objet observé. Les grossissemens qu'on emploie ordinairement avec cet instrument, ne sont pas très-considérables, et ne dépassent pas en général 150 fois, surtout pour les nébuleuses, qu'on ne peut souvent distinguer qu'en profitant de toute la quantité de lumière que procure l'instrument (1). La méthode d'observation de M. Herschel est tout-à-fait analogue à celle de son père. Elle consiste à mainte-

(1) Voyez pour la description et l'usage de ce télescope, un mémoire de M. Herschel, publié en 1826 dans le T. II de ceux de la Société Astronomique de Londres, et dont il a été donné un extrait dans le T. XXXIV de la *Bibl. Univ.* Ce mémoire renferme aussi des détails intéressans sur les grandes nébuleuses d'Orion et d'Andromède.

nir l'instrument, aussi exactement que possible, dans le plan du méridien, tout en lui imprimant un mouvement doux et régulier dans le sens de la hauteur, de manière à lui faire parcourir une zône de deux ou trois degrés dans ce sens, pendant un certain temps. On observe alors tous les astres qui passent dans le champ du télescope pendant ce temps, et on note les instans de leur passage derrière deux fils verticaux situés au foyer du télescope, ainsi que l'instant de leur disparition. On lit aussi, à l'aide d'un microscope latéral, les arcs de hauteur correspondant à chaque objet, mesurés sur un secteur de laiton divisé en degrés et minutes, et qui permet d'estimer les secondes à la vue, chaque minute de degré ayant près d'un dixième de pouce de longueur sur ce secteur.

Le principe fondamental de cette méthode d'observation, est de comparer, par voie de différences, les objets célestes dont on veut déterminer la position, à celles des étoiles fixes près desquelles ils se trouvent et dont on connaît déjà l'ascension droite et la déclinaison, de manière à obtenir la position exacte des premiers par l'intermédiaire de celle des autres. Mais il y a plusieurs corrections à faire aux déterminations brutes, résultant des erreurs de division et de position de l'instrument, de celles du chronomètre avec lequel on mesure le temps, etc. M. Herschel assimile ces corrections, pour chacun des deux élémens de position de chaque objet céleste, à la troisième coordonnée d'un point d'une surface courbe, dont on connaîtrait les deux autres coordonnées (représentant l'instant de l'observation et l'arc de hauteur). Dans le cas des étoiles déjà connues de position, le point de la surface se trouve complétement déterminé; il fait voir comment on peut, au moyen d'un certain nombre de ces points connus, déterminer, pour les autres astres, par une espèce de procédé général d'interpolation graphique, les quantités qui restent à connaître; et il en donne un exemple.

Parmi les petits dérangemens auxquels l'instrument est exposé, le plus fâcheux est l'inclinaison de son axe optique, occasionnée par de légers changemens de position du miroir dans sa monture, changemens qu'on ne peut toujours prévenir, vu le grand poids du miroir et le danger qu'il y aurait à le trop presser. Pour constater ces dérangemens et les rectifier, ou en mesurer la quantité, M. Herschel a fait un heureux usage du principe de collimation qu'il attribue à Rittenhouse et à Kater, et qui a été indiqué aussi par Gauss, celui d'une petite lunette fixe dont l'objectif est tourné vers le miroir, munie à son foyer d'une croisée de fils, qu'on éclaire la nuit au moyen d'une lampe, et dont l'image est visible dans le télescope, comme celle d'un objet placé à une distance infinie. M. Herschel pense que l'application de ce procédé détruit le seul obstacle qui existât encore à l'emploi des grands télescopes à réflexion, pour les déterminations les plus délicates de l'astronomie théorique.

Cet astronome, avant chacune de ses revues, a toujours préparé ce qu'il appelle une *liste de travail*, où il a inscrit à l'avance toutes les nébuleuses et étoiles doubles déjà connues, qui devaient passer sous ses yeux. Il a été fort aidé dans la rédaction de ces listes, par un grand catalogue manuscrit, construit par sa respectable tante,

Miss Caroline Herschel, comprenant toutes les nébuleuses observées par Sir William, rangées par zônes avec beaucoup de soins. La comparaison de ces listes avec les observations effectives, a donné lieu à M. Herschel de dresser un tableau assez étendu de nébuleuses qui lui avaient échappé, soit à cause de la faiblesse de leur lumière, soit par quelque erreur de position ou d'observation, soit enfin par l'effet de quelque disparition réelle. M. Herschel n'a pas publié ce catalogue, parce que le temps lui manquait pour examiner ce sujet de plus près. Il doute même qu'il vaille la peine de le faire. Il lui semble très-peu probable qu'une véritable nébuleuse ait disparu du ciel; et s'il se trouve dans les zônes de son père quelques petites comètes télescopiques notées comme nébuleuses, des observations isolées de ce genre lui paraissent difficilement pouvoir être de quelque utilité. Mais M. Olbers remarque que, pour les comètes à courte période, dont il est probable que nous apprendrons bientôt à connaître plusieurs, la découverte d'une seule observation peut être souvent importante, en permettant de constater et de rectifier leur période. Il estime, en conséquence, qu'un catalogue, même imparfait, des nébuleuses non retrouvées, serait très-intéressant pour les astronomes; et comme parmi les nouvelles nébuleuses découvertes par Sir John Herschel, il peut aussi y avoir quelques comètes, il désire qu'il indique pour chacune d'elles l'époque où il l'a trouvée, ou mieux encore, qu'il donne la date de chacune de ses 427 revues du ciel.

(*La fin au Cahier prochain.*)

━◆━◆━◆━◆━◆━◆━◆━◆━◆━◆━◆━◆━◆━◆━◆━◆━◆━◆━

MÉLANGES ET BULLETIN SCIENTIFIQUE.

————◆◆◆————

ASTRONOMIE.

Mémoire de Sir John Herschel sur les satellites d'Uranus. — C'est dans le Numéro de mai 1834 du *Philosophical Magazine*, que nous puisons les détails suivans sur ce nouveau Mémoire de M. Herschel, envoyé par son auteur à la Société Astronomique en novembre 1833, à la veille de son départ pour le Cap de Bonne-Espérance, et qui a été lu dans la séance de cette Société du 14 mars dernier.

D'après le Mémoire de Sir W. Herschel, inséré dans les *Trans. Phil.* de 1815, et qui renferme toutes ses observations sur les satellites de la planète dont on lui doit la découverte, l'existence d'au moins deux d'entr'eux paraît établie d'une manière très-probable. Mais dès lors, la position peu favorable de cette planète au sud de l'équateur, a mis un grand obstacle à ce que ces satellites fussent observés de nouveau. Ils l'ont été cependant par M. Herschel le fils avec son télescope de vingt pieds, de 1828 à 1833, et il a déduit de là une détermination approchée de leurs orbites.

Comme il n'y a pas d'éclipses de ces satellites, et que la mesure de leurs distances à leur planète ne pourrait nullement être prise exactement dans leur situation actuelle, les seules données, d'où l'on puisse déduire les élémens de leurs orbites, sont leurs angles de position avec le méridien, qui sont susceptibles d'une détermination passablement correcte. L'auteur considère que, pour la recherche de ces élémens, la meilleure méthode est celle qu'il a employée pour déterminer les orbites des étoiles doubles à révolution, d'après des données de même nature. Mais l'application de ce procédé au cas des satellites est bien facilitée

par la connaissance approchée, déjà acquise, de leurs périodes et de
la situation des plans de leurs orbites; ce qui permet de réduire
au plan de l'orbite les angles de position projetés tels qu'on les observe, et de faire usage de positions observées en diverses révolutions, comme si elles l'avaient été consécutivement dans une seule.
Pour justifier ce mode de procéder, il est nécessaire, en premier
lieu, de faire voir qu'on possède déjà des valeurs des élémens suffisamment approchées. C'est cette vérification préliminaire à laquelle
l'auteur s'est borné pour le moment, faute d'avoir un temps suffisant pour traiter le sujet plus complétement.

Il avait 49 angles de position du premier satellite, et 59 du second (dont 31 du premier, et 32 du second, observés par son père
de 1787 à 1798). Il a adopté, d'après ce dernier, 165° 30′ pour
la longitude du nœud de chacune de leurs orbites, et 101° 2′ pour
l'inclinaison de ces mêmes orbites à l'écliptique (ce qui revient à
admettre un mouvement rétrograde, avec une inclinaison de 78°
58′) Il a supposé les orbites circulaires, et a adopté provisoirement
les durées des révolutions obtenues par Sir W. Herschel. Les satellites ayant été observés aux momens de leurs passages à leur nœud
ascendant en 1787 et en 1828, et le nombre de révolutions accom-
plies dans l'intervalle étant connu, l'auteur a déduit de là des valeurs plus exactes des temps de leurs révolutions, savoir :

pour le premier satellite......... 8j. 16h. 56ᵐ 31ˢ,3
pour le second 13   11   7   12,6.

La première quantité est plus grande de 26ˢ,1 et la seconde
plus courte de 1ᵐ 46ˢ,4 que celles données par Sir W. Herschel
dans le mémoire cité ci-dessus.

En comparant les angles de position calculés d'après les élémens
ainsi corrigés, avec ceux observés, les erreurs dépassent rarement
10° pour le premier satellite, 7° pour le second, et sont en général
inférieures à ces nombres. L'auteur considère ce degré de précision comme raisonnable dans les circonstances dont il s'agit; et ce
résultat confirme, par conséquent, ceux de son père relativement à
la grande inclinaison de ces orbites et à la direction rétrograde de

leurs mouvemens. M. Herschel soupçonne que l'orbite du premier satellite est elliptique, et que son excentricité est d'environ 35 millièmes du demi-grand axe. Il donne des formules pour déterminer les positions des deux satellites à un instant quelconque, et des tables pour en faciliter l'application au premier. Il n'est pas encore évident pour lui qu'il y ait d'autres satellites d'Uranus que ces deux-là; mais il espère pouvoir bientôt s'en procurer la vue, s'il en existe réellement. Il n'a aperçu aucune apparence autour de la planète Uranus qui puisse y faire soupçonner l'existence d'un anneau.

A. G.

GÉOGRAPHIE.

Quelques déterminations géographiques sur la côte d'Alger; par M. A. BÉRARD, Lieutenant de vaisseau. (Extrait d'une lettre adressée à M. le Commandant Filhon). — M^r. Lorsque je vous ai communiqué la longitude du phare d'Alger déterminée par les montres marines qui étaient embarquées à bord du brik le *Loiret*, je n'avais fait qu'une traversée directe de Toulon à Alger, et j'étais alors forcé d'adopter ce premier résultat, afin de faire paraître la carte des atterrages d'Alger, qui était vivement demandée par les capitaines des bâtimens employés à la correspondance. Depuis cette époque, des traversées plus courtes, pendant lesquelles les montres ont très-peu varié, m'ont fourni de nouveaux résultats, qui s'accordent très-bien entr'eux et qui fixent la longitude du phare à 0° 44′ 10″,5 à l'orient du méridien de Paris. C'est celle que j'adopterai pour notre travail définitif, et qui servira à déterminer toutes les longitudes de nos points de station sur les côtes de la Régence.

Je m'empresse de vous la faire connaître, et je profite de l'occasion pour vous donner les positions de quelques points qui peuvent être d'une grande utilité à Messieurs les ingénieurs employés sous vos ordres en Afrique.

BONE. (Notre observatoire était sur la terrasse de l'hôpital).

Latitude N...... 36° 53′ 56″,3
Longitude E..... 5 25 40 ,5
Déclinaison de l'aiguille 17° 40′ N.O.

Le minaret de l'hôpital, qui est la tour la plus élevée de la ville, est à 0″,3 à l'est et à 1″,4 au nord de notre observatoire.

ILOT PISAN. (Près de Bougie).

Latitude N....... 36° 49′ 45″,1
Longitude E...... 2 39 33
Déclinaison, 18° 24′ N.O.

ARZEU. (Observatoire à 130 mètres à l'est, 32° 30′ S. du mât du pavillon du Fort).

Latitude N....... 35° 51′ 36″,6
Longitude O..... 2 37 17 ,3
Déclinaison N.O.. 20° 0′
Azimuth du fort Mortaganem N. 76° 44′ 47″ E.

MERZ EL KIBIR. (Phare).

Latitude N....... 35° 44′ 20″
Longitude O..... 3 1 25
Déclinaison N.O.. 20° 9′
Azimuth de la Roche Abuja N. 50° 7′ 25″ E.

Agréez, etc.

Paris le 23 juillet 1834.

Su la igiene dei bambini, o sia su l'arte di conservare e miglio-rare la loro salute. Saggio del Dr. ASCANIS PISANI. in-12; Napoli, 1834. — Nous avons lu avec beaucoup de plaisir le petit ouvrage du Dr. Pisani, qui contient beaucoup de documens utiles et de conseils judicieux sur l'éducation physique des enfans. Il a su donner un grand intérêt à ce petit traité, en joignant des réflexions philosophiques et des anecdotes intéressantes aux préceptes de l'art et aux conseils hygiéniques.

Dans l'introduction, M. Pisani passe en revue les précautions convenables pendant la grossesse ; il parle du pouvoir de l'imagination et des dangers des émotions fortes pendant la durée de la gestation. Il rapporte plusieurs faits de monstruosités, qu'il attribue aux conséquences de l'effroi éprouvé par la mère à la vue d'un objet re poussant ; mais il est permis de douter, soit de la cause à laquelle on attribue des faits aussi extraordinaires, soit aussi des faits eux-mêmes.

Après les détails relatifs à la grossesse, M. Pisani donne quelques conseils sur les soins dont on doit entourer l'accouchée, et passe ensuite à l'objet principal de son livre, les soins à donner aux enfans.

Le premier chapitre traite de l'air; l'auteur s'élève avec force contre la mauvaise habitude qu'ont certaines familles, de s'entasser dans un petit espace et de vicier ainsi l'air que respirent leurs enfans et qu'elles doivent elles mêmes respirer. Dans le second chapitre, qui traite des vêtemens, il passe en revue les coutumes populaires qu'il regarde comme nuisibles à la santé des enfans, telles que l'emmaillotage et les nombreux vêtemens dont on couvre la tête des enfans.

Le Dr. Pisani retrace, dans le troisième chapitre, tous les bons effets des bains froids et chauds pour la santé des enfans. A l'occasion des alimens et des boissons, qui forment le sujet du quatrième et du cinquième chapitre, l'auteur parle de l'importance de choisir une bonne nourrice. Il fixe l'époque de cinq ou six mois pour celle où l'on peut commencer à ajouter quelque nourriture au lait maternel, et conseille de ne commencer la nourriture végétale que lorsque l'enfant a déjà ses vingt dents. A l'occasion du sommeil, il s'élève contre l'usage très-répandu à Naples et en Italie, de donner certains médicamens narcotiques, tels que la thériaque, pour faire dormir les enfans, et montre le danger de cette coutume, qui peut amener des congestions cérébrales et causer ainsi la mort. La pratique de bercer les enfans, lui paraît aussi, avec raison, nuisible à la santé ; il la regarde comme prédisposant aux maladies du cerveau.

Les trois derniers chapitres traitent de l'exercice pour les enfans, des effets des passions et des affections, et enfin, de l'amour aveugle des parens pour leurs enfans. Cette dernière partie du livre est traitée avec autant d'étendue que le comporte le sujet. En résumé, le petit manuel de M. le Dr. Pisani mérite tout le succès qu'il a eu en Italie, et peut être recommandé à tous ceux qui s'occupent de la première éducation des enfans ; il servira à donner une bonne direction aux soins souvent mal entendus des parens, qui trouveront leur récompense dans la santé et le bien-être de leurs enfans.

H. L.

BOTANIQUE.

Sur une nouvelle espèce de pomme de terre sauvage au Mexique (Papa cimarron) par MM. de SCHLECHTENDAHL, Prof. de botanique à Halle, et BOUCHÉ. *Berlin*, 1833, in 4°. — On a dit, dans ces dernières années, que la pomme de terre avait été trouvée à l'état sauvage dans les montagnes du Mexique, et comme tout ce qui ce rapporte à un végétal aussi important, a quelqu'intérêt, nous pensons que nos lecteurs en mettront à savoir ce qu'il y a de vrai dans cette assertion.

La plante qu'on a regardée comme la souche sauvage de la pomme
de terre, fut découverte au mois de septembre 1828, par MM.
Schiede et Deppe, sur le volcan d'Orizaba, à une élévation de 10 à
11000 pieds; elle était petite, de six pouces de hauteur, portait
quelques fleurs d'un bleu foncé, et poussait des racines auxquelles
naissaient des tubercules de la grosseur d'une noisette. Peu de jours
après, sur le penchant du gouffre où se trouve le lac d'eau sau-
mâtre, connu sous le nom de *Laguna de Huetalaca*, les mêmes
voyageurs découvrirent une même variété à fleurs blanches, de la
même plante; elle avait la tige plus élevée et portait un plus grand
nombre de fleurs. Les échantillons secs de cette plante furent distribués dans les herbiers, sous le nom de *Solanum tuberosum*, et
lui ressemblent en effet beaucoup. Cependant, en octobre 1829, les
tubercules plantés au Jardin de Berlin, en avaient déjà porté d'autres de la grosseur d'une petite noix. L'année suivante on fit l'observation que les pieds cultivés avaient produit une plus grande
quantité de feuilles, de fleurs et de racines traçantes, que l'été précédent, tandis que la grosseur des tubercules n'était que celle d'une
noisette. On reconnut alors que cette plante est une espèce différente
du *Solanum tuberosum*, et on lui donna le nom de *Solanum stoloniferum*; la description détaillée et la figure que MM. de Schlechtendahl et Bouché viennent d'en publier, ne laissent aucun doute sur
sa diversité d'avec la pomme de terre.

Les principales différences entre ces deux plantes sont les suivantes. La nouvelle plante est, en général, plus grêle et plus petite que la plupart des variétés de la vraie pomme de terre. Elle a
ses cotylédons lancéolés, et non ovales arrondis; ses anthères ont
la base sagittée et deux petits sillons, l'un en dehors qui va de la
base au sommet, l'autre en dedans ne s'étendant que jusqu'au milieu, tandis que le *Solanum tuberosum* a les anthères tronquées
extérieurement à la base et pourvues des deux côtés de petits sillons
égaux en longueur. L'ovaire du *Sol. stoloniferum* est un peu plus
alongé que dans l'ancienne espèce; le tube de la corolle est un peu
alongé; le fruit est plus long que large, au lieu d'être plus large
que long; il se termine par une très-petite cicatrice ponctiforme, qui

est forméé par la base du style, tandis que dans le *Solanum tuberosum* cette base ressemble à une petite pustule ronde ; les jets radicaux, ou stolons, sont très-longs et très-superficiels dans la nouvelle espèce, et ils portent des tubercules petits, peu nombreux et d'un goût désagréable.

Cette dernière circonstance démontre plus clairement que toute autre, la diversité de la nouvelle espèce, au sens de ceux qui ne sont pas botanistes. Cette plante peut se multiplier, comme la pomme de terre, par ses tubercules ; ou bien on en sème les graines en mars dans des pots remplis de terreau et placés dans une couche chaude ; aussitôt que les plantes sont assez fortes, et la saison favorable, on les met en pleine terre, où elles portent facilement des fleurs et des fruits.

Il reste donc démontré que le Mexique a été à tort considéré comme la patrie de la pomme de terre. L'opinion qui considère ce végétal précieux comme indigène des montagnes du Chili, reste donc jusqu'ici la mieux prouvée.

DC.

ERRATA pour le Cahier d'avril.

Page 414, ligne 2, 300 *lisez* 3000.

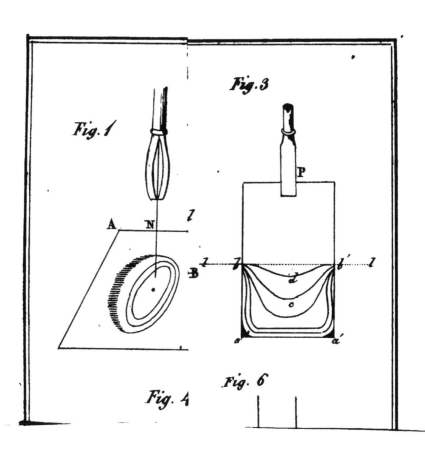

Fig. 1

Fig. 3

Fig. 4

Fig. 6

ap. m.	3 h. ap. m.
dix.	
4, 0	brouil.
5, 0 ert	couvert
3, 1 ua.	sol. nua.
6, 8	serein
6, 5	serein
5, 9 ua.	sol. nua.
9, 5 ua.	sol. nua.
8, 9	serein
8, 4	sol. nua.
6, 5 ua.	sol. nua.
4, 5 ert	couvert
6, 0 ua.	sol. nua.
1, 2	brouil.
1, 6 l.	neige
2, 5 l.	couvert
2, 1 l.	brouil.
3, 4 l.	couvert
0, 3	neige
1, 7	neige
6, 6 ua.	sol. nua.
9, 0 ua.	sol. nua.
0, 0 ua.	sol. nua.
9, 4 ua.	sol. nua.
6, 8	pluie
6, 8	sol. nua.
2, 0	couvert
1, 0	neige
1, 4 nua.	sol. nua.
2, 0 ua.	sol. nua.
3, 1 ua.	sol. nua.
3, 6 ua.	sol. nua.
4, 89	

ASTRONOMIE.

OBSERVATIONS OF NEBULÆ AND CLUSTERS OF STARS, etc.
Observations de nébuleuses et amas d'étoiles, faites
à Slough , de 1825 à 1833 , avec un télescope de
20 pieds; par Sir JOHN HERSCHEL. Mémoire in-4° de
146 pages et 8 planches, inséré dans la seconde partie
des *Transactions Philosophiques* pour 1833.

(Second et dernier extrait , voyez page 207 de ce vol.)

Les planches du mémoire de M. Herschel que nous
analysons, sont au nombre de huit et présentent un grand
intérêt. La première renferme 24 figures de nébuleuses,
destinées seulement à servir de représentations et de types
pour les diverses dénominations graduelles adoptées dans
le catalogue. Les unes se rapportent au degré de lumière
de plus en plus grand de ces nébuleuses, qui est figuré
par des teintes de plus en plus noires, d'autres à la progression de leur lumière de la circonférence au centre,
et à l'alongement plus ou moins grand de leur figure.
Les sept autres planches représentent, d'après des des-
ins faits avec soin par l'auteur, 67 nébuleuses ou amas
d'étoiles particuliers , choisis parmi les plus remarqua-

bles, et classés de manière à donner, par leur ensemble, une idée assez complète des objets de ce genre, tels qu'ils se présentent dans les grands télescopes à réflexion. Il nous serait impossible de reproduire, dans ce recueil, cette riche collection. A peine pouvons-nous en donner une légère idée, au moyen d'un petit nombre d'échantillons, dont l'exécution laissera probablement beaucoup à désirer.

La plupart de ces nébuleuses présentent des formes assez régulières et symétriques. Plusieurs ont une figure annulaire, avec un espace intérieur, tantôt presque tout-à-fait obscur, comme dans la nébuleuse annulaire de la Lyre, tantôt présentant un centre lumineux. Elles ont souvent aussi la forme globulaire ou ovoïde plus ou moins alongée, celle d'un fuseau, ou d'une lentille vue par sa tranche, tantôt avec des points lumineux vers le centre ou vers les extrémités, tantôt avec des vides vers le centre, ou sans aucun point plus lumineux que les autres. Quelquefois elles affectent la forme d'un éventail ou d'une queue de comète, émanant d'une espèce de foyer lumineux. Enfin, un certain nombre d'entr'elles ont des formes très-irrégulières; et la matière lumineuse s'y trouve souvent éparse sur une grande étendue, soit en figures alongées et serpentantes, soit en forme de réseaux et de flocons, avec de grandes inégalités de lumière dans leurs différentes parties. Nous allons extraire des notes explicatives jointes au mémoire de M. Herschel, diverses particularités curieuses relatives à quelques-uns de ces objets célestes.

La figure 1 de la planche jointe à ce cahier représente

une singulière nébuleuse, située par 13 h. 22 m. 39 s. d'ascension droite et 41° 56′ de distance au pôle boréal (1); elle avait déjà été décrite par Messier sous le N° 51 de son Catalogue, comme ne pouvant être vue que difficilement avec une lunette ordinaire de trois pieds et demi, et comme étant double, ou présentant deux centres brillans, éloignés l'un de l'autre de 4′ 35″. Herschel le père remarqua de plus que le centre de lumière principal était entouré d'une espèce de halo ou auréole lumineuse, située à une certaine distance autour de lui. Mais il ne paraît pas avoir aperçu la subdivision partielle de cette espèce de couronne ou d'anneau, en deux branches vers son bord sud-est, subdivision qui est cependant l'un des traits les plus remarquables et les plus intéressans que présente cet objet céleste. « Admettons, » dit M. Herschel le fils, « que cette nébuleuse soit composée d'étoiles ; et supposons un spectateur placé sur une planète faisant partie du cortège de l'une de ces étoiles, qui serait située excentriquement du côté nord-est de la masse centrale : l'apparence que lui offrirait cet anneau nébuleux serait exactement semblable à celle de notre Voie Lactée. Il lui paraîtrait traverser, d'une manière précisément analogue, un firmament de grandes étoiles,

---

(1) M. Herschel a probablement adopté de préférence, dans son catalogue, les distances au pôle, plutôt que les déclinaisons ou distances à l'équateur, parce que ces dernières doivent être accompagnées de l'indication de l'hémisphère dans lequel chaque objet se trouve situé, tandis que les premières le font voir par le nombre lui-même, suivant qu'il est plus grand ou plus petit que 90°.

suivant lequel l'amas central serait vu projeté, et semblerait lui-même (à cause de sa plus grande distance) composé d'étoiles beaucoup plus petites que celles des autres parties du ciel. Serait-ce là un système semblable au nôtre, en tant qu'il semble présenter avec lui une ressemblance physique réelle et une forte analogie de structure ? Sans la subdivision de l'anneau, le système de Saturne serait celui avec lequel cet objet aurait le plus de rapport, et il retracerait fortement à l'esprit les idées de Laplace sur la formation de ce système. Mais il est évident que toute idée de symétrie, produite par une rotation sur un axe, doit être abandonnée, quand on considère que la forme elliptique de la portion intérieure de la subdivision indique, avec une extrême probabilité, une élévation de cette portion au-dessus du plan du reste; en sorte que sa forme réelle doit être celle d'un anneau, fendu vers le milieu de sa circonférence, et dont les plans des deux sections comprennent entr'eux un angle d'environ 45°. »

La fig. 2 représente la 27ᵉ nébuleuse de Messier, située par 19 h. 52 m. 12 s. d'asc. dr. et 67° 44' de distance polaire, qu'il a décrite comme une nébuleuse sans étoiles, de forme ovale, bien visible avec une lunette de trois pieds et demi. Sir W. Herschel avait remarqué plus tard la forme d'un boulet ramé ou d'un clepsydre qu'avait la partie la plus lumineuse de cette nébuleuse, et il avait noté les petites étoiles qu'elle renfermait, comme indiquant sa résolvabilité. M. Herschel le fils croit que ces étoiles sont accidentelles, vu qu'il en existe des multitudes dans la région voisine. Il a signalé, le premier, le trait qui donne un intérêt particulier à cet objet céleste : c'est la faible nébulosité qui remplit ses concavités latérales et les convertit de fait en protubérances, de manière à donner à la nébuleuse entière la forme d'une ellipse régulière, de 7 à 8′ de diamètre, ayant pour petit axe l'axe commun des deux masses brillantes dont se compose son corps, ou le plus long axe de la forme ovale sous laquelle elle avait été vue imparfaitement par Messier. « Si l'on était disposé, » dit M. H., « à regarder cette nébuleuse comme une masse à l'état de rotation, ce serait autour de ce petit axe, relativement auquel toute sa figure est symétrique, qu'on devrait supposer qu'elle tourne. Sa forme réelle serait alors celle d'un sphéroïde aplati ; et comme il n'est pas nécessaire d'admettre que les parties les plus brillantes sont les plus denses, cette rotation ne serait pas incompatible avec les lois dynamiques, du moins en supposant les parties de cette nébuleuse capables d'exercer une pression l'une sur l'autre. Mais si elle se composait entièrement d'étoiles, on ne pourrait adopter cette explication, et il faudrait recourir à d'autres suppositions pour rendre raison de la permanence de forme de cette nébuleuse. »

La fig. 3 de la planche ci-jointe représente une nébuleuse en forme de fuseau, située par 2 h. 11 m. 58 s. d'asc. dr. et 48° 25′ de dist. pol. Elle a 3 ou 4′ de long et 40″ de large. Vers son milieu se trouve un espace obscur, situé entre deux petites étoiles, qui sont placées comme aux deux foyers de cette espèce d'ellipse effilée à ses extrémités ; M. H. remarque que cette figure est peut-être trop symétrique et surtout trop nettement ter-

minée. « Cet objet, » dit-il, « est du dernier degré de faiblesse, et peut très-bien n'être pas aperçu, lors même
qu'il est tout entier dans le champ de l'instrument. On ne
peut guère douter que ce ne soit un anneau plat et mince,
d'énormes dimensions, vu très-obliquement.»

La fig. 4 représente une nébuleuse extrêmement faible,
de forme sinueuse et à queue fourchue, située par 20 h.
38 m. 39 s. d'asc. dr. et 59° 54′ de dist. pol. Elle est placée sur l'étoile double *k* du Cygne et le long de son cercle
horaire, sur un espace d'environ 30′ du nord au sud. Une
de ses branches est brillante et se voit même avec un
petit clair de lune : mais il faut une belle nuit et trois minutes de séjour préparatoire dans l'obscurité, pour la bien
distinguer dans son entier. La nébulosité est lactée, mais
ne paraît pas composée d'étoiles. L'espace nous manque
pour reproduire dans notre planche deux autres nébuleuses analogues, dessinées par M. H., dont une, située
par 20 h. 49 m. 20 s. d'asc. dr. et 58° 57′ de dist. pol.,
a une étendue au moins égale à quatre fois le champ
du télescope, ou à un degré, et se divise vers son milieu
en deux branches principales. L'autre, qui est la 17e de
Messier, située par 18 h. 10 m. 45 s. d'asc. dr. et 106°
15′ de dist. pol., a une figure serpentante un peu analogue à celle d'un grand oméga grec, Ω, dont l'extrémité postérieure serait fort allongée et irait en remontant. Son éclat est très-inégal ; Messier n'avait aperçu que
la branche orientale brillante, dont l'étendue est d'environ 7′½, et c'est Sir W. H. qui a le premier signalé
les autres sinuosités. Son fils a remarqué de plus, 1° un
nœud résoluble ou petit amas d'étoiles, vers l'extrémité

occidentale de la branche brillante, assez isolé de la nébulosité qui l'entoure, et qui suggère fortement l'idée d'une
absorption de la matière nébuleuse; 2° un nœud beaucoup plus faible et plus petit, situé tout-à-fait à l'extrémité occidentale de cette même branche, là où la nébuleuse tourne subitement à angle aigu. Comme cette nébuleuse est dans l'hémisphère austral, M. Herschel espère pouvoir bientôt la mieux étudier.

L'auteur a donné plusieurs figures des nébuleuses que
son père a nommées *planétaires*, parce qu'elles présentent un petit disque arrondi, un peu analogue à celui
des planètes, d'une lumière à peu près uniforme, mais
beaucoup plus faible. Nous en avons reproduit une dans
la fig. 5, située par 20 h. 14 m. 48 s. d'asc. dr. et 70° 26′
de dist. pol., qui a un diamètre de 20 à 30″, une lumière
un peu bigarrée, mais assez brillante et bien définie, quoiqu'elle ait paru quelquefois un peu vaporeuse vers ses
bords; elle a tout près d'elle quatre petites étoiles de 10°
et 11ᵉ grandeurs, qui n'en sont pas éloignées de plus d'une
minute de degré. M. Herschel paraît disposé à admettre
que ces nébuleuses ne sont pas des agglomérations d'é-
toiles, mais des corps particuliers, qui doivent être d'une
énorme dimension, pour pouvoir nous présenter, malgré
leur immense distance, des diamètres aussi grands que
ceux des planètes (1). La plupart de ces nébuleuses ont

(1) M. Herschel en a mesuré une qui aurait un diamètre de 1′ 37″,
beaucoup plus grand, par conséquent, que celui de toutes les planètes. Cette nébuleuse est située dans la Voie Lactée, par 19ʰ 10ᵐ 9ˢ
d'asc. dr. et 83° 45′ de dist. pol., et se trouve sous le n° 2037 du

tout près d'elles de petites étoiles , qui peuvent donner
l'idée de satellites dont elles seraient accompagnées.
« Il serait possible , » dit M. Herschel, « qu'il en existât
en effet de tels autour des nébuleuses planétaires. L'é-
norme grandeur de ces corps et de leur masse (s'ils
ne sont pas creux intérieurement) peut leur donner, en
supposant même leur matière très-rare , une force de
gravitation suffisante pour retenir de petits corps, de nature stellaire , dans des orbites dont les diamètres seraient quatre ou cinq fois plus grands que le leur, et
dont les périodes seraient très-longues. Sous ce point de
vue, une série continue des angles de position de leurs
compagnons, mesurée avec tout le soin requis au micro-
mètre , serait intéressante, et je regrette de n'y avoir pas

catalogue. Elle est très-belle, quoique sa lumière soit faible, légèrement vaporeuse vers le bord , et peut-être un peu plus brillante du
côté sud. Sir W. H. l'avait comprise, peut-être par inadvertance ,
dans sa troisième classe de nébuleuses, tandis que son fils la présente comme devant être mise décidément dans la quatrième, ou dans
celle des nébuleuses planétaires. Elle a le même diamètre que celui
de la nébuleuse annulaire de la Lyre (voy. *fig.* 6 de notre planche) située par 18ʰ 47ᵐ 13ˢ d'asc. dr. et 57° 11′ de dist. pol., et dont nous
avons déjà eu occasion de parler , d'après M. Herschel, p. 169 du
T. LIV de ce Recueil. Il a décrit, sous le n° 2072 de son catalogue,
une autre nébuleuse annulaire, d'une lumière beaucoup plus faible
et d'environ 40″ de diamètre, située par 20ʰ 9ᵐ 33ˢ d'asc. dr. et
59° 57′ de dist. pol. La *fig.* 7 représente une petite nébuleuse ronde,
située par 5ʰ 20ᵐ 11ˢ d'asc. dr. et 55° 54′ de dist. pol., qui ressemble un peu à une nébuleuse planétaire , mais qui a dans son intérieur trois étoiles de 11ᵉ, 12ᵉ et 14ᵉ grandeurs, formant un petit
triangle équilatéral, dont le côté est de 4″.

encore donné une attention suffisante dans mes observations.» M. Olbers remarque, dans l'article du N° 261 des
Astron. Nachr. que nous avons déjà cité, que ces petits
compagnons des nébuleuses planétaires méritent encore,
sous un autre rapport, d'exciter l'attention. Car si ces
nébuleuses sont réellement des corps, et si l'on regarde
avec Newton la lumière comme quelque chose de matériel, l'attraction prépondérante d'aussi grandes masses
doit diminuer beaucoup la vitesse de la lumière qui s'en
échappe, ainsi que Laplace l'a le premier indiqué et
prouvé. Le phénomène de l'aberration devrait alors y être
beaucoup plus sensible que dans les petites étoiles qui les
entourent, et il suffirait de quelques observations pour
constater ce fait.

M. Herschel observe au sujet des nébuleuses alongées,
dont il donne un grand nombre de figures, que leur forme
générale est elliptique, et que leur condensation vers le
centre est presque toujours celle qui proviendrait de la superposition de couches elliptiques lumineuses, croissant en
densité vers le centre. «Dans plusieurs cas,» dit-il, «cet accroissement de densité est évidemment accompagné d'une
diminution d'ellipticité, ou d'un rapprochement plus sensible de la forme globulaire dans le centre que dans les
couches extérieures. Aussi les nébuleuses étendues, vues
dans un état vaporeux, ou un peu nébuleux, de l'atmosphère, sont-elles souvent décrites comme rondes, parce
que leurs enveloppes plus faibles et plus elliptiques échappent à la vue, et qu'on ne distingue plus que leurs noyaux
globulaires. Si l'on examine la grande extension de quelques nébuleuses en longs rayons lenticulaires, et l'exis-

tence de tous les degrés intermédiaires d'ellipticité,
jusqu'à la forme exactement circulaire, avec divers degrés
de rapidité de condensation centrale, depuis un accroissement à peine perceptible jusqu'à un noyau en apparence solide : on verra qu'on peut rendre compte de toutes
ces circonstances, en supposant que la constitution générale de ces nébuleuses est celle de masses sphéroïdales,
présentant tous les degrés d'aplatissement depuis la sphère
jusqu'au disque, et toutes les variétés possibles relativement
à la loi de leur densité et de leur ellipticité vers le centre.
Il serait, cependant, incorrect de conclure de là que les
forces qui leur maintiennent cette forme, sont identiques
avec celles qui déterminent la forme sphéroïdale aplatie
d'une masse fluide tournant sur elle-même, assujettie à
la loi de la gravitation et à la compression de la matière
qui pèse sur elle. Si les nébuleuses ne sont autre chose
que des amas d'étoiles, comme nous avons tout lieu de
le croire, du moins dans la généralité des cas, aucune
pression ne peut se propager dans leur intérieur; et leur
équilibre ou, pour parler plus exactement, la permanence de leur forme, doit être maintenue d'une manière
totalement différente. Dans un système ainsi constitué,
on ne peut supposer aucune rotation générale de la masse
entière. On doit plutôt la regarder comme ayant une
forme de repos, et comprenant dans ses limites une multitude indéfinie de composans individuels, qui, autant
que nous pouvons le dire, se meuvent les uns parmi les
autres, chacun animé de sa propre force de projection,
et décrivant une orbite plus ou moins compliquée, par
l'influence de la loi de gravitation intérieure, qui peut ré-

sulter des attractions composées de toutes les parties du système. J'ai montré ailleurs (1) comment la forme sphérique peut subsister dans l'état de repos, aux limites extérieures d'un système composé d'un nombre immense d'étoiles égales, uniformément distribuées, dont chacune attire individuellement les autres en raison inverse du carré de la distance, et où ces attractions réunies composent une force intérieure, agissant sur chaque individu en raison directe de la distance au centre de la sphère. Dans un tel état de choses, chaque étoile peut décrire une ellipse autour du centre commun, dans un plan et une direction déterminés, sans qu'il y ait possibilité de collision. Mais la sphère regardée comme un tout, n'aura pas de rotation sur un axe. Si la forme n'est pas sphérique et que la distribution des étoiles ne soit pas homogène, les relations dynamiques deviennent trop compliquées pour être distinctement appréciées : mais on peut concevoir qu'un résultat analogue en quelques parties puisse subsister, et que la forme extérieure et la densité intérieure soient maintenues (au moins sous certaines conditions) pour une masse qui est à l'état de repos, quand on l'envisage dans son ensemble, pendant que tous ses élémens sont dans un état de transport et d'échange mutuel continuel. »

La septième planche du mémoire de M. Herschel est consacrée aux *nébuleuses doubles*, c'est-à-dire, à celles qui présentent deux centres de nébulosité très-rappro-

---

(1) Voyez *Traité d'astronomie* de Sir J. Herschel, p. dernière, et *Bibl. Univ.* T. LIV, note de la page 163.

chés l'un de l'autre. « Toutes les variétés, » dit l'auteur,
« qui existent dans les étoiles doubles, relativement à leur
position et à leur éclat respectif, ont leur contrepartie
dans les doubles nébuleuses ; et les diversités de forme
et de gradation de lumière dans ces dernières, offrent encore un nouveau champ de combinaisons particulières à
cette classe d'objets. La série de figures contenue dans
cette planche présente un certain nombre de ces combinaisons. (On y voit 12 nébuleuses doubles, composées,
tantôt de deux nébuleuses rondes, d'étendue et d'éclat
divers, tantôt d'une ronde et d'une alongée, tantôt de
deux de ces dernières en diverses positions (1).) Il serait
impossible, en y portant ses regards, et en réfléchissant
au grand nombre d'objets de ce genre qui sont répandus
dans le ciel, de ne pas admettre qu'il existe entre les
deux nébuleuses de chacune de ces couples, une relation
physique plus intime que celle d'une simple juxtaposition.
L'argument qui sert à établir la probabilité de cette relation, d'après la rareté de ces objets comparée à l'étendue
totale du ciel, et qui est si puissant dans le cas des étoiles
doubles, l'est encore infiniment plus dans le cas actuel.
Des nébuleuses aussi grandes et faibles, et aussi peu con-
densées vers le centre que le sont, par exemple, celles
représentées dans la première figure de cette planche (qui
sont situées par 12 h. 17^m 22^s d'asc. dr. et 55° 3 ^{I} de

_____

(1) La *fig.* 8 de notre planche représente un assemblage de deux
nébuleuses rondes, et la *fig.* 9 celui d'une ronde et d'une alongée.
Ce dernier se trouve par 11^h 31^m 24^s d'asc. dr. et 73° 43′ de dist.
pol. ; et le premier par 7^h 14^m 50^s et 60° 11′.

dist. pol.) sont excessivement rares et même uniques, en sorte qu'il y a une extrême improbabilité qu'il s'en rencontre fortuitement deux de la même espèce, assez rapprochées pour que leurs nébulosités se mêlent entr'elles. Ce sera, par conséquent, un sujet très-intéressant de recherches futures, de vérifier si l'on peut découvrir dans ces combinaisons de nébuleuses, des traces d'un mouvement de révolution de l'une autour de l'autre, qui se manifesterait par un changement progressif dans leurs angles de position relativement au méridien. Les mesures micrométriques de plusieurs d'entr'elles, que renferme ce mémoire, quoiqu'elles ne soient ni aussi nombreuses ni aussi précises qu'il serait à désirer, pourront au moins servir de terme approximatif de comparaison suffisant pour découvrir de rapides rotations. »

La dernière planche représente quelques nébuleuses qui offrent des particularités de situation remarquables, relativement aux étoiles près desquelles elles se trouvent. L'une d'elles est formée de trois nébuleuses, avec un vide au milieu, au centre duquel est située une étoile double. Cet objet singulier, dont l'étendue totale est de 7′, se trouve placé par 17 h. 52ᵐ d'asc. dr. et 113° 1′ de dist. pol. Une autre se compose d'une espèce de réseau de nébuleuses, combiné avec un autre réseau semblable de petites étoiles, juxta-posé sur le premier ; c'est un objet très-faible et difficile à voir, dont l'étendue est de 20 à 30′ dans l'un et l'autre sens, découvert par Sir J. Herschel à 20 h. 50ᵐ d'asc. dr. et 60° 26′ de dist. pol. et qui n'a été encore observé par lui qu'une fois. On trouve aussi dans cette planche un certain nombre de figures d'amas d'étoiles, offrant une succession graduelle, depuis ceux qui sont à peine résolubles en étoiles, jusqu'à ceux qui en présentent une immense accumulation, et qui, tels que le 13ᵐᵉ du Catalogue de Messier (situé par 16 h. 35ᵐ ½ d'asc. dr. et 53° 13′ de dist. pol.) peuvent être mis au rang des plus magnifiques objets du ciel. « Ils sont instructifs, » dit M. Herschel, « en procurant en quelque sorte une analyse de la structure intime des nébuleuses, qui sert à rendre raison de plusieurs des particularités qu'elles présentent, lorsqu'on ne peut y distinguer d'étoiles. C'est ainsi que l'amas n° 13 de Messier, et le n° 53 du même catalogue, peuvent donner l'idée de l'apparence chevelue ou filamenteuse qui se rencontre fréquemment dans les nébuleuses, leurs bords au lieu de se fondre insensiblement, paraissant déchirés ou fibreux. L'amas représenté dans l'avant-dernière figure, s'il était assez éloigné pour qu'on ne pût y apercevoir d'étoiles, serait décrit comme ayant une figure ronde irrégulière, et non symétrique, et peut-être comme ayant une queue bifide. L'amas représenté dans la dernière figure paraîtrait, moyennant un semblable éloignement, comme une nébuleuse à éventail, avec un point stellaire à son sommet (1). »

(1) Nous avons reproduit ces deux amas dans les *figures* 10 et 11 de notre planche. Le premier, qui est le trentième du catalogue de Messier, a 6′ de diamètre, et se trouve par 21ʰ 30ᵐ 42ˢ d'asc. dr. et 113° 55′ de dist. pol. Le second, situé à 6ʰ 45ᵐ 18ˢ d'asc. dr. et 71° 49′ de dist. pol., a 5 à 6′ de diamètre; et vu de plus loin, il pourrait paraître à peu près comme la *fig.* 12, qui représente une nébuleuse à queue de comète, située par 8ʰ 46ᵐ 33ˢ d'asc. dr. et 35° 35′ de dist. pol.

M. Herschel mentionne, à propos des étoiles nébuleuses, un état particulier de l'atmosphère, qui s'est souvent présenté à lui, dans lequel toutes les grandes étoiles, de première à sixième grandeur, lui paraissaient entourées de photosphères, ou sphères lumineuses, d'un diamètre de deux à trois minutes ou plus, ressemblant exactement à celles qui entourent quelques-unes des étoiles nébuleuses les plus remarquables. « L'état de l'air dont il s'agit, » dit-il, « n'est point un état où l'on puisse distinguer, à la vue, quelque brouillard, une sorte de vapeur, ou une couche mince de nuages. Ce dernier état ne produit point d'apparence du même genre, et les étoiles s'y voient tout comme à l'ordinaire, mais seulement moins brillantes. Les photosphères en question se voient souvent quand le ciel semble tout-à-fait pur et clair. Cette apparence ne provient, ni de quelqu'imperfection dans le poli du miroir, puisqu'elle n'est pas permanente, ni de l'humidité déposée sur l'instrument, comme on peut s'en assurer en l'essuyant, ni enfin de l'œil lui-même, puisque l'apparence ne disparaît pas quand on cache presqu'entièrement l'étoile derriere les fils épais de l'oculaire. Le phénomène paraît subitement, dure rarement long-temps et disparaît d'une manière aussi inattendue qu'il a commencé. Lorsqu'il se présenta à moi pour la première fois, une étoile considérable m'apparut comme une superbe étoile nébuleuse ; et je ne commençai à être désabusé que lorsqu'une seconde, puis une troisième, d'apparence semblable, entrèrent dans le champ du télescope. Quant à la vraie cause de ce phénomène, je ne doute pas qu'elle ne soit atmosphérique ; peut-être tient-elle à quelque matière

très-raréfiée, disséminée en masses analogues aux nuages, quoique invisibles, dans les plus hautes régions
de notre atmosphère ; peut-être est-ce la même matière,
qui, réduite à l'état d'ignition par le passage de courans
électriques, donne naissance à plusieurs, si ce n'est à
tous les phénomènes de l'aurore boréale (1). Quoiqu'il
en soit, le fait qu'une apparence ressemblant exactement
à une étoile nébuleuse, peut avoir son origine dans un
milieu non lumineux, interposé entre l'œil et l'étoile,
sert à rendre probable l'existence d'une telle matière, disséminée dans l'éther lui-même en des localités déterminées, et qui peut rendre nébuleuses quelques étoiles brillant à travers, lors même qu'elles n'ont pas autour d'elles
de véritables atmosphères nébuleuses. La fréquence des
étoiles nébuleuses dans la constellation d'Orion semble
appuyer cette idée ; mais je suis loin de prétendre, cependant, qu'il n'y a pas d'étoiles réellement nébuleuses (2). »

Nous ne terminerons pas cette analyse du beau mémoire de M. Herschel qui vient de nous occuper, sans
joindre nos vœux à ceux du monde savant pour que l'expédition scientifique dans laquelle cet astronome si distingué
et dévoué se trouve maintenant engagé, soit couronnée
d'un succès complet. On sait qu'il est parti de Portsmouth

(1) On pourrait, peut être, aussi rapporter à une origine analogue
les étoiles filantes et autres météores ignés. A. G.

(2) M. Herschel fait remarquer à la fin du ch. 12 de son *Astronomie*,
que la lumière zodiacale, qui accompagne notre soleil, peut le faire
ranger lui-même au nombre des étoiles nébuleuses.

vers le milieu de novembre 1833, qu'il est arrivé au Cap de Bonne-Espérance dès le 16 janvier de cette année, après un voyage fort heureux, et qu'il s'y est établi avec ses instrumens en bon état, dans un local très-favorable à ses observations. D'après une lettre qu'il a adressée à M. Arago, en date du 14 avril, et que cet astronome a communiquée le 30 juin à l'Académie des Sciences de Paris (1), M. Herschel a été surpris de la richesse du ciel austral (2). Les nuages de Magellan lui ont paru particulièrement remarquables. Il avait déjà découvert, à cette date, deux nébuleuses planétaires. Le climat du Cap ne lui semblait pas aussi défavorable aux observations que La Caille l'a annoncé. Lorsque le vent de sud-est souffle avec force, les étoiles sont oscillantes et difficiles à observer, mais par les autres vents les nuits sont superbes.

M. Herschel semble appelé, comme son père, à étendre considérablement le domaine de nos connaissances dans l'une de ses plus belles parties, et à manifester de plus en plus, par l'étude de quelques-unes des merveilles de la création, la toute puissance et la profonde sagesse de son Auteur. La bonté infinie de Dieu, en douant l'homme, ce chétif habitant de l'un des plus petits recoins de l'immense univers, de tant d'admirables privilèges dans l'ordre intellectuel et moral, comme dans l'ordre

(1) Voyez le Feuilleton du *Journal des Débats* du 3 juillet.

(2) M. Dunlop, avec des instrumens comparativement bien faibles, a déjà observé plus de 600 nébuleuses du ciel austral, dont il a publié un catalogue, accompagné de figures, dans les *Trans. Phil.* pour 1828.

physique, nous donne par là, pour ainsi dire, la mesure de ce qu'elle a pu faire pour tous les autres êtres créés, qui habitent probablement ces mondes et ces systèmes, si étonnamment multipliés et diversifiés. Puisse la divine Providence bénir M. Herschel dans ses travaux, le ramener sain et sauf dans une patrie où il est si justement aimé et estimé, et le conserver long-temps pour l'avancement des sciences et pour le bien de l'humanité !

A. GAUTIER.

MINÉRALOGIE.

OBSERVATIONS SUR L'HYDROXIDE DE FER ÉPIGÈNE, par le Prof. **ANGE SISMONDA**, directeur du Musée minéralogique de Turin, etc.

(Communiqué par l'auteur.)

Au mois d'octobre dernier, j'ai présenté à l'Académie de Turin les observations suivantes sur l'oxide de fer épigène. Quelques circonstances en ont empêché la publication. Dans ce temps ont paru les deux mémoires de M. Becquerel *sur les altérations qui ont lieu à la surface du*

sol, ou dans l'intérieur du globe (1), et celui, que je connais seulement par l'extrait qu'en a donné le journal l'Institut, *sur la décomposition des roches, et sur les doubles décompositions dans les actions lentes.* Dans ces deux mémoires, le célébre physicien français, explique les phénomènes dont il parle, par le même principe que j'avais avancé pour éclaircir la décomposition du fer carbonaté ; mais cet auteur n'ayant pas abordé cette question en particulier, je me suis décidé à publier les observations et les recherches que j'ai faites à ce sujet.

Il se trouve des minéraux qui ont une forme régulière, qui ne leur appartient pas, et qu'on ne peut rapporter à aucune des formes *limites*. M. Haüy, et après lui tous les minéralogistes, ont continué à nommer ces formes cristaux *épigènes,* ou *pseudo-cristaux,* suivant qu'on croit qu'ils se sont formés par substitution de matière, ou par moulage. Il est aisé de comprendre qu'en disant que les épigénies ont lieu par substitution de matière, c'est comme si l'on disait en langue chimique, par *double décomposition ;* ce qu'on conçoit très-bien pour certaines espèces de plomb, de chaux, etc. Mais il y a des minéraux épigènes dont la forme seule nous fait connaître à quelle espèce minérale ils appartenaient avant leur décomposition ; dans ces minéraux le principe qui a remplacé le composant premier, ne peut pas être regardé, d'après la théorie électro-chimique, comme cause du phénomène.

C'est cette dernière manière de décomposition, ou d'épigénie, qui reste encore à expliquer en minéralogie.

_____

(1) Voy. *Bibl. Univ.* C. d'avril, p. 439 du volume précédent.

Je sais combien de difficultés présente ce sujet ; je sais aussi qu'il faut une observation bien attentive pour expliquer un phénomène dont le résultat doit nécessairement être subordonné aux conditions physiques où se trouvent placées les substances minérales, aussi bien qu'à leur nature chimique. Malgré cela, m'étant appliqué, pendant un temps assez long, à faire des observations sur le fer carbonaté (fer spathique), pour trouver comment ce minéral perd son acide carbonique et se réduit à l'état d'hydroxide de fer épigène, j'ose espérer, par les résultats auxquels je suis parvenu, que l'explication que je vais donner de ce phénomène chimique, sera trouvée assez satisfaisante pour l'état actuel de la science.

Les échantillons dont je me suis servi pour faire mes observations, viennent des mines de Traversella. Le Musée en possède un assez grand nombre, et parmi eux, il y en a beaucoup qui sont passés, en partie seulement, et d'autres entièrement, à l'état d'hydroxide épigène.

Une série aussi complète de cette mine de fer à différens états et degrés de décomposition, m'a permis de faire des observations comparatives, indispensables pour arriver à la théorie du fait.

Les cristaux de fer carbonaté de Traversella sont presque tous rhomboïdes, et bien souvent modifiés, sur les deux angles solides obtus, par une facette plus ou moins profonde ; modification qui conduit les rhomboïdes à la variété lenticulaire. La couleur en est grisâtre, passant par des nuances au brunâtre. Les variétés lenticulaires ont un éclat particulier, qui change suivant l'angle par lequel on y fait arriver les rayons de la lumière.

Les substances qui accompagnent plus ordinairement le fer carbonaté de Traversella, sont, le quartz en cristaux prismatiques accolés ensemble, formant des boules à rayons, qui, du centre vont à la circonférence, et les pyrites de fer en cristaux plus ou moins gros, qui en recouvrent çà et là la surface. Ces mêmes cristaux bien souvent sont mécaniquement mélangés au fer carbonaté. Enfin, il y a de magnifiques cristaux, dont quelques-uns d'une grandeur extraordinaire, de chaux carbonatée ferro-manganésifère. La disposition de toutes ces substances est à remarquer. On y voit le quartz recouvert d'une vraie incrustation cristalline, formée par les pyrites, le fer carbonaté et les rhomboïdes de chaux carbonatée ferro-manganésifère. Cette manière d'être constante, de toutes ces substances, peut beaucoup éclaircir le mode de formation des filons des montagnes de Traversella.

Le fer spathique perdant son acide, devient brunâtre à la surface. Quelquefois il est recouvert d'une poussière jaunâtre d'hydroxide de fer. Sa poussière est jaune; mise dans un tube de verre et exposée au feu, elle perd son eau d'hydratation, qui se dépose en gouttelettes, à la partie supérieure du tube. Les cristaux et les masses amorphes ont leur cassure raboteuse. La structure est poreuse. Parmi les pores il y en a beaucoup qui conservent parfaitement la forme géométrique des pyrites de fer. Quoique cette structure soit constante dans le fer hydroxidé épigène, elle doit être regardée comme une structure accidentelle, parce qu'elle est produite par la décomposition des pyrites, qui se trouvaient mécaniquement unies au fer carbonaté.

Pour concevoir comment le fer carbonaté perd son acide, et se réduit en peroxide hydraté, il faut examiner particulièrement si les substances qui l'accompagnent sont susceptibles de quelques altérations. Lorsque les minéraux sont mélangés avec ces substances, on conçoit aisément que, si elles viennent à se décomposer, il doit s'établir une espèce de pile, qui rompra tous les rapports électriques entre les différens corps qui constituent la masse ; ce qui changera entièrement les affinités entre leurs élémens, ou leurs composans.

Nous savons par les expériences des plus célèbres physiciens, qu'une réaction inégale entre un corps négatif et un corps positif, produit autant de piles qu'il y a de parties inégalement attaquées ; or toutes ces parties sont autant de centres d'action galvanique, qui facilitent beaucoup les actions chimiques.

La même chose doit arriver aux minéraux qui contiennent des substances en décomposition, avec la différence cependant que, si aucune des substances qui composent la masse, n'est attaquable par les produits qui se forment pendant la décomposition, il n'y aura que désaggrégation, mais que, si quelques-uns de ces produits peuvent agir chimiquement sur la masse, alors il y aura de nouveaux composés, qui à leur tour peuvent aussi se décomposer. C'est ce qui arrive pendant la décomposition du fer carbonaté de Traversella.

J'ai dit que le fer carbonaté de Traversella est presque toujours accompagné de pyrites de fer. On sait que les pyrites se décomposent facilement ; on présume que cette décomposition des pyrites est déterminée par une action électro-chimique exercée par la petite quantité d'or, qui quelquefois s'y trouve mêlée (1); et en effet ce phé-nomène s'observe très-souvent dans les pyrites aurifères des mines de Bérésoff en Sibérie, dans celles du Valais et du nord de l'Italie, etc. Cependant les pyrites mêlées au fer carbonaté de Traversella ne contiennent guère d'or; c'est un bisulfure de fer, mélangé de sulfure ferreux, ou l'espèce minérale nommée par M. Beudant *Leberseise* ($FS^2 + {}^9FS$). C'est le mélange de ces deux sulfures qui en détermine la décomposition, parce que, par leur con-tact, s'exerce la même action électro-chimique, qui a lieu lorsque le sulfure contient de l'or.

Pendant la décomposition des pyrites, tous les rapports électriques entre les différentes substances qui forment la masse, doivent nécessairement changer, et il se pro-duit des réactions chimiques, dont l'intensité dépend de la nature des corps qui se forment.

Pour éclaircir ce que je viens de dire, examinons ce qui se passe pendant la décomposition des pyrites mélangées au fer carbonaté, et observons comment les produits qui se forment, agissent sur les substances qui sont en con-tact avec elles.

Dans la décomposition des pyrites, il se forme du sul-fate de protoxide de fer acide. C'est cet excès d'acide, qui, à mon avis, réagit sur le fer carbonaté; il en résulte du sul-fate neutre de fer, qui est bientôt décomposé par la chaux qui se trouve dans ce minéral, comme principe isomor-

(1) Voy. Berzélius, *Traité de Chimie*, T. III, p. 263, édit. de Paris.

phe. Or d'après la loi des équivalens chimiques, la chaux, qui dans le carbonate remplace une certaine quantité d'oxide de fer, n'est point suffisante pour décomposer entièrement le sulfate de fer qui se forme. Il n'est pas impossible que cet excès de sulfate de fer soit dissout par l'eau, ou bien décomposé par les terres qui s'y trouvent en contact; mais il est bien plus probable que le proto-sulfate de fer décompose l'eau pour se sur-oxider, et que l'hydrogène, qui devient libre, désoxigène en partie l'acide sulfurique, qui se dégage à l'état d'acide sul-fureux. Les observations suivantes me paraissent une preuve irréfragable de ce que je viens d'exposer.

J'ai dit qu'il se trouve dans la collection du Musée, du fer carbonaté dont la décomposition n'est point ache-vée. Il y a un de ces échantillons, sur lequel on peut voir que le fer carbonaté qui est en contact immédiat, et jusqu'à une petite distance des pyrites en décomposi-tion, s'est entièrement transformé en hydroxide épi-gène, tandis que celui qui est éloigné de quelques pouces de ces pyrites, n'a souffert aucune altération. Une masse de petits rhomboïdes de fer carbonaté en contact avec des pyrites en décomposition, présente le même phéno-mène d'une manière bien plus singulière. On y voit des rhomboïdes dont la partie extérieure seulement s'est en-tièrement convertie en hydroxide, et d'autres dont l'é-pigénie ou la décomposition ne s'est faite que dans la moitié du rhomboïde qui se trouve en contact avec les pyrites. Cet échantillon, aussi bien qu'un autre de la variété lenticulaire, se trouvent depuis trois années au Musée. J'ai observé, soit dans l'un, soit dans l'autre, que la décomposition du fer carbonaté se fait au fur et à mesure que les pyrites se décomposent, et que l'hydroxide épigène qui en résulte, a une structure plus ou moins poreuse, quelquefois même caverneuse.

J'avancerai un autre fait prouvant ce que j'ai dit ailleurs sur la décomposition du fer carbonaté. Un échantillon de ce minéral, dont les pyrites qui s'y trouvaient mêlées, commençaient à se décomposer, a été exposé pendant un très-long-temps à l'humidité; la décomposition s'est continuée, et le fer carbonaté a passé sensiblement à l'état de peroxide hydraté. Mais cet hydroxide, examiné, contenait une assez grande proportion de sulfate neutre de protoxide de fer, et du sous-sulfate de peroxide de la même base.

L'existence de ces sels, qui manquent entièrement dans l'hydroxide épigène qu'on trouve dans les mines, ne doit pas nous étonner, si on pense que la nature, dans ses opérations, peut employer du temps, autant qu'il en faut pour les effectuer, et soumettre les minéraux, dans l'intérieur de la terre, aux conditions nécessaires pour faciliter les réactions chimiques.

J'ai dit que le proto-sulfate de fer, qui se forme par la décomposition des pyrites, passe à l'état de peroxide hydraté décomposant l'eau; mais il est hors de doute que bien des fois ce sulfate perd son acide par une double décomposition, comme je l'ai observé moi-même sur un échantillon appartenant au Musée, qui est formé de cristaux de quartz, de cristaux de fer oxidule, de pyrites de fer, de cuivre pyriteux, et de rhomboïdes de chaux ferromanganésifère.

Dans cette masse, les pyrites de fer ont été les premières à se décomposer, et quelque temps après, la
même altération est survenue dans le cuivre pyriteux.
Il s'est produit des sulfates acides, qui ont réagi sur le fer
oxidulé et ensuite sur la chaux ferro-manganésifère. Il
s'est formé du sulfate de chaux épigène, qui a été recouvert par les oxides de fer et de cuivre devenus libres.
C'est ici le cas d'épigénies par double décomposition.

Il résulte de ce que je viens d'exposer, que la chaux
isomorphe, dans le fer carbonaté, doit se trouver à l'état
de sulfate; ce que j'ai constaté en faisant bouillir, pendant une heure environ, de l'hydroxide de fer, en rhomboïdes épigènes, réduit en poudre avec une solution de
sous-carbonate de potasse bien pur. Le liquide filtré,
le résidu lavé avec l'eau distillée a été saturé avec excès
d'acide nitrique également bien pur. Pour m'assurer qu'il
n'y avait point d'acide carbonique dans la solution, le liquide filtré a été de nouveau exposé au feu jusqu'au degré
de l'ébullition. Après l'avoir laissé entièrement refroidir,
je l'ai traité avec le nitrate de baryte, qui a produit un précipité blanc de sulfate de baryte. Plusieurs échantillons,
traités de la même manière, ont donné le même résultat.

Enfin, pour mieux constater le résultat de mes observations, j'ai soumis le fer carbonaté, mélangé naturellement de pyrites, à un très-léger courant galvanique.
Après quatre jours de réaction, le fer carbonaté en contact
avec les pyrites, et les pyrites mêmes, se sont presque entièrement changés en hydroxide de fer. Cet hydroxide,
examiné, contenait de la chaux sulfatée; ce qui prouve la
formation de l'acide sulfurique pendant la réaction. Mais
il faut que le courant galvanique soit très-faible.

HISTOIRE NATURELLE.

SUR LA PRÉTENDUE VITALITÉ DES CRAPAUDS RENFERMÉS DANS DES CORPS SOLIDES; par M. VALLOT, Dr. M.

M. W. A. Thompson, dans une dissertation sur la *Vitalité des crapauds renfermés dans les corps solides*, insérée dans la *Bibliothèque Universelle* (T. LVI, mai 1834, p. 90 à 99), expose des raisons fort spécieuses à l'appui de cette opinion, fondée sur une équivoque, ainsi que je l'ai démontré dans les *Mémoires de l'Académie de Dijon*, et tout récemment dans la *Bibliothèque Universelle*, (T. LV, janvier 1834. p. 69).

Des expériences faites par le Dr. Buckland, M. Thompson conclut qu'il y avait du doute sur le long espace de temps pendant lequel le principe de vie subsiste sans s'éteindre dans ces reptiles. Cette conclusion ne me paraît point exacte. Si Hérissant, Bosc, Edwards, Buckland, etc., et moi-même, avons enfermé des crapauds dans du plâtre, dans des boîtes, etc., si on les a laissés sous l'eau, toutes ces expériences avaient pour but de démontrer aux incrédules que ces reptiles, conformément à toutes les lois de la physiologie animale, *ne peuvent point exister* dans les corps solides, et *encore moins y conserver leur vitalité*.

Des grenouilles et des crapauds, dans la partie méri-

dionale de la baie d'Hudson, ou dans le Canada, dit
M. Thompson, sont restés gelés et endormis pendant des
années, et ensuite ont repris la vie; cette assertion, qui
mériterait d'être confirmée directement, en conservant
pendant plusieurs années dans des glacières ces animaux
hivernans, ne démontre pas que des crapauds aient pu
conserver leur vitalité depuis l'*époque de la formation*
du grès, ou de la pierre calcaire, dans l'eau, au sein de
laquelle ces bancs paraissent s'être déposés, *jusqu'au
moment* où le marteau du carrier les a délivrés.

« Les alimens qui sont alors dans l'estomac des reptiles,»
continue M. Thompson, p. 92, « y demeurent sans digestion et sans altération, et sont, au bout de deux ou
trois ans, tels que s'ils n'avaient pas été dans l'estomac
plus d'une minute, pourvu toutefois que la torpeur de
ces animaux demeure la même et que la température
ne se soit pas élevée. Si donc quelqu'un de ces reptiles,
pendant son état de torpeur, avait été pris dans le sable,
ou la matière calcaire, nous ne voyons pas de raison
pour que sa vitalité ne se soit pas maintenue pendant des
milliers d'années. » P. 93 à 94.

Ce raisonnement paraîtra séduisant, surtout si on l'appuie de la *résurrection* du Rotifère, *Vorticella rotato-
ria*, (Mull.) dont la vie active peut succéder une dixième
de fois à la vie latente, si, comme je m'en suis assuré, on
a le soin de tenir cet infusoire dans la poussière des toits.
Cependant pour admettre les conclusions de M. Thompson, il faudrait prouver que la vitalité d'un reptile engourdi
peut se conserver indéfiniment; ce à quoi on devrait
réussir, d'après l'opinion de l'auteur américain, en pla-

çant un crapaud hivernant dans du plâtre gâché, dans de l'argile, ou dans une pâte susceptible de prendre promptement de la consistance. En attendant le résultat de cette expérience, je vais passer en revue tous les récits parvenus à ma connaissance, relatifs à des crapauds vifs, renfermés, dit-on, dans des corps solides, et les déterminer, en les classant, soit dans ceux relatifs à des crapauds hivernans, ou dans la terre, ou dans des creux d'arbres, soit dans ceux engagés dans des fissures de rochers, soit enfin dans ceux fondés sur une équivoque.

1. Le récit de Fulgose, répété par Simon Majol (*Dies Canicular.* p. 242), Engel, Nieremberg, (*Hist. Nat.* p. 99 *a* lib. VI, cap. XIII), et par une foule d'autres, est basé sur une *grande géode*, trouvée par les carriers dans une pierre de taille employée à bâtir Hatton-Châtel, dans le Verdunois, et non Autun, comme l'a dit Guettard. Cela vient de ce que les commentateurs ont confondu le mot *borax*, employé par les Arabes pour indiquer une substance minérale, avec le mot *borax*, employé par les Grecs pour désigner le crapaud. (Voy. Albert. Magn. *Op.* T. VI, p. 676; *De animal*, lib. 26. *de borace.* T. II, p. 228, *De mineral.* lib. 2, tract. 1, cap. 2. *borax*, etc. Kentmann, *Nomencl. fossil.* fol. 10, verso, n° 3. Baumer, *Aldrovand. quad. ovip.* T. I, p. 616, etc.)

2. *Rana venenata*, de George Agricola, (*De re metallicâ*, p. 500), copiée par Gessner, (*De quadr. ovipar*, p. 74, *De figur. lapid.* Cap. XII, part. 2, folio 148, verso), répétée par Bausch (*De œtite*, p. 75), par Jonston

(*Thaumat.*, p. 198), Brunner, (*Dissert. de fig. in fossil.* cap. I, p. 39), et beaucoup d'autres, indique le cobalt arsénical de Schneeberg.

3. Le crapaud dont parle Columbus, (*Joh. Jonston; Thaumatogr. natur.*, p. 169), est, ou une géode, ou une empreinte de crapaud dans un schiste.

4. Le crapaud trouvé dans la vigne d'Ambroise Paré, (*OEuvres*, lib. XXV, cap. XVIII, p. 1031. *Encycl. Méth. Hist. Nat.*, T. II, p. 609), est un crapaud hivernant trouvé par hasard près du fragment de la pierre brisée par les ouvriers, qui avaient l'intention de signaler des géodes, en annonçant que ce fait se remarquait plusieurs fois.

5. Van Gorp, (*J. Gorop. Becan. Nilosc*, lib. III, p. 239), cite un carrier d'Anvers, pour avoir trouvé un crapaud vif dans une pierre. Aldrovandi (*De Testac.*, lib. III, p. 41. *De quadruped. digitat. ovipar*, lib. I, cap. II, T. I, p. 608), Gaffarel, (*Curiosités inouyes*, p. 198), répétent le même récit; mais en examinant leurs récits, on reconnaît facilement qu'il n'est question que d'une géode appelée vulgairement *crapaud* par les ouvriers.

6. Le gros crapaud blanc, vu en 1592 par le Sieur Demoutier, (Granger, *Paradoxes*, dans le *Metallurg. de Barba*, traduite par Grosford, T. II, p. 228 à 229), est très-certainement une géode tapissée de cristaux de chaux carbonatée, peu adhérens entr'eux et très-fragiles. Il en est de même de Gaffarel, (*Curiosit. inouyes*, p. 198), dans le passage suivant : «J'oubliais à dire que, sans chercher des exemples étrangers, on peut voir tous les jours aux plastrières d'Argenteuil semblables crapauds et

autres bêtes engendrées dans les pierres et le cœur des plus durs rochers. » Il est bien clair que dans ce passage l'auteur parle de géodes dans les carrières de plâtres, et tapissées de cristaux de sulfate de chaux.

7. Bacon, (*Hist. Nat. cent.* VI, Nº 970), rappelle l'existence des crapauds dans la pierre, mais seulement comme un ouï-dire.

8. Félix Plater, en racontant à Mouffet, (*Theat. insect.*, p. 248), qu'il avait trouvé un crapaud dans la pierre, lui rappelle le scorpion vu par Zwinger, et laisse croire qu'il s'agit, ou d'une géode, ou d'un crapaud caché dans une fissure de rocher.

9. Leibnitz, (*Protogea* § XVI, *Opera*, ed. Dutems, T. II, part. II, p. 214), parle de crapauds vivans trouvés au fond d'un puits très-profond; ce sont des crapauds qui auront sauté dans ce puits. Il a l'air de croire à l'existence des crapauds dans la pierre; mais dans le fond, il ne parle que de leur hivernation.

10. Brunner, (*Dissert. de fig. in fossilib. comitat.* Mansfeldii, in-4º, 1675, cap. I, § 40), en racontant l'aventure d'un ouvrier qui avait jeté des fragmens de pierre dans une corbeille, reporte infailliblement l'idée sur un crapaud hivernant, ou sur un crapaud ramassé avec les cailloux et jeté avec eux dans la corbeille. Wormius, (*Mus.*, p. 265), confondant la *Rana venenata* (Feurkroff) d'Agricola, Πυρίτης λιθος, les pyrites, avec le *Bufo igneus*, L., a favorisé la propagation du préjugé; car il s'agit uniquement, dans le cas présent, soit des silex qui étincellent sous le briquet, soit des sulfures de fer et de cuivre, qui laissent en effet jaillir des étin-

celles par la percussion. Tel est le motif pour lequel les anciens les désignaient en ajoutant l'épithète *pyrites*, fournissant du feu. Les latins ont traduit ce mot adjectif par *igneus*, mot employé quelquefois pour désigner une couleur rouge; et c'est ainsi qu'il s'est trouvé accolé à *Bufo*.

11. M. Delamarre, *Mém. MS. commencés en* 1676, T. II, 1re part., p. 36 (*NB.* ces MMSS. sont à la Bibliothèque publique de Dijon), dit : «On a trouvé en une pierrière de Dijon, proche les Chartreux, un crapaud vif dans une pierre solide.» Les informations que j'ai prises sur les lieux, m'ont appris qu'il s'agissait simplement d'une géode, dont les parois étaient tapissées de beaux cristaux de chaux carbonatée. Le mot *vif*, regardé à tort comme synonyme de *vivant*, mais exprimé en latin par le mot *vivus*, indique l'éclat des cristaux; car le mot vif est employé fréquemment d'une manière métaphorique, *lumière vive*, *arrête vive*, etc. D'ailleurs les latins employaient aussi métaphoriquement leur mot *vivus*, et Pline, (*Hist. Nat.*, lib. XXXVI, cap. XIX), dit : «*Pyritarum etiamnum aliqui genus unum faciunt, plurimum habens ignis, quos vivos appellamus.*» Et certes dans ce passage le mot *vivus* ne veut pas dire *vivant*, mais seulement *vif*. Ainsi le même mot peut exprimer bien des idées; je vais le démontrer par le mot crapaud.

A. Crapaud reptile. B. Crapaud, *Rospo* à Gênes, *Raja aquila*, L. ; Rondelet *De pisc.*, lib. XII, cap. II, p. 338. C. Crapaud, *Botto* à Crémone, *Cottus Gobio*, Linn. ; *Gucco* à Bologne, *Strix otus*, L. ; Aldrovandi, *De*

quadrup. digitat. ovipar., lib. I, cap. II, T. I, p. 607.
D. Crapaud, Bubon. Vincent de Beauvais *Bibliot.
mundi*, T. IV, lib. XXVII, cap. 115, p. 1137. Kir-
cher, *De peste*, § III, *C. 3. p. m.* 308, cité par Paullini, *Cynographia*, p. 60. E. N. C. Déc. I, ann. 2,
1671, p. 176. Observ. CIII. D. Pauli de Sorbait, *Ex ab-
scessu Bufo.* E. Crapaud, nom d'une maladie particulière aux solipèdes. F. Crapaud, nom d'un arbre qui croît
dans les Antilles, *Encycl. fol.*, T. IV, p. 434, article co-
pié dans l'*Encycl. méthod. Agric.*, T. III, p. 643. Cet
arbre n'a point été rapporté dans les catalogues systéma-
tiques de plantes. G. Crapaud, nom d'un petit sac dans
lequel on renfermait les cheveux du chignon, et dont
Buffon a parlé.

Ainsi voilà sept significations différentes indiquées par
le mot crapaud. Je n'ai pas rapporté la plus importante ; c'est celle de ce mot employé par divers ouvriers
pour désigner les défauts existant dans une pierre. Ainsi
dans un diamant, une gerçure est appelée crapaud ;
parmi les tailleurs de pierres le mot crapaud indique les
cavités, ou géodes, qui déparent le parement, malgré que
leur intérieur soit garni de cristaux d'une belle eau et
doués d'un *vif* éclat.

12. Le Crapaud, signalé par Richardson, (Plot, *Hist.
Nat.*, p. 247. Ed. Luid, *Lithophylac. britannic. ichno-
graph.*, p. 100. Guettard, *Nouv. collect. de mémoires*,
T. IV, p. 622 623), est tout simplement une géode dans
le manteau de la cheminée. L'architecte ne voulant pas
perdre la pierre, a converti en merveille le défaut qui
l'aurait fait rejeter, et il a joué sur le mot anglais,

Toad, qui, comme chez nous, a plusieurs acceptions, et surtout celle relative à une géode.

13. Bradley, (*A philosoph. account of the works of nature*, p. 9. *Act. Erudit. Lipsiens.* 1721. Septembre, p. 370. Guettard, *Mém. cités*, p. 623 à 624), avait voulu fixer la durée pendant laquelle le séjour du crapaud dans la pierre pouvait avoir lieu; suivant lui, elle ne pouvait pas être de moins de cent ans.

14. Le crapaud trouvé par quelques ouvriers dans la carrière de Boursvick en Gothie, (*Act. Stockholm.* 1741, p. 288, *Collect. academ. Part. étrang.*, T. XI. 1772. p. 19), était un crapaud hivernant, dont la peau était recouverte d'une espèce de limon durci. La membrane jaunâtre qui fermait l'ouverture de la bouche, est le mucus, ou la boue qui obstrue la bouche des grenouilles pendant leur hivernage, comme l'a remarqué M. Schneider, et comme on le rapporte dans le *Dict. des Sc. Nat.*, T. XI, p. 335. Les dents aiguës, trouvées en haut et en bas, sont une supposition dont je ne vois pas l'origine, et qui suffirait pour faire douter de la vérité du récit, si d'autres détails très-précis ne nous indiquaient un crapaud hivernant dans une fissure de rocher, ou une fente de pierre. D'après cela, on rejettera avec raison l'explication donnée par Hufeland (*L'Art de prolonger la vie humaine*, p. 97. 69).

15. Ginanni, (*Maladie des blés en herbe*, dans le *Journal économique*, 1763, p. 421), parle d'un crapaud hivernant, fort maigre et niché dans une substance très-dure : «On eut,» dit-il, «de la peine à rompre les parois de son habitation, formée d'une matière pierreuse ou

d'une espèce de tuf. Ce crapaud, comme celui dont il est parlé dans l'article précédent, était en hivernation.

16. Le Prince, célèbre sculpteur, en parlant d'un petit crapaud vivant trouvé dans le noyau d'une pierre dure à Ecreville, au château de M. de Larivière, (*Année littér.* 1781. T. III, p. 277. Sigaud de la Fond, *Dict. des merveilles de la nature.* 1802. T. I, p. 99. Lecat, *Précis analytique des travaux de l'Académie de Rouen,* T. II, p. 81), veut faire connaître une géode. *Le petit crapaud.... qui se développa de lui-même et prit l'essor,* est une phrase métaphorique, qui signifie que les cristaux des parois de la géode tombèrent très-promptement.

17. Grignon, (*Mémoires de physique.* Paris 1775, in-4° p. 241. 13. *Dict. des merv. de la nature,* cité p. 95 à 97), donne des détails très-précis sur les moyens dont il a usé pour se procurer des *crapauds vivans dans la pierre,* et à ce sujet il parle d'un crapaud (reptile) trouvé dans la fente d'un lit de pierre, et ensuite d'un autre que les ouvriers, pour le tromper, avaient placé dans une géode vestige d'un coquillage dont il ne restait que l'empreinte.

18. Le crapaud, portant au col une petite chaîne d'or, et trouvé dans le milieu d'une pierre, (Granger, *Paradox.* dans la *Metallurg. de Barba,* T. II, p. 230. Paullini, *Bufo,* p. 34. 39. Guettard, *Mém. cit.,* T. IV, p. 628, 629), est évidemment une supercherie pareille à celle que les ouvriers des carrières de Savonières avaient voulu faire à Grignon.

19 Le fameux crapaud, trouvé au Raincy, et à l'occasion duquel Guettard a rédigé son mémoire, inséré

dans la *Nouvelle collect.*, T. IV, p. 626, 627 et 635,
(*Dict. des merv. de la nat.*, T. I, p. 97, 21, 102 et 103),
est une mystification faite à ce pauvre Guettard, qui n'a
pas eú le bon esprit de Grignon. Pour ne laisser aucun
doute sur la ruse des ouvriers, il suffit de lire attentive-
ce qui suit : « Ce crapaud , » dit Guettard , « était aussi
vif que le comporte son naturel ; il n'était point maigre ,
quoiqu'il y eût 40 ou 50 ans qu'il était enfermé ; il était gros
et fort..... ; il n'était retenu dans le plâtre que par deux
pattes , etc. » D'après ce détail on voit que l'animal avait
été pris depuis peu de temps , et la manière dont l'une
des pattes était engagée, démontre le soin que les ouvriers avaient pris de l'étendre pour la bien entourer, et
surtout pour donner au plâtre dont ils s'étaient servis, un
air de vétusté. Guettard a donc été la dupe de sa crédulité.
Cependant les Académiciens auxquels il en parla, ne mirent
point en doute sa véracité , puisque Hérissant fit des expériences dont il n'eut pas la satisfaction de voir le résultat qu'il soupçonnait (*Mém. de l'Académie des Sciences
de Paris.* 1773. *Hist. Nat.* p. 130 et 131.) Au mot de
mystification, il se rencontrera sans doute des personnes
qui se soulèveront et diront que c'est chose impossible.
Je leur rappellerai alors la fameuse dent d'or (*Sennet
Pract. medic.*, lib. II, part. I, cap. XV); la ruse de la
Comtesse d'Alais, qui exerça d'une manière si singulière
la sagacité de Gassendi, qui était dupe, (*Vie de Gassendi*,
par le P. Bougerel de l'Oratoire, p. 238 à 249); les supercheries faites et à faire en pétrifications, signalées par
Knorr, (*Monumens du déluge*, T. I, part. II, 150). Le
renard armé , décrit et figuré par Duhamel, (*Act. Paris,*

1743), indiqué par Haller, (*Bibliot. anatom.*, T. II, p. 284), et cité par Guettard, pour prouver la possibilité de la licorne (*Hist. Nat. de Pline*, par Poinsinet, T. III, p. 379 (18)), a été reconnu par Cuvier, pour n'être qu'une tête de chien ordinaire préparée superficiellement, (*Act. Divion.* 1829, p. 158). Le *Physus intestinalis*, décrit sous le nom de *Sagittula* par Lamarck, n'était que l'appareil hyolaryngien tronqué de quelqu'oiseau. Le *Giœnia trida*, Retz, *chat* de Bruguière, est, comme on sait, une des plus fortes supercheries faites en histoire naturelle, par l'assurance singulière avec laquelle Giœni avait décrit les mœurs et les habitudes de ce prétendu animal, fondé sur l'estomac de la *Bulla liguaria*, L., représenté depuis long-temps par Ginani, (*Opere*, T. II, p. 16, tab. 13, n° 95), et Davila, *Catal.*, T. I, p. 313, n° 699, tab. XX, fig. D. E. e, où il est donné par Romé de Lisle comme une anomie. La furie infernale, proposée par Linné, est simplement un panaris, au dire de Gesner (*Quadrup. ovipar.*, p. 50, lib. 56 et 57), répété par Jonston, (*Thaum. natur.*, p. 375). Sans compter une foule d'autres supercheries que je passe sous silence.

20. Le crapaud décrit par M. Landreau comme trouvé dans un bloc de pierre, (*Société Linnéenne de Paris*, 6 mars 1823, et *Bibliot. physico-économique*, T. XIII, p. 268), était uniquement un crapaud hivernant.

21. Le crapaud trouvé par un mineur anglais, en ouvrant en mai 1824 un nouveau puits à houille, auprès de Haughton-Spring, (*Bullet. Férussac, Scienc. Nat.* 1824. in-8°. T. III, p. 231 n° 185), est une géode, brisée quatre jours après sa découverte. L'absence de la

bouche, le nombril qu'il avait, la ressemblance de ce crapaud avec les crapauds ordinaires, démontrent invinciblement qu'il s'agit dans le cas présent d'une géode désignée. par le langage figuré des ouvriers.

22. Dans le Comté de Niagara des ouvriers trouvèrent un crapaud dans un roc solide, (*Bullet. Férus.* 1823, T. IV, p. 342, n° 574). La lecture du récit de cette découverte apprend que le rédacteur a confondu les crapauds hivernans avec des géodes.

23. En novembre 1824, on a déterré à Wrulewski, près Bombino, dans le grand duché de Posen, trente à quarante crapauds, qui étaient dans un sable léger, sous six pieds de terre jadis remuée (*Annales Européennes* 1824. T. VI. in-8° liv. XXII, p. 174. *Bullet. F.* 1827, *Scienc. nat*, T. XI, p. 201, N° 130.) Ces crapauds s'étaient retirés dans le sable pour y hiverner.

24. La note du Dr. Quenin, relative à un crapaud retiré vivant d'un puits comblé depuis 150 ans (*Académie des Scienc.* 1827), n'est pas plus extraordinaire que celle qui raconterait qu'un crapaud a été trouvé dans des décombres humides.

25. Le crapaud et les grenouilles trouvés dans une pierre, sans aucune communication apparente avec l'air extérieur, (*Revue Encyclop.* 1826. T. XXIX, p. 153. 9), étaient des reptiles disposés à hiverner.

26. Les rognons calcaires, appelés *Coumayes*, dans le pays de Liège, et dans lesquels les mineurs prétendent avoir trouvé des crapauds vivans à cinquante mètres de profondeur, (*Bullet. F.* 1825. T. VIII, p. 174), sont simplement des géodes tapissées de cristaux d'un brillant vif.

27. Le crapaud et le lézard vivans, trouvés, le 3o octobre 1816, à onze pieds de profondeur, (*Panorama d'Angleterre*. T. II, p. 3o6), étaient dans leur état d'hivernation.

28. Le crapaud trouvé dans une pierre en Angleterre, (*Bullet. F.* 1828. *Sc. et Arts* T. XIII, p. 134, N° 82), s'était gîté dans une géode.

29. Deux crapauds ont été trouvés renfermés dans l'argile (marnes bleues), à cinq pieds de profondeur, (*Mém. de la Soc. de Metz* 1828, p. 108.)

3o. Les crapauds vivans trouvés dans le *geodiferous lime-rock* à Lockport, Etats-Unis, (*Bullet F.* 1831, *Sc. Nat.* T. XXIV, p. 16), étaient simplement des géodes, ainsi que l'indique la dénomination de la pierre calcaire qui les recelait.

31. Les ouvriers prétendent qu'on a trouvé, à plusieurs reprises, des crapauds vivans dans le grès à bâtir de Stuttgardt, (*Bullet. F.* 1829. *Soc. Nat.* T. XVIII, 193). Dans cette note, il s'agit de géodes.

32. Les carrières à meules, entre Mayen et le lac de Laach, contiennent des crapauds (*Bullet. F.* 1831. *Sc. Nat.* T. XXV, p. 11). Ce sont encore des géodes pareilles à celles qui se trouvent dans les pierres meulières de Toulouse et de Narbonne.

33. Les crapauds des pierres meulières de Toulouse, (Saugius, *De origine lapid. figunt helv.* p. 59), cités, d'après ouï-dire, par Aldrovandi, (*De quadridigitat. oviparis*, lib. I. cap. 2. T. I, p. 608. *Musæum metallic.* lib. IV, cap. LIII, p. 714), mis en doute par Arnault de Nobleville et Salerne, (*Traité de matière médic.* 1760.

T.III. p. 340), ne sont que des géodes, c'est-à-dire, les vides plus ou moins grands qui se trouvent dans toutes les pierres meulières, dont la rupture assez fréquente met au jour ces cavités.

34. Le crapaud trouvé dans un pied d'orme, et dont Fontenelle a parlé, (*Act. Paris* 1719. *Hist.* p. 39. III. *Collect. acad. part. franc.* T. IV. p. 279. *Encycl. méth. Hist. Nat.* T. II. p. 609, 610. *Dict. des merveilles de la nature*, 1802. T. I, p. 97, 98. Raymond, *Traité des maladies qu'il est dangereux de guérir*, Vol. 224), n'était qu'un reptile de cette espèce, retiré dans un creux d'orme pour hiverner.

35. Il faut dire la même chose du crapaud trouvé dans un chêne, et indiqué par M. Seigne, (*Act. Paris.* 1731. *Hist.* p. 25. IV). Le rapport de M. Seigne n'est que la répétition de l'observation de Bradley (*A philosoph. account of the works of nature*, 1721, p. 120), qui avait été témoin de la rencontre d'un crapaud hivernant dans le creux d'un chêne. M. Seigne n'avait pas jugé convenable d'indiquer son autorité.

36. Grignon, (*Mém. de phys.*, p. 241), dit positivement, sans en tirer aucune conséquence : « On a trouvé des crapauds dans des troncs d'arbres. »

37. La lettre du 5 février 1780, écrite des environs de Saint-Maxent, par M. de la Liborlière, chevalier de Saint-Louis, contenant la découverte d'un crapaud dans un gros chêne, est relative à un crapaud hivernant, logé dans une cavité du tronc, enlevée par la cognée, et si l'auteur eût eu la précaution d'examiner le copeau détaché, il aurait aperçu l'ouverture par laquelle le crapaud

s'était introduit. La couleur très-noire qui, dans l'endroit où se trouvait le crapaud, s'était infiltrée dans le bois à deux ou trois lignes, (*Lettre de M. de la Liborlière, Recteur de l'Académie de Poitiers, président de la Soc. d'Agricul.* 21 février 1827), indique la carie qui existait dans le tronc et la cavité dans laquelle s'était retiré le crapaud.

Je me borne aux trente-sept faits notés ci-dessus, parce que l'on pourra toujours rapporter à l'un d'eux les descriptions qui seront publiées par la suite. On doit sentir, d'après les habitudes des grenouilles, que ces batraciens, qui hivernent sous l'eau et dans la terre, ne peuvent pas, comme les crapauds, se trouver dans les arbres creux, et encore moins dans les fissures des rochers, à moins d'un tour d'escamotage, méconnu par Sachs, (*Gammarolog.* p. 148), et par Guettard, (*Mém. cité* p. 622), mais indiqué bien exactement par Schot, (*Jocoseria*, p. 5, propos. 5).

Les grenouilles dont parle Peyssonel, (*Précis analytique de l'Acad. de Rouen*, T. II, 1816, p. 82. *Dict. des merv. de la nat.* T. I, p. 105, 106), étaient tombées dans des puits, où, d'après Dufay, (*La nature considérée*, etc. VI⁰ édit. p. 126), elles peuvent vivre un an.

Il suffit de comparer tous ces faits, de les soumettre à l'analyse, et de les rapprocher des lois de la physiologie animale, pour se convaincre de l'exactitude de l'explication que j'ai donnée. Il aurait peut-être fallu entrer dans de plus grands détails; je les ai consignés dans le manuscrit qui a été couronné par la Société Linéenne de Paris; mais le peu d'espace, fourni par une lettre, ne me permet pas de les envoyer. J'en ai fait un extrait fort succint, que les citations rendent cependant complet, si l'on veut prendre la

peine de consulter les textes indiqués. D'après le travail auquel je me suis livré, et dans lequel j'ai découvert la source
d'une multitude de préjugés, et de récits étranges re-
gardés comme vrais par le lecteur superficiel, je conclus
que jamais crapaud (reptile vivant) n'a été trouvé dans
le milieu d'un bloc de pierre, et que tous les récits dont
parlent les auteurs, sont fondés, soit sur des crapauds
hivernans, soit sur des géodes.

Dijon, le 6 septembre 1834.

EXTRAIT D'UN MÉMOIRE SUR UNE CAVERNE A OSSEMENS FOS-
SILES, DÉCOUVERTE A L'EST DE SAINT-JEAN-DU-GARD;
par M. J. P. A. BUCHET, de Genève, Pasteur à Mialet
(Basses-Cévennes.) (*Mém. de la Soc. de Phys. et
d'Hist. Nat. de Genève*, T. VI, Part. II).

Introduction.

Au nord de Mialet et à la distance de cinq minutes,
s'ouvre, dans le flanc concave et taillé à pic, d'une montagne élevée à peu près de 300 toises, une caverne qui,
haute et spacieuse, a servi plus d'une fois de refuge dans
les troubles de la contrée.

Il n'y a pas douze ans que le mur qui en défendait

l'entrée, haut de dix pieds, d'une largeur égale et d'une épaisseur de trente pouces, fut en partie renversé par le propriétaire. Il en reste toutefois un pan de chaque côté de l'entrée.

Le Gardon baigne et contourne la base de ce vaste rocher, dont l'aspect est sombre et sauvage. On ne peut que très-difficilement aborder de front la caverne, à cause de son escarpement ; élevée de près de 3oo pieds au-dessus de la rivière, elle n'est accessible qu'au moyen d'une corniche très-étroite. Le rocher où elle est creusée est calcaire, ainsi que toutes les montagnes environnantes, et généralement percé de grottes plus ou moins étendues. On voit encore sur le flanc des montagnes voisines des galets et de nombreux cailloux provenus des Hautes-Cévennes.

A la moyenne région de la chaîne à laquelle appartient la caverne, règne un large banc de calcaire limoneux où gisent d'innombrables coquilles bivalves. Ce banc a plus de six pieds d'épaisseur, et se prolonge l'espace de plus d'une demi-heure, interrompu par un profond vallon. Le haut de la même chaîne, ainsi que celle parallèle sur la rive droite du Gardon, abonde en *griphytes*, *ammonites*, *bélemnites*, etc.

Le vestibule de la caverne, jadis approprié par l'homme à lui servir de demeure, est terminé par une rampe de sable entassé entre les deux parois du rocher. Des cordons de gravier adhérens à la roche et inclinés vers l'ouverture de la caverne, montrent que ce talus a dû primitivement se prolonger en pente douce jusqu'à l'entrée. Ce sable, qui se continue dans tout l'intérieur des galeries, est partout surmonté d'une couche variable de limon, dont l'épaisseur moyenne est d'un demi-pied, et qui renferme quelques rares ossemens. Il est évident que la caverne a été remplie de gravier jusqu'à ses voûtes les plus élevées, car on en retrouve encore sur la pente des parois ; mais plus tard ce gravier a été entraîné par des chutes d'eau provenant de la voûte, et dont les passages se sont insensiblement fermés par d'épaisses concrétions spathiques. Une seule de ces chutes conserve sa communication avec l'intérieur par un petit conduit d'un pouce de diamètre ; elle donne de l'eau dans la saison des pluies.

Ces torrens souterrains, au nombre de quatre, ont dû facilement la dégager du gravier qui l'obstruait, en l'entraînant, soit à l'extérieur par des issues maintenant fermées, soit dans de vastes et profonds réservoirs, comme il en reste encore un.

Depuis son déblai, la caverne, commode et spacieuse, offrait au moins une largeur moyenne de six à huit pieds, sur une hauteur plus grande encore. Les animaux qui s'y réfugièrent dûrent donc y circuler facilement ; peut-être même y avait-il des issues maintenant comblées.

Mais quel laps de temps a dû s'écouler jusqu'à la première apparition de l'ours ? Il s'y multiplia beaucoup durant une longue suite de générations, dont chacune apparemment déposait ses dépouilles mortelles dans les profondeurs de la caverne, et c'est là que, rongées et disloquées par la hyène, les diverses parties en furent ensuite dispersées par les eaux diluviennes et enfouies dans le terrain de transport déposé sur le sol limoneux.

Cette terre d'alluvion est une terre végétale semblable à celle des environs de la caverne, rougeâtre, compacte et argilo-marneuse ; elle contient en outre des rocailles plus abondantes à l'entrée que dans le fond de la caverne. On y rencontre aussi des stalagmites mammelonées, arrachées violemment de leur base, des cailloux quartzeux et des morceaux de silex brut et de minerai de fer, assez communs dans une montagne voisine.

Telle est la terre qui sert de matrice aux fossiles ; toutefois il faut observer que, dans le fond de la caverne, l'argile prédomine et les fossiles sont mieux conservés ; quelques-uns paraissent encore posséder une partie de leur gélatine. En remontant les deux galeries latérales dans la direction de l'entrée, les fossiles diminuent et prennent un air de vétusté extraordinaire ; on distingue aisément chez eux des âges plus anciens les uns que les autres.

Il nous est arrivé de trouver, dans la plus haute couche (gisement ordinaire des fossiles) des phalanges et des vertèbres dans une sorte de connexion ; plusieurs de ces pièces se suivent très-exactement dans leur ordre naturel. Nous avons trouvé une jambe antérieure d'ours complète, dont tous les os avaient conservé leur position.

Occasion et détails de la découverte.

M. Alexis Jullié, médecin de la commune de Mialet, découvrit le premier, sur le terrain de la caverne, un ossement humain, et immédiatement après, d'autres, fortement agglutinés contre une paroi de rocher. Vivement stimulés par cette découverte, nous fouillâmes dans un enfoncement *M* (voyez planche II), et le premier objet qui se présenta à fleur de terre, fut une figurine de terre cuite, représentant un sénateur romain revêtu de son laticlave. Nous découvrîmes ensuite, à un pied de profondeur, une tête humaine, suivie de deux autres sous-jacentes; la plus profonde était accompagnée d'une partie de son squelette. Ces ossemens n'offraient aucune trace de frottement des eaux. La terre adjacente était imprégnée de grandes taches comme sanguinolentes ou d'une sanie rougeâtre, indice que nous avons toujours reconnu comme précurseur de nouveaux ossemens.

En continuant à creuser, nous trouvâmes dans l'argile de nombreux et beaux ossemens appartenant à l'ours des cavernes (*Ursus spelœus*). Ces fossiles gisaient constamment dans la dernière couche argilo-calcaire ou d'alluvion. En remontant de la localité *M* vers un cimetière, cette même couche, au lieu d'être simplement argilo-calcaire, devenait de plus en plus marneuse, chargée de gravier et tellement compacte par l'infiltration d'un suc lapidifique, qu'on ne pouvait la rompre qu'avec effort. Elle continuait cependant à contenir des ossemens, mais ils étaient durs, pesans, et d'un sonore presque métallique.

Un autre emplacement *L* nous a offert les mêmes accidens d'incrustations pétrifiées; c'était encore le même gravier, mélangé de marne ou de limon, dans lequel étaient empâtés des fossiles portant l'empreinte de la plus grande vétusté et noircis par une oxidation ferrugineuse. Ces fossiles étaient vraisemblablement les débris des premiers ours qui habitèrent la caverne; déposés sur le limon ou le gravier, l'agitation des eaux en fit un mélange, y renferma les fossiles, et recouvrit le tout d'un lit d'argile, comme dans tout le reste de la caverne.

Dans une fissure de rocher, qu'on peut considérer comme la continuation du lieu précédent, on a trouvé sept à huit têtes d'ours entremêlées de grosses pierres à angles vifs, provenant évidemment de la voûte dè la caverne; ces têtes étaient étroitement liées entr'elles, et ne purent être séparées. Il est à présumer que l'homme n'est pas étranger à cette accumulation et surtout à la présence des blocs de pierre que l'eau n'a pu y entasser.

Ces têtes d'ours étaient presque toujours accompagnées de ces grosses pierres, qui semblaient avoir été placées là par la superstition ignorante, pour les comprimer. Ces ossemens étaient restés apparemment à découvert lors d'une première inondation, et l'on doit supposer qu'une seconde les couvrit entièrement.

Ce fait nous amène donc à établir qu'il y a eu deux inondations distinctes : ceux qui vont suivre montreront que l'homme a dû habiter la caverne à deux époques différentes, dont l'une antérieure à la seconde inondation. Les corps des habitans, pendant la seconde période, ont été ensevelis avec des débris de leur industrie dans la couche supérieure du sol. Mais il a été trouvé dans le limon un débris de fémur humain qui était conséquemment sous-jacent aux fossiles d'ours, et dans le couloir *C* un crâne humain parfaitement fossilisé, dont les fragmens happaient à la langue; enfin dans le carrefour *Q H* et au sein d'une couche argilo-calcaire, un cubitus, de la

poterie, et un charbon réduit à l'état de pâte, ainsi
que des fragmens d'herbivores. Ces objets gisaient les
uns près des autres, dans une couche intacte très-bien
dessinée.

L'eau seule peut être considérée comme l'agent de cet
état de choses, et on peut conclure, de ce qui précède,
la présence de l'homme dans cette caverne, à une époque
bien antérieure à celle où la rotonde servit de cimetière;
par conséquent il faut distinguer deux périodes bien différentes.

L'emplacement *H* contenait une quantité surprenante
de dents et d'os fossiles d'ours, et une tête mutilée d'une
espèce de cerf, qui a été aussi retrouvée dans l'antre *C*
et dans l'allée poudreuse *GB*.

La salle *G*, fermée autrefois avec intention à ses deux
issues, semble avoir été un dépôt général d'ossemens
fossiles et aussi de corps humains. Cette salle donne entrée à plusieurs couloirs étroits qui tous contenaient des
ossemens.

Dans l'allée *GB* la terre d'alluvion devient rouge et
rocailleuse; les os d'oiseaux abondent du côté de la
grande entrée et sont très-bien conservés; on y retrouve des fientes d'hyène. A mesure qu'on remonte vers
le jour, les ossemens y deviennent plus friables, poudreux,
et peuvent à peine résister au toucher. C'est dans le haut
de cette allée, à la surface du sol, que fut trouvée une
lampe de terre cuite, moulée avec assez de goût, et pouvant remonter au temps de l'invasion des Gaules par les
Romains.

L'allée *BR* ne renferme point de fossiles. La chambre *O*

a été un vrai cimetière, où les habitans enterraient leurs
morts, et avec eux quelques instrumens et amulettes. Le
sol en est une terre grasse et noire. Cette chambre avait
été fermée, au passage *B*, avec de gros blocs de pierre
cimentés par un écoulement calcaire. Dans les intervalles
de ces blocs étaient insérés des ossemens humains et des
fragmens de poterie d'un âge bien supérieur aux corps
qui étaient inhumés dans la chambre.

Conjectures sur les faits précédens.

Les fossiles d'ours et d'hyènes remontent à une époque
très-ancienne, vraisemblablement antérieure à la présence
de l'homme dans ces contrées. A cette époque la caverne
a dû servir de retraite à la hyène, qui y entraînait sa proie
et y entassait ses ossemens, et peut-être aussi aux races
vivantes de l'*Ursus spelæus*, jusqu'à ce que ces espèces
aient été anéanties par une des grandes catastrophes de
la nature.

Le calme rétabli, et après un espace de temps plus
ou moins long, l'homme vint habiter cette contrée, il
se contenta, pour sa demeure, des retraites faciles que
lui offraient les enfoncemens des rochers et les débris
de poterie trouvés dans la couche argilo-calcaire, nous
donnent une idée de son industrie. Le gisement de ces
débris et des ossemens de cet âge porte à croire qu'une
seconde inondation le surprit dans son asyle et confondit

dans son terrain de transport la dépouille de l'homme avec celle de l'ours et des hyènes.

Cette seconde inondation a créé ainsi une sorte de conformité de gisement entre des os qui du reste n'ont aucune analogie d'époque, car l'homme n'a pas pu habiter la caverne de concert avec l'ours et la hyène; et lors même qu'on pourrait expliquer la présence des ossemens humains, en supposant que la hyène les a transportés, cette explication serait insuffisante pour la poterie. Il est donc vraisemblable qu'une première inondation a détruit les ours et les hyènes, qu'ensuite l'homme a habité la caverne, et qu'une seconde catastrophe a mêlé les ossemens avec ceux des races antérieures.

Cette inondation a-t-elle été générale ou locale? La position semblable des fossiles d'ours, dans tout le midi de l'Europe, fait croire que la crise a été très-étendue et plus ou moins rapide. Peut-être même cette inondation n'est-elle autre chose que le déluge de l'Écriture.

Long-temps après ces évènemens, on s'est servi de la caverne pour inhumer des corps humains; mais ces ossemens diffèrent complétement de ceux antérieurs à la seconde inondation, car ils sont agglomérés et intacts, tandis que ces derniers sont épars, mutilés, et en petit nombre. Les Druides ne sont peut-être pas étrangers à ces inhumations; ils ont dû en effet être favorisés par l'aspect sauvage des lieux et l'état d'ignorance et de superstition de ces peuples.

EXPLICATION DE LA PLANCHE.

PARTIE SUPÉRIEURE. — Vue générale des montagnes dans lesquelles est située la caverne de Mialet.

N° 1. Banc de bivalves.

    2. *id.* d'ammonites.

    3. *id.* de peignes et bélemnites.

    4. Sommité recouverte de gryphites.

    5. Banc de bivalves.

    6. *id.* d'ammonites.

La rivière qui baigne la base de ces montagnes, est le Gardon.

PARTIE INFÉRIEURE. — Plan de la caverne, indiquant ses divers corridors et les différentes places où ont été trouvés les ossemens fossiles.

Note sur des ossemens d'ours fossiles, trouvés dans une caverne près de Mialet (Basses-Cévennes), et envoyés au Musée Académique de Genève, par M. le Pasteur BUCHET ; *par F. J.* PICTET.

M. le pasteur Buchet a envoyé au Musée Académique de Genève une grande quantité d'ossemens d'ours, trouvés dans la caverne qu'il a décrite dans le mémoire précédent. Ce beau don se composait de deux squelettes presque complets, et en outre, d'un nombre très-considérable d'os isolés et de débris de tous genres. M. Buchet nous a donné, avec la plus grande générosité, tous les produits de ses fouilles longues et pénibles.

Tous les ossemens d'ours me paraissent appartenir à une seule et même espèce, car leur forme est trop semblable pour qu'on puisse voir entr'eux autre chose que des différences d'âge. Leur grandeur varie d'une manière assez sensible ; mais les os les plus petits ont des marques évidentes de jeunesse dans leurs épiphyses imparfaitement soudées aux diaphyses.

J'ai dû surtout chercher à savoir à quelle espèce ces ossemens doivent être rapportés. Le front fortement bombé des deux individus dont nous possédons les crânes, m'avait fait croire, au premier coup-d'œil, que notre espèce était celle que M. Cuvier désigne, dans ses *Recherches sur les ossemens fossiles*, sous le nom d'*Ursus spelœus*, ou ours des cavernes. Mais en les considérant avec plus d'attention, il m'a semblé qu'ils doivent plutôt être rapportés à l'espèce décrite par M. Marcel de Serres, sous le nom d'*Ursus pittorii*, et qui est abondante dans quelques cavernes du midi de la France.

Ce savant naturaliste n'a pas possédé de squelette à beaucoup près aussi complet que ceux que nous avons reçus de M. Buchet ; aussi les caractères qu'il a établis sont-ils restreints ; cependant ils me semblent suffisans pour pouvoir reconnaître l'espèce.

- L'*Ursus spelœus* et l'*Ursus pittorii* se rapprochent l'un de l'autre par divers points, et ont beaucoup plus d'analogie ensemble qu'on n'en remarque entr'eux et l'ours à front plat, qui se retrouve aussi quelquefois dans les mêmes cavernes.

Cependant ces deux espèces offrent des différences qui m'ont paru motiver l'opinion où je suis, que les ossemens provenant de la caverne de Mialet, appartiennent à la seconde.

1º L'*Ursus pittorii* est d'une taille un peu au-dessus de celle de l'*Ursus spelæus*. La grandeur des deux individus que nous possédons, est supérieure à celle que M. Cuvier assigne à cette dernière espèce.

2º La première molaire est arrondie dans l'ours des cavernes et à peu près aussi longue que large; cette dernière dimension l'emporte dans l'*Ursus pittorii*. Or, dans le nôtre le diamètre longitudinal de cette première molaire est de $0^m,015$, tandis que son diamètre transversal n'est pas de $0^m,011$.

3º Le bord supérieur du maxillaire inférieur est, dans l'ours des cavernes, sinué et recourbé dans la partie comprise entre la canine et la première molaire; ce bord est presque droit dans l'*Ursus pittorii*, circonstance qui se retrouve dans le nôtre.

4º L'humérus n'offre, dans ces deux derniers, aucune trace du trou percé au-dessus du condyle interne dans l'ours des cavernes.

A ces caractères M. Marcel de Serres en a joint quelques autres, que l'état des crânes ne m'a pas permis de voir clairement; mais ceux qui précèdent suffiront, je pense, pour établir l'identité de notre ours et de celui décrit par ce naturaliste.

Les ossemens envoyés par M. Buchet pourront donc servir à compléter ce que l'on connaissait de l'*Ursus pittorii*; et en particulier il montre que cette espèce a le front bombé comme l'*Ursus spelæus*, circonstance que la forme de sa mâchoire inférieure avait déjà fait regarder comme vraisemblable.

J'ai mesuré les principaux os de nos squelettes, afin de donner une idée plus exacte des dimensions de cette espèce. Quand j'ai trouvé des variations de taille, j'ai préféré indiquer les plus grandes dimensions, c'est-à-dire, celles de l'animal bien adulte. D'ailleurs nos crânes ont évidemment appartenu aux mêmes individus que les plus grand os.

1° CRANE.

Longueur de la base des dents à l'extrémité postérieure de
la crête occipitale.................................... $0^m,487$

Hauteur de la crête au-dessus du tron occipital. .... 0 ,121

   id.   du front au-dessus des os nasaux............... 0 ,074

   id.   de la base de la première molaire aux os nasaux. 0 ,110

Distance des molaires aux canines.................... 0 ,047

Longueur de la pénultième molaire.................. $0^m,029$

Largeur   *id.*............................... 0 ,015

Longueur de la dernière molaire. .... 0 ,047

Largeur   *id.*.............................. 0 ,020

Distance comprise entre le milieu de l'os jugal et l'os maxi-
laire, soit écartement de l'arcade zygomatique........ 0 ,074

Largeur du front....................................... 0 ,146

2° MACHOIRE INFÉRIEURE.

Longueur comprise entre le condyle et la base des incisives. $0^m,364$

Hauteur totale...................................... 0 ,193

   id.   comprise entre la racine des molaires inférieures
et le bas de l'os maxillaire inférieur. 0 0,87

Longueur de la première molaire....................... o ,015

Largeur   id.. .... o ,011

Longueur de la seconde molaire. ... . o ,031

Largeur   id.................................... o ,015

Longueur de la troisième molaire. .... o ,031

Largeur   id... .... o ,018

Longueur de la dernière molaire. .... o ,029

Largeur   id................................... o ,020

Distance de la première molaire à la canine...... ..... o ,063

Hauteur du maxillaire inférieur entre les canines et les mo·

　laires... o ,057

Largeur de l'apophyse coronoïde à sa base. .... o ,108

3° COLONNE ÉPINIÈRE.

Largeur de l'atlas.................................... $0^m,202$

Hauteur de l'axis au-dessus du canal vertébral......... o ,081

　id.   de la plus grande apophyse épineuse.......... o ,121

4° MEMBRE ANTÉRIEUR.

Omoplate , longueur .... o ,283

Humérus , longueur, ... o ,440

　id.   largeur entre les condyles................. o ,135

Cubitus , longueur........ .... o ,378

　id.   hauteur en avant de l'articulation.......... o ,094

Radius , longueur................................... o ,330

5° MEMBRE POSTÉRIEUR.

Largeur du bassin entre les cavités cotyloïdes.......... o ,222

　　id.   entre les facettes articulaires antérieures o ,067

Fémur , longueur.................................. o ,492

　id.   largeur entre les condyles.................. o ,114

Tibia , longueur. .... o ,324

　id.   largeur vers l'articulation supérieure............ o ,109

HISTOIRE ABRÉGÉE DE VÉGÉTAUX FOSSILES, D'APRÈS LES TRAVAUX LES PLUS RÉCENS ; par M. Alph. DE CANDOLLE (1).

ARTICLE Ier.

Introduction historique.

Les végétaux actuels, contemporains de l'espèce humaine, ont été précédés, à la surface de la terre, par d'autres végétaux, dont on retrouve des traces nombreuses dans certaines roches ou terres, en particulier dans les mines de houille. Ce fait, de la plus haute importance pour les géologues, doit aussi être étudié par les botanistes, car il appartient à l'histoire du règne végétal, et la détermination des fossiles végétaux, sur l'exactitude de laquelle reposent toutes les conséquences que l'on peut tirer de ces recherches, est une question purement du ressort des botanistes.

Les pétrifications animales ont été remarquées de tout

---

(1) Cet article fait partie d'un ouvrage maintenant sous presse, intitulé : *Introduction à la botanique*, 2 vol., in-8°, Paris, chez Roret, libraire. Le but de cet ouvrage, qui fait partie de la grande collection intitulée *Suites à Buffon*, est de présenter le tableau abrégé de toutes les branches de la botanique. Le chapitre sur les végétaux fossiles en a été extrait, par l'auteur, comme un de ceux qui peuvent le mieux être séparés de l'ensemble.

temps ; mais ce n'est que depuis le siècle dernier que les fossiles végétaux ont attiré sérieusement l'attention, probablement parce que les organes des plantes, n'étant pas aussi solides que les os et les coquilles, se sont moins bien conservés dans les entrailles de la terre.

Antoine de Jussieu (1), fut un des premiers à reconnaître la différence qui existe entre les végétaux fossiles des mines de houilles et ceux qui croissent aujourd'hui dans les mêmes pays. Il remarqua aussi l'analogie inattendue qu'ils présentent avec ceux des climats équatoriaux. Divers mémoires furent publiés dès cette époque sur ce sujet intéressant, et Scheuchzer donna, dans un ouvrage spécial (*Herbarium diluvianum*), des figures assez exactes de divers fossiles végétaux. Mais cette branche de la science ne pouvait faire de progrès réels que lorsque la géognosie et la botanique en auraient fait elles-mêmes. Il fallait que l'esprit d'observation eût placé la géologie sur ses vraies bases, que la botanique ne fût plus régie par des systèmes artificiels qui rendent difficiles les comparaisons entre les êtres analogues, que la majorité au moins des espèces actuellement existantes fût connue, et que celles des pays chauds surtout eussent été étudiées.

Au commencement de ce siècle on put déjà s'en occuper utilement, et dès lors, surtout depuis dix ans, un grand nombre d'écrits ont paru sur ce sujet.

En 1804, M. de Schlotheim (2) donna des figures

(1) *Mém. de l'Acad. des Sc.* 1718.

(2) *Beschreibung merkwürdiger Kräuterabdrücke and Pflanzenversteinerungen.* Gotha, 1804.

plus parfaites que celles de ses prédécesseurs, des descriptions plus détaillées, et des comparaisons souvent
heureuses avec les espèces actuelles. La nomenclature des
plantes fossiles qu'il décrivait, laissait cependant à désirer.

En 1830, commencèrent les publications de M. le
Comte de Sternberg (1), qui font époque dans cette partie de la science. Dès-lors un grand nombre d'ouvrages,
et de mémoires, contenus surtout dans les collections aca-
démiques, ont ajouté chaque année aux connaissances
des géologues et des botanistes. Un grand nombre de
mines de houille ont été examinées sous le point de vue
des fossiles, surtout en France, en Allemagne, en Angleterre, en Suède (2) et en Amérique (3), ce qui a permis d'établir des comparaisons intéressantes entre des végétations contemporaines éloignées.

Les documens publiés par un si grand nombre de savans s'accumulaient dans des ouvrages divers, lorsque
M. Ad. Brongniart entreprit la tâche de les rapprocher
et de les comparer dans son *Prodrome d'une histoire des
végétaux fossiles* (4), il a réuni avec un soin scrupuleux
les faits alors connus, et avec cette clarté de rédaction,
cette élégante simplicité de style, dont il a souvent donné

(1) *Versuch einer geognostisch-botanischen Darstellung der Flora
der Vorwelt*, 4 fasc. in-fol. Leipzig, 1820 à 1826, ouvrage traduit
en français par M. le Comte de Bray.

(2) Nilson, *Mém. de l'Acad. des Sc.* de Stockholm, 1820 et 1824.
Agardh, *ibid.* 1823.

(3) Mémoire de M. Steinhauer dans les *Trans. of the amer. phil.
Soc.* T. I.

(4) In-8°, Paris 1828.

des preuves, il a attiré l'attention de tous les hommes instruits sur les graves conséquences de l'étude des fossiles végétaux. Il considère ceux-ci d'abord sous le point de vue botanique, ensuite sous le point de vue géologique. Dans la première partie il indique comment on compare les fossiles végétaux avec les plantes actuelles, comment il convient de les nommer, de les classer; enfin il passe en revue toutes les familles, genres et espèces de végétaux fossiles alors connus, et mentionne leur gisement, qui indique à la fois l'époque de leur existence et leur habitation sur l'ancienne surface du globe. Dans la seconde partie il examine les fossiles trouvés dans chaque couche de terrain en divers endroits; il donne la proportion des grandes classes de végétaux dans chacune de ces couches, et termine par des conclusions curieuses sur l'état de la surface terrestre aux époques indiquées par la position relative des couches.

Le prodrome de M. Ad. Brongniart est devenu la base de tout travail sur les fossiles végétaux. Dès-lors il a continué lui-même à publier de nouvelles descriptions de végétaux fossiles (1). En Angleterre, MM. Lindley et W. Hutton, qui réunissent à un haut degré les connaissances botaniques et géologiques nécessaires, ont entrepris en commun une *Flore fossile* de la Grande-Bretagne, comprenant des figures et des descriptions des végétaux trouvés à l'état fossile dans ce pays (2). En partant

(1) *Hist. des vég. foss.*, in-4°, paraissant par livraisons.

(2) *Fossil. flora*, in-8°, Londres, journal trimestriel, qui continue depuis 1831.

le plus souvent des mêmes idées que M. A. Brongniart, ces deux savans diffèrent quelquefois d'opinion, et se livrent alors à des recherches du plus grand intérêt. Au moyen de ces ouvrages tout récens, on peut se faire une idée assez complète de l'état de cette partie de la science.

ARTICLE II.

§ 1. *Manière de déterminer, de nommer et de classer les végétaux fossiles.*

1º Détermination.

Les parties délicates et minutieuses de l'organisation végétale n'ont pas pu se conserver intactes dans des couches de terrain solidifié; aussi est-on obligé de se borner, dans l'examen des fossiles végétaux, à la comparaison des organes volumineux, comme la tige, les feuilles et quelques fruits. Les plantes à l'état de germination, les fleurs et la plupart des fruits ou graines, ne se retrouvent pas. Les espèces les plus herbacées, les plantes les plus analogues aux conferves, aux champignons, aux lichens, s'il en existait, peuvent également avoir disparu, ou se retrouver dans un état plus ou moins altéré.

Les tiges ligneuses se sont changées en pierre, par suite d'une substitution graduelle de molécules à celles qui constituaient le bois et l'écorce. La forme n'est point altérée. Les feuilles se distinguent plutôt sous forme d'empreinte; elles se détachent en noir ou en gris sur le reste de la pierre.

Pour comparer utilement ces vestiges aux espèces ac-

tuellement vivantes, il faut choisir pour ces dernières des
échantillons des mêmes organes, par conséquent des tiges et des feuilles. L'arrangement des couches ligneuses
de dicotylédones, celui des fibres de monocotylédones,
se reconnaissent bien dans les fossiles, si on rapproche
les échantillons de fragmens de ces deux catégories de
tiges. Ceci fait sentir l'utilité de ces collections de bois,
où l'écorce et le corps ligneux ne sont point dénaturés,
et où la nomenclature certaine peut servir de terme de
comparaison. La texture du bois, vue à la loupe, et manifestée plus clairement en faisant polir les surfaces, est
aussi un bon moyen de reconnaître l'analogie d'un fossile
avec l'une des classes de végétaux vivans.

Avec des procédés de ce genre, il est rare que l'on
ne découvre pas une certaine analogie, qui permet de
rapporter le fossile à une famille existante. Quelquefois
un grand nombre d'espèces se rapportent à des formes
aujourd'hui très-rares.

2° Nomenclature des fossiles.

La nomenclature des fossiles végétaux est fondée, autant que possible, sur leur analogie avec des plantes actuellement existantes. Dans l'origine on leur donnait
quelquefois des noms dont la terminaison en *lithis* indiquait l'état fossile, et il est peut-être à regretter que cet
usage n'ait pas été suivi, afin d'éviter les équivoques
entre des genres fossiles et vivans. Aujourd'hui on se
contente de faire des noms de genres et d'espèces à peu
près comme pour les plantes vivantes, et on les rapporte,

avec ou sans hésitation , aux grandes classes et aux familles existantes. Ainsi *Lepidodendron insigne* est une espèce d'un genre fossile de la famille des lycopodiacées , *Equisetum columnare* est une espèce fossile du genre vivant *Equisetum.* Dans ce dernier cas il convient d'ajouter au nom spécifique l'épithète *fossile* ou un signe quelconque.

Lorsque l'analogie avec un genre existant est reconnue , mais que l'on ne sait pas, vû l'absence des organes de la fructification, si l'espèce fossile appartenait réellement au même genre, ou à un genre voisin, on se sert de la terminaison *ites* ajoutée au nom du genre vivant. Ainsi *Zamites* est un genre fossile analogue au *Zamia* , *Lycopodites* au *Lycopodium* , etc.

3° Classification des végétaux fossiles.

Les fossiles végétaux se classent, ou suivant l'époque de leur existence, ou selon leurs caractères botaniques.

Le premier point de vue est sans contredit le plus important. Les végétaux que l'on trouve enfouis dans une même couche, ont dû vivre sous les mêmes conditions, et présenter un certain ensemble, comme les espèces qui existent maintenant. Il faut les comparer entr'elles avant de les rapprocher des végétaux d'une autre époque, Les classifications botaniques doivent donc être subordonnées, pour les fossiles, aux classifications géologiques.

Quant à la distinction des couches, dont la superposition, à des époques successives, a formé graduellement la croûte de notre globe , on sait que les géologues ne sont pas d'accord sur la meilleure manière de les classer. Souvent ils partent de caractères tirés de la nature des fossiles ; mais pour étudier la répartition des corps fossiles eux-mêmes, il faut au contraire ne s'appuyer que des distinctions minéralogiques.

M. Ad. Brongniart (1) est parti de la classification des couches terrestres en *formations* et *terrains*.

Une formation se compose de plusieurs couches, présentant des caractères communs, qui semblent indiquer une origine ou un mode de formation analogue. C'est le cas des couches de houille, de celles de craie, etc. Toutes les formations qui ont suivi les terrains primitifs, où il n'existe aucune trace d'êtres organisés, peuvent se classer en quatre catégories de terrains : 1° ceux de *transition* aux terrains primitifs ; 2° ceux de sédiment *inférieur* ; 3° de sédiment *moyen* ; 4° de sédiment *supérieur*.

Chaque formation répond à une époque, ou laps quelconque d'années, et chaque nature générale de terrain, à une *période* plus étendue.

(1) *Ann. des Sc. Nat.* novem. 1828, p. 5 ; et *Prodr. des vég. foss.* 1828, à la fin.

ARTICLE III.

HISTOIRE ABRÉGÉE DU RÈGNE VÉGÉTAL A DIVERSES ÉPOQUES ET PÉRIODES GÉOLOGIQUES.

§ 1. *Première période des êtres organisés.* — *Terrains de transition.*

Première époque. — Calcaire inférieur à la houille.

Cette formation, si riche en madrépores et animaux des classes inférieures, est pauvre en végétaux fossiles. M. Ad. Brongniart n'en connaissait, en 1828, que quatorze espèces en état d'être décrites.

Ce sont uniquement des cryptogames, plus une espèce dont la classe botanique est douteuse. On remarque quatre algues (plantes marines) d'un genre appelé fucoïdes, etc., et en fait de plantes terrestres, deux équisétacées d'un genre calamites, trois fougères et plusieurs lycopodiacées, la plupart en mauvais état.

Toutes ces espèces sont différentes de celles qui existent aujourd'hui. Quelques-unes se retrouvent dans la formation suivante.

Seconde époque. — Houille.

La houille, dont les gisemens sont si bien connus, à cause de leur utilité, se compose uniquement de débris végétaux transformés en matières charbonneuses. Dans les couches les plus épaisses on trouve des troncs d'arbres encore verticaux.

Ce qui est remarquable, dans cette formation, ce n'est pas seulement le grand nombre des espèces, dont M. A. Brongniart énumère 258 connues déjà en 1828, mais c'est surtout le petit nombre des familles auxquelles appartiennent les espèces, et la proportion des grandes classes, extrêmement différente de celle qui existe aujourd'hui dans les mêmes régions.

La classe des æthéogames (fougères, marsiléacées, équisétacées, lycopodiacées), dominait dans une proportion fort extraordinaire. Elle formait, à elle seule, les deux tiers ou les cinq sixièmes de la végétation, tandis que maintenant elle ne s'élève guère qu'au trentième. La plupart étaient arborescentes, analogues aux fougères en arbre des pays tropicaux actuels. Plusieurs prêles (*equisetum*) en arbre, donnaient au paysage un aspect singulièrement éloigné de tout ce que nous connaissons aujourd'hui. Les autres cryptogames manquaient complétement à cette époque, ainsi que les plantes marines, ou du moins elles étaient fort rares, car on n'en a pas encore découvert. Il existait à peine un quatorzième de monocotylédones, parmi lesquelles on remarque trois palmiers et quelques graminées. On sait que cette classe forme aujourd'hui la sixième partie des végétaux. Quant aux dicotylédones, dont le nombre est si remarquable dans notre époque, il est douteux que la formation dont il s'agit en possédât plus d'un tiers. M. A. Brongniart en indique 21 comme douteuse; mais M. Lindley (1) s'efforce de démontrer que les genres *Sigillaria* et *Stigmaria*,

(1) *Fosil flora.*

rapportés aux æthéogames par M. Brongniart, sont des dicotylédones analogues aux apocinées, euphorbiacées ou cactées. Il y a 49 espèces de ces deux genres, parmi les 258 énumérées dans le prodrome des végétaux fossiles, ce qui, même en comprenant les 21 douteuses, ne ferait que 70 espèces dicotylédones.

Avec la transposition de ces deux genres, et en partant des quatre grandes classes adoptées par M. De Candolle (1), la Flore des mines de houille se composerait comme suit, d'après les espèces connues en 1828 :

				Proportion sur 100 esp.
CRYPTOGAMES.				
Amphigames...................		o		o
Æthéogames, équisétacées.....	14			
fougères.........	89	} 170		66
marsiléacées.....	7			
lycopodiacées....	60			
PHANÉROGAMES.				
Monocotylédones, palmiers....	3			
cannées......	1	} 18		
indéterminées	14			
Dicotylédones, sigillaria	41	} 49		19
stigmaria......	8			
Espèces dont la classe est douteuse....		21		8
Nombre total.........		258		100

Sans doute, des recherches ultérieures modifieront ces proportions ; mais il n'est pas probable qu'elles ôtent à cette époque ses principaux caractères, *la prédominance des æthéogames ligneuses*, et *la taille gigantesque de*

_____

(1) *Bibl. Univ*, 1833, T. III (LIV), p. 259.

ces espèces, relativement à celles qui existent aujour-
d'hui.

. La découverte la plus remarquable qui se soit faite
dans les fossiles des mines de houille, depuis le travail
de M. Brongniart, est celle de quelques conifères (1),
famille qui joue un grand rôle dans les époques subséquentes, et qui, sous le point de vue botanique, est
parmi les dicotylédones une de celles qui approchent le
plus des æthéogames.

Troisième époque. — Calcaire pénéen et schistes bitumineux.

Cette formation est pauvre en fossiles des deux règnes.
Les schistes de Mansfeld, et les couches houillières de
Höganes en Scanie, que les géologues rapprochent des
schistes, ont présenté à M. A. Brongniart seulement huit
espèces reconnaissables.

Elles sont toutes marines. Sept d'entr'elles constituent
le genre fucoïdes; une appartient aux naïades.

§ 2. *Deuxième période.* — *Terrains de sédiment inférieur.*

Quatrième époque. — Grès bigarré.

M. A. Brongniart ne cite que 19 espèces de cette formation, trouvées principalement à Soultz-les-bains. Leur
découverte est due, en grande partie, à M. Voltz, Ingé-

(1) *Fossil flora.*

nieur des mines à Strasbourg. Elles se classent comme
suit :

CRYPTOGAMES.			Sur 100 esp.
Amphigames.....................		o	
Æthéogames, équisétacées...... 3			
fougères......... 6	9		48
PHANÉROGAMES.			
Monocotylédones..................		5	26
Dicotylédones (Conifères)...........		5	26
Total........		19	100

Autant qu'on peut juger des proportions par des chiffres
aussi faibles, il paraît que le nombre des phanérogames
dépasse celui des cryptogames, tandis que c'est l'inverse
dans les formations antérieures.

Les genres sont extrêmement différens de ceux de la
houille. A peine y en a-t-il un de commun, et certainement aucune espèce. Elles sont toutes terrestres.

Cinquième époque. — Calcaire conchylien.

« Cette formation, » dit M. A. Brongniart, « qui paraît
presque entièrement marine, n'a offert jusqu'à présent
que des fragmens très-rares de végétaux, fragmens
qu'on ne peut considérer que comme des traces de
la végétation qui couvrait probablement alors quelques
points de la terre, et dont les débris plus nombreux
n'auront été enfouis que lors de la formation des couches
arénacées ou argileuses, qui recouvrent le calcaire. »

Les mieux caractérisés de ces débris sont une fougère
et une cycadée, découverts près de Lunéville, par M.
Gaillardot. Il y a aussi quelques fucus.

§ 3. *Troisième période.* — *Terrains de sédiment moyen.*

Sixième époque. — Keuper, marnes irisées et lias.

La prédominance des cycadées est le trait caractéristique de cette époque, car sur 22 espèces reconnaissables, elles constituent la moitié. Il n'y a point d'autres dicotylédones, une seule monocotylédone, et dix æthéogames. Aucune plante aquatique.

Septième époque. — Formation jurassique.

M. A. Brongniart comprend sous ce nom la série des couches oolithiques des géologues anglais, et quelques-unes des couches qui les séparent de la craie, comme les sables ferrugineux et le grès de la forêt de Tilgate. Le grès vert (*green sand*) est exclu.

Le Jura n'a fourni qu'une seule espèce à l'énumération faite en 1828; la plupart sont de Whitby, Portland et Stonesfield, en Angleterre.

Sur cinquante-une espèces énumérées par M. Ad. Brongniart en 1828, d'après un grand nombre de géologues, il y a trois espèces marines.

Le nombre des cycadées est très-remarquable. Il y en a dix-sept, dont onze du genre zamia actuellement vivant; c'est-à-dire, que cette famille, qui forme à peine un millième de la végétation actuelle, et qui croît seulement près de l'équateur, formait alors la moitié de la végétation européenne. On remarque aussi dans cette flore six conifères, deux liliacées, et, comme dans toutes les époques précédentes, beaucoup de fougères.

La proportion des grandes classes est donc :

CRYPTOGAMES.		Sur 100 esp.
Amphigames (algues)...............	3	6
Æthéogames (dont 21 fougères).......	23	45
PHANÉROGAMES.		
Monocotylédones (liliacées).........	2	4
Dicotylédones (cycadées et conif.).....	23	45
	51	100

Les espèces de fougères sont fort différentes de celles des autres formations.

Huitième époque. — Formation crétacée.

M. Ad. Brongniart réunit dans ce paragraphe les fossiles de la craie proprement dite, et de la glauconie sabloneuse, ou sable vert (*green-sand* des anglais), qui lui sert de base.

Les végétaux connus en 1828, dans cette formation, sont des plantes marines au nombre de dix-sept, plus une plante terrestre (cycadée) de la craie inférieure de Scanie. La plupart proviennent de l'île d'Aix, près de La Rochelle, de la montagne des Voirons près de Genève, etc.

On peut présumer que la seule espèce terrestre découverte jusqu'à présent, croissait sur la limite de deux formations, ou sur le bord d'un vaste océan, qui recouvrait alors une grande partie de l'Europe.

Les dix-sept espèces marines se composent de deux

conserves, onze algues, quatre naïades (genre *zostérites*).
Il y a donc :

CRYPTOGAMES.		Sur 100 *esp.*
Amphigames........................	13	72
Æthéogames	0	0
PHANÉROGAMES.		
Monocotylédones.................	4	22
Dicotylédones....................	1	6
	18	100

§ 4. Quatrième période. — Terrains de sédiment supérieur.

Neuvième époque. — Formation marno-charbonneuse.

Cette formation comprend l'argile plastique, les psammites-mollasses, et les dépôts de lignites qui les accompagnent souvent.

Les débris végétaux en sont rarement reconnaissables, soit à cause de leur nature fragile, soit qu'ils aient été broyés dans un grand bouleversement du globe. Les lignites en particulier offrent, tantôt une réunion de végétaux dans leur position verticale naturelle, tantôt un amas de fragmens de bois, de feuilles, et de fruits divers, comme les courans et les fleuves en accumulent aujourd'hui dans certaines localités.

La nature de ces végétaux est toute différente de celle des couches antérieures à la craie. Ce sont des dicotylédones, dont le nombre considérable est attesté par des fruits détachés de la tige, plusieurs palmiers et quelques fougères; aucune plante marine.

On a reconnu un érable, un noyer, un saule, un ormeau, des cocos, des pins, et d'autres espèces qui peuvent se rapporter aux genres existans. Il y a beaucoup de conifères, mais aucune cycadée. Cette végétation ressemblait beaucoup à celle qui nous entoure aujourd'hui.

Les proportions ne peuvent pas être données. On peut seulement constater la prédominance des dicotylédones.

Dixième époque. — Calcaire grossier.

Cette formation, d'origine marine, a été bien observée près de Paris et au Monte-Bolca. Elle offre beaucoup d'algues, et quelques plantes terrestres de diverses classes, qui paraissent avoir été entraînées des terres voisines dans l'océan. Elles diffèrent peu des espèces terrestres de la précédente formation. On remarque plusieurs dicotylédones d'un genre phyllites.

Onzième époque. — Formation lacustre palæothérienne.

La présence des mammifères énormes appelés *palæotherium*, a déterminé le nom de cette formation, où l'on trouve, soit à Aix en Provence, soit à Paris et ailleurs, quelques fossiles végétaux.

Ils sont analogues à ceux des lignites quant aux genres; mais les espèces diffèrent.

Tous sont terrestres.

Sur dix-sept espèces énumérées par M. A. Brongniart, on remarque une mousse, un equisetum, une fougère, deux chara, une liliacée, un palmier, deux conifères et plusieurs amentacées.

Douzième époque. — Formation marine supérieure.

Un très-petit nombre de fossiles végétaux ont été trouvés à l'état de débris dans ces couches, qui composent certaines collines subapennines. On remarque une noix très-commune dans la colline de Turin (*Juglans nux taurinensis.*) Elle est toujours détachée de la plante, et sans doute elle flottait dans les eaux voisines de quelque terre.

Treizième époque. — Formation lacustre supérieure.

Les meulières de Montmorency contiennent cinq ou six plantes fossiles différentes, qui toutes paraissent être des plantes aquatiques analogues à celles qui croissent encore dans les étangs peu profonds. La fréquence des chara et la présence d'un nymphæa, annoncent un dépôt formé dans des eaux peu profondes.

Quatorzième époque. — Formation contemporaine des végétaux actuels.

Les couches de tourbe se forment sous nos yeux, et contiennent uniquement des débris d'espèces végétales qui vivent encore dans les mêmes régions. En Écosse, où ce genre de formation s'opère assez rapidement. M. Lyell a remarqué des graines de chara conservées dans de la tourbe, exactement comme dans certaines formations antérieures. Les lignites n'étaient que des tourbières d'une époque beaucoup plus ancienne.

Le point de transition entre les tourbières et les couches-antédiluviennes, est d'une haute importance pour l'histoire naturelle, puisque c'est là que se trouve le passage des espèces actuelles aux formes antérieures.

ARTICLE IV.

Rapports entre les végétaux de régions diverses à chaque époque.

Il est naturel de se demander si, à chaque époque géologique, les mêmes espèces, genres et familles végétales existaient simultanément et uniformément en tous pays, ou s'il y avait, comme à présent, des formes de plantes spéciales à certaines régions, des groupes naturels limités à de petites étendues de pays, et d'autres répandus, au contraire, sur des espaces immenses.

Pour répondre à ces questions, il faudrait d'abord que les géologues fussent bien certains que les couches semblables ou analogues, situées dans des pays très-distans, ont constitué aux mêmes époques la surface de notre globe. La circonstance que certaines couches de même nature sont superposées semblablement en Amérique et en Europe, par exemple, est bien une probabilité qu'elles ont été formées en même temps et de la même manière. Quand elles contiennent les mêmes espèces fossiles, les géologues en tirent une nouvelle preuve d'identité ; mais le naturaliste qui demande au contraire si les espèces étaient semblables dans des couches contemporaines, ou successives, ne peut pas employer ce genre de preuve, sans tourner dans un cercle vicieux.

Une autre difficulté résulte de ce que les fossiles végétaux ont été examinés dans un petit nombre de pays seulement, et d'une manière encore très-incomplète. Ainsi on ne peut rien conclure, quant à la distribution géographique des plantes, du terrain de transition, puisque l'on ne connaît que quatorze espèces de cette époque, dont treize recueillies en Europe, et une seule dans l'Amérique septentrionale. Il faut évidemment ne comparer, sous ce point de vue, que les époques dont on connaît beaucoup d'espèces recueillies dans des pays éloignés.

Les 258 espèces de la formation houillière, énumérées par M. Ad. Brongniart, sont intéressantes à comparer sous ce point de vue, parce qu'elles ont été recueillies en Europe, dans l'Amérique septentrionale, la Nouvelle-Hollande et l'Inde.

En jetant un coup-d'œil sur le tableau de M. Ad. Brongniart, et sur la Flore fossile d'Angleterre, on voit aussitôt que les mines de houille de divers points de l'Europe, notamment de Saint-Etienne, du nord de l'Angleterre, de Belgique et de Bohême, ont très-souvent offert les mêmes espèces fossiles. Ceci n'a rien de surprenant, puisque la Flore actuelle de tous ces pays est extrêmement semblable. Mais un fait digne de remarque, c'est que sur 23 espèces des mines de houille de l'Amérique septentrionale, quatorze ont aussi été trouvées en Europe. Cette proportion, certainement plus forte que dans les plantes actuelles de ces deux régions, atteste une similitude assez grande. Ces deux parties du monde n'étaient peut-être pas

séparées à cette époque, ou bien il existait des îles intermédiaires. Sur trois espèces de la Nouvelle-Hollande,
une a été aussi trouvée dans la mine de houille de Raj-
mahl dans l'Inde. De cette dernière origine, M. Ad.
Brongniart ne connaissait, en 1828, que deux espèces,
dont l'une (fougère) est l'espèce commune avec la Nouvelle-Hollande, et l'autre constitue un genre de palmier
très-distinct.

Ces faits semblent attester pour cette époque, une plus
grande uniformité de végétation à la surface de la terre,
que dans l'époque où nous vivons.

Non-seulement plusieurs espèces croissaient indifférem-
ment dans des pays très-éloignés ; mais encore les proportions des grandes classes étaient assez uniformes. Ainsi
les æthéogames (fougères, lycopodiacées, etc.) domi-
naient également en Europe, en Amérique et en Australie.
Partout elles constituaient environ les deux tiers des
espèces.

Comme aujourd'hui, les espèces phanérogames avaient
en moyenne une habitation moins étendue que les cryptogames ; car sur neuf phanérogames d'Amérique, quatre
(ou 44 pour cent) étaient communes avec l'Europe,
tandis que sur 14 cryptogames, il y en avait 11 (soit 78
pour cent).

Les formations suivantes, jusqu'au calcaire jurassique
offrent un trop petit nombre d'espèces de localités différentes pour que l'on puisse en tirer quelque comparaison de ce genre. Dans le terrain jurassique examiné en
Allemagne et en France, il est remarquable combien
peu des mêmes espèces ont été découvertes en plusieurs

localités. Sur 51 espèces énumérées par M. A. Brongniart, je n'en vois que deux qui soient indiquées à la fois dans deux de ces pays. Il en est de même pour les formations subséquentes ; d'où l'on peut conclure que, depuis l'époque de la houille , la diversité des régions contemporaines a été extrêmement sensible.

ARTICLE V.

Rapport entre les végétaux d'époques et de périodes successives.

Un fait important domine l'histoire des végétaux fossiles , c'est que *la même espèce a été rarement trouvée ; d'une manière certaine, dans deux formations différentes , et jamais dans deux formations séparées par une ou plusieurs autres.*

Il paraît que les révolutions du globe, qui ont fait changer subitement, à diverses époques , la nature du sol , ont détruit toutes ou presque toutes les espèces végétales, et qu'après chaque bouleversement de ce genre, de nouvelles espèces ont vécu au-dessus du terrain des anciennes. Dans toute l'épaisseur d'une même couche, on trouve peu de variations de la même espèce , et rien n'indique des modifications graduelles de formes, par lesquelles les espèces auraient passé insensiblement d'une formation ou époque à une autre.

Entre les espèces végétales de deux formations successives il y a souvent des rapports assez frappans. Elles se classent à peu près dans les mêmes genres , ou dans les

mêmes familles, et la proportion des espèces de chaque
grande classe est peu différente. Quelquefois on a trouvé
la même espèce dans deux formations superposées et
analogues ; mais ce sont des cas bien rares. Le prodrome
de M. A. Brongniart contient trois espèces communes au
terrain de transition et à la houille, quatre communes au
lias et au calcaire jurassique, une au calcaire jurassique
et à la craie. Ce sont les seuls cas, connus d'une manière
certaine, et c'est toujours entre des couches subséquentes
assez analogues.

De temps en temps on trouve une formation recouverte par une couche d'une nature toute différente, qui,
d'ordinaire contient un très petit nombre d'êtres organisés
ayant vécu dans de l'eau salée ; puis, au-dessus de cette
couche, commencent d'autres formations très-différentes,
où la proportion des grandes classes de végétaux n'est plus
la même, et où les espèces ne sont jamais semblables à
celles qui ont précédé. M. A. Brongniart est parti de ces
faits remarquables pour grouper toutes les formations en
quatre grandes périodes. Pendant la durée de chacune
de ces périodes, la végétation n'a présenté que des changemens graduels et limités. Certaines espèces en ont
remplacé d'autres analogues d'une manière plus ou moins
brusque, plus ou moins complète. Au contraire, d'une
période à l'autre le passage a été extrêmement sensible
sous tous les points de vue : les genres sont rarement les
mêmes ; la proportion numérique des classes est très-
différente; les espèces ne sont jamais identiques.

Ces quatre périodes répondent à quatre grandes catégories de terrains que plusieurs géologues admettent
déjà par d'autres considérations.

La première période, depuis les premiers terrains de transition jusqu'à la fin du dépôt de houille, est caractérisée par l'énorme proportion de cryptogames, surtout de ces espèces de fougères, équisétacées et lycopodiacées arborescentes, dont nous pouvons à peine trouver aujourd'hui des exemples, et seulement dans les climats les plus chauds. L'océan a recouvert cette végétation remarquable, puisque, dans le calcaire pénéen, on trouve à peine quelques espèces, qui toutes sont marines.

La deuxième période offre une végétation spéciale encore mal connue. Au grès bigarré, qui contenait un peu plus de phanérogames que de cryptogames, toutes fort différentes de celles de la première période, a succédé une longue inondation salée (terrain conchylien).

Avec la troisième période commence le règne des cycadées, de cette famille anomale, que les botanistes ont rejetée alternativement d'une classe à l'autre, et qui paraît en définitive former une classe des dicotylédones voisine des cryptogames. Elle constitue, à elle seule, la moitié des végétaux de cette période ; les vraies cryptogames ne forment d'abord que le tiers, puis jusqu'à la moitié de l'ensemble des espèces ; enfin la mer détruit de nouveau cette végétation extraordinaire. L'épaisseur de la couche de craie montre que cette submersion a duré bien des siècles.

Enfin la quatrième période, dans laquelle rentre notre époque, est caractérisée par la prédominance des phanérogames sur les cryptogames. Une inondation salée et trois autres inondations d'eau douce, ont bouleversé quatre fois pendant cette période, la surface du globe, et détruit à quatre reprises les espèces végétales, avant l'apparition de celles qui existent aujourd'hui. La proportion des dicotylédones est toujours restée considérable; c'est le trait caractéristique du développement actuel du règne végétal, depuis la formation de la craie.

- Le tableau suivant présente le résumé de la végétation des quatre périodes. Il est fondé sur ceux du prodrome de M. Ad. Brongniart, en plaçant dans les dicotylédones les genres Stigmaria et Sigillaria, suivant l'opinion de M. Lindley; et en ramenant les six classes admises par l'auteur, aux quatre que nous admettons (1).

	1re PÉRIODE.	2me PÉRIODE.	3me PÉRIODE.	4me PÉRIODE.
CRYPTOGAMES.				
Amphigames.......	4	7	3	13
Æthéogames........	176	8	31	9
PHANÉROGAMES.				
Monocotylédones....	18	5	3	25
Dicotylédones.......	52	5	35	117
Nomb. total.	250	25	72	164
Soit : Cryptogames...	180	15	34	22
Phanérogames..	70	10	38	142
Total....	250	25	72	164

En présence de ces résultats, il est impossible de ne pas reconnaître avec M. Ad. Brongniart, que les végé-

(1) Les cycadées et les conifères sont considérées comme un groupe (gymnospermes) des dicotyledones, qui touche aux monocotylédones et aux æthéogames. Nous réunissons les mousses aux æthéogames. Ces changemens modifient très-peu les opinions de M. Brongniart sur le développement du règne végétal.

taux les plus parfaits, c'est-à-dire, qui ont les organes les plus nombreux, les plus distincts, ont suivi les moins parfaits ; en d'autres termes, que le règne végétal, comme le règne animal, a été en se perfectionnant depuis un nombre indéfini de siècles.

Je sais que les auteurs de la *Flore fossile d'Angleterre* ont rejeté cette théorie (1) ; mais je ne trouve pas que leurs motifs soient suffisans. La circonstance que l'on n'a pas encore trouvé dans la houille des cryptogames inférieures, telles que les champignons, mousses, etc., n'est pas une objection ; car, vû la petitesse extrême de ces plantes, elles doivent avoir échappé, plus que les autres, à toutes les recherches, et elles ont sans doute été détruites plus complétement dans les révolutions du globe. L'absence ou la petite proportion des monocotylédones herbacées, dans les couches anciennes, en comparaison des palmiers, bananiers, etc., que l'on peut regarder comme plus parfaits, s'explique en partie par les mêmes causes, et par la nature des stations : les mines de houille, celles du moins qui valent la peine qu'on les exploite, sont des forêts pétrifiées, et dans nos forêts actuelles on trouve peu de graminées, joncées et plantes analogues. S'il en existait alors, c'est dans les filons très-minces de terrain houiller, qu'on pourrait les trouver. Enfin, en admettant, avec M. Lindley, que les stigmaria et sigillaria soient des dicotylédones, on voit que la prédominance des æthéogames, dans la première période, n'en subsiste pas moins ; elle est seulement moins forte que M. Brongniart ne le supposait.

---

(1) Introduction au premier volume (Londres 1831) en anglais.

Si l'on veut arguer des détails , on peut s'étayer de
ce que les premières dicotylédones qui apparaissent, appartiennent en grande proportion à ces formes douteuses
(cycadées , conifères , et certains genres anomaux), qui
ne sont certainement pas des dicotylédones parfaites.
Mais , dans des questions aussi générales , quand on possède aussi peu de matériaux, et que l'on a reconnu
d'ailleurs que la hiérarchie des familles ne peut pas être
constituée rigoureusement sous forme d'échelle ou de série
linéaire, comme on le voulait autrefois , il vaut mieux se
borner , ce me semble , à comparer en gros la proportion
des grandes divisions du règne végétal, pendant certaines
périodes très-étendues.

Personne ne nie que les phanérogames ne soient plus
complétement organisées, plus parfaites aux yeux des naturalistes , que les cryptogames. Quelques transitions de
formes , quelques groupes de phanérogames qui peuvent
être égaux ou même inférieurs à certains groupes de cryptogames, ne sauraient altérer cette vérité. Or, si l'on compare ces deux grandes divisions du règne végétal , on ne
peut se refuser à reconnaître que , pendant les quatre périodes géologiques admises par M. Brongniart , la proportion
des phanérogames a toujours été en augmentant.

Cette loi de perfectionnement existe donc dans le règne
végétal , comme dans l'autre. La seule différence me paraît être que les grandes divisions du règne végétal ont
eu toujours des représentans, tandis que les vertébrés ,
par exemple , manquaient tout-à-fait dans les périodes les
plus anciennes. Au surplus cette différence n'étonne pas ,
si l'on réfléchit à la distance immense qui sépare les ani-

maux inférieurs des supérieurs, et à l'homogénéité comparative des grandes classes du règne végétal.

Quelques philosophes ont émis l'idée que les êtres organisés fossiles servent de complément aux êtres actuels, en comblant les lacunes qui se remarquent entre certaines classes, et en donnant une symétrie complète au tableau, maintenant irrégulier, des affinités. Cette hypothèse hardie échappe à notre examen; car si la période actuelle est un perfectionnement des êtres organisés antérieurs, on peut, avec tout autant de raison, et en s'appuyant d'une probabilité fondée sur ce qui s'est passé, regarder les êtres organisés actuels comme une pierre d'attente pour des perfectionnemens ultérieurs. Si ce qui est arrivé maintes fois se répète de nouveau, l'homme et toutes les espèces existantes feront place un jour à d'autres espèces, dont quelques-unes seront organisées d'une manière plus complète, et dont l'ensemble sera supérieur à tout ce qui a existé auparavant. Voilà ce que l'analogie nous indique, et, en pareille matière, les prédictions fondées sur ce qui est déjà arrivé, sont sans doute les moins hasardées que l'on puisse faire.

ARTICLE VI.

De quelques conséquences de l'étude des fossiles végétaux.

L'étude générale des fossiles a des conséquences importantes pour l'histoire de notre globe. C'est à la géologie de les examiner; cependant comme les déductions tirées des fossiles végétaux reposent sur des considérations purement botaniques, je crois nécessaire d'en indiquer ici quelques-unes.

Les conditions physiques dans lesquelles une localité a dû se trouver, sont souvent mieux indiquées par les végétaux fossiles, que par les animaux. On ne saurait avoir de doute sur l'existence d'une plante dans l'eau douce ou dans l'eau salée, dans un lieu sec ou humide, très-chaud ou tempéré. On en juge facilement par les conditions nécessaires aux plantes de formes analogues, qui existent aujourd'hui.

M. Ad. Brongniart a donné plusieurs de ces inductions avec une sagacité remarquable.

Les æthéogames arborescentes de la première période ont dû vivre dans une atmosphère plus chaude et plus humide, que celle des îles aujourd'hui situées même sous l'équateur. On sait que les fougères et les lycopodes des pays tempérés et septentrionaux sont toujours de petites plantes, dont la tige rampe ou se cache fréquemment sous terre. Vers l'équateur on trouve des fougères et des lycopodiacées ligneuses. Leur nombre est d'autant plus grand que la région est plus chaude et humide. M. Brongniart conclut de là avec raison que les forêts qui composent la houille ont cru probablement sur des îles, à une époque où la température du globe était plus élevée que maintenant. Les îles de l'Ascension et de Sainte-Hélène, où les fougères et plantes analogues forment le tiers, ou la moitié du nombre des phanérogames, approchent un peu de cette antique végétation ; seulement les dimensions des espèces sont bien plus petites.

Les îles ou archipels qui ont formé les bassins de houille, étaient entourés d'un océan dont les terrains de transition sont l'indice.

Quelques géologues ont considéré les arbres fossiles des mines de houille comme ayant été transportés de terrains voisins ; ils se sont efforcés de justifier, par quelques exemples, la position verticale habituelle de ces troncs d'arbres ; mais cette hypothèse est repoussée par d'autres naturalistes. M. A. Brongniart défend avec conviction l'idée de De Luc, que les arbres des mines de houille ont été enfouis sur place, et MM. Hutton et Lindley, qui viennent de discuter récemment cette question (1), partagent la même opinion.

Pour expliquer la nature charbonneuse de la houille, M. A. Brongniart croit nécessaire de supposer que l'atmosphère contenait alors une proportion de gaz acide carbonique, supérieure de beaucoup à celle qui existe maintenant. Comme il devait y avoir peu de terreau, il fallait que les plantes vécussent en absorbant par les feuilles, et en fixant beaucoup de carbone tiré de l'air. M. Th. de Saussure a d'ailleurs démontré qu'une proportion de deux, trois, quatre, et jusqu'à huit pour cent de gaz acide carbonique dans l'air, favorise la végétation. On peut donc expliquer ainsi la taille gigantesque des espèces de la première période. L'existence simultanée de beaucoup de reptiles, et l'absence de mammifères sont favorables à cette hypothèse ingénieuse. Depuis une époque si reculée, la vie de tant de végétaux, et d'autres causes peut-

---

(1) Introduction au second volume de la *Fossil flora.*

être, ont pu réduire de beaucoup le gaz acide carbonique répandu dans l'air, et augmenter l'épaisseur des
terrains propres à la végétation des plantes actuelles.

L'auteur de l'Introduction au premier volume de la
Flore fossile d'Angleterre (1), attire l'attention des savans
sur ce singulier fait, que les mines de houille du Canada
et de la baie de Baffin, contiennent des plantes analogues à celles des autres couches de houille, par conséquent à celles qui vivent aujourd'hui sous l'équateur. Des
mastodons, et autres animaux analogues à ceux des pays
intertropicaux, ont aussi vécu à l'île Melville, près du pôle.
La différence de température, relativement au temps présent, peut s'expliquer de diverses manières, en particulier par le refroidissement très-lent, mais continuel, de
la chaleur interne du globe terrestre ; mais les auteurs de
la *Flore fossile* remarquent, avec raison, que les plantes
des pays équatoriaux ont besoin de lumière, et d'une lumière distribuée également, autant que de chaleur. Un
très-petit nombre d'espèces végétales peuvent supporter
la privation de lumière pendant quelques mois. C'est une
des causes qui empêchent les espèces des pays tempérés
de s'avancer jusqu'au nord, et de végéter avec vigueur
dans les serres les plus chaudes des pays septentrionaux.

(1) Le grand nombre d'observations botaniques insérées dans ce
morceau, me fait croire que M. Lindley en est l'auteur, tandis que
l'introduction au second volume me paraît l'ouvrage d'un géologue,
je suppose de M. Hutton. Cependant la *Flore fossile* étant sous leur
nom collectif, on doit regarder ces deux savans distingués comme
inventeurs des mêmes théories et défenseurs des mêmes opinions.

Il devait en être de même des plantes fossiles, analogues à celles de nos régions équatoriales. Or, comme l'inégalité de nos jours dépend de la position de la terre relativement au soleil, il faut, pour que des fougères en arbre aient pu vivre là où est le pôle arctique maintenant, que l'inclinaison de l'écliptique ait changé.

C'est ainsi que des observations de détail conduisent quelquefois à constater des faits de la plus haute importance.

J'ajouterai que des recherches multipliées sur les fossiles végétaux, pourront peut-être indiquer, par la suite, l'emplacement des pôles et de l'équateur à chaque époque géologique. Il suffira de découvrir dans quelle direction croissaient et décroissaient en nombre, dans chaque période géologique, les espèces qui exigent le plus de chaleur, et la lumière la plus uniforme (1).

J'en ai dit assez pour faire comprendre l'intérêt des recherches sur les fossiles végétaux, et la reconnaissance que nous devons aux naturalistes distingués qui, depuis quarante ans, poursuivent ce genre d'étude avec un succès aussi remarquable.

(1) L'auteur parle fort en détail, dans le reste de l'ouvrage, de l'action de la lumière sur les plantes. Il suffit de connaître les premiers élémens de la physiologie botanique, pour savoir que cet agent détermine l'évaporation et la respiration des plantes par les feuilles, fonctions d'où résultent la couleur verte, la fixation du carbone dans le tissu, la direction des branches, etc. L'intensité et la régularité de l'action solaire, sont de la plus haute importance pour les végétaux.

PHYSIQUE.

NOTE SUR L'APPLICATION DE L'ÉLECTRO-MAGNÉTISME A LA MÉCANIQUE; par J. D. BOTTO.

On sait quelle est l'énergie singulière avec laquelle se développe l'action magnétique dans le fer doux, sous l'influence de l'électricité en mouvement.

La possibilité de l'application de cette nouvelle force à la mécanique pouvant être de quelque intérêt, je me décide à publier les résultats que j'ai obtenus sur ce sujet (1).

Le mécanisme dont j'ai fait usage, se compose d'abord d'un levier mis en mouvement, à la manière d'un métronome, par l'action alternante de deux cylindres électro-magnétiques fixes, s'exerçant sur un troisième cylindre mobile, attaché au bras inférieur du levier, dont le bras supérieur entretient dans un mouvement

---

(1) Je dois dire que l'espérance de donner une plus grande extension à mes observations, et aussi la nécessité où je me suis trouvé de m'absenter de Turin, m'ont fait différer la publication des faits que j'annonce, bien que j'eusse pu le faire dès la fin de juin. Mais j'ai dû m'y décider, ayant lu dans le dernier numéro de la *Gazette Piémontaise*, que M. Jacobi de Königsberg, est parvenu à obtenir un phénomène de mouvement continu, par la seule intervention du pouvoir électro-magnétique.

giratoire continu, une roue métallique servant de régulateur selon le mode ordinaire.

L'appareil était disposé de manière que, les axes des
trois cylindres, parfaitement égaux, étant situés dans un
même plan vertical perpendiculaire à l'axe du mouvement, le cylindre oscillant venait se placer par une de
ses extrémités, au contact et dans la direction, alternativement de l'un et de l'autre des deux autres cylindres,
placés aux limites de ses excursions; et chaque fois, à cet
instant même, la direction du courant magnétisant dans
sa spirale était changée, le reste du circuit conservant
la même direction, de manière à produire des pôles de
même nom dans les cylindres fixes, aux deux extrémités situées en regard du cylindre mobile. Le changement
de direction, qui vient d'être mentionné, est obtenu à
l'aide du mécanisme connu d'une bascule, dont le mouvement même de la machine intervertit les communica-
tions.

Il est évident qu'en raison de cette disposition, le cylindre du milieu doit subir des alternatives conspirantes
d'attraction et répulsion, en vertu desquelles l'appareil se
met en mouvement comme de lui-même, et s'y maintient
activé par l'économie des forces magnétiques qui l'ani-
ment et qui sont suscitées par les courans électriques.

J'ai voulu essayer d'opérer sans la spirale du cylindre
du milieu, et en faisant agir sur celui-ci les deux cylindres fixes magnétisés alternativement. Mais une adhésion,
qui persistait après la cessation des courans magnétisans,
contribuait alors à diminuer l'effet mécanique; tandis que
dans la disposition précédente l'adhésion, non-seulement

cessait, mais se changeait jusqu'à un certain point en répulsion, avec la même rapidité avec laquelle le courant,
interrompu à peine un instant par le jeu de la bascule,
se précipitait (la communication étant intervertie), dans
la spirale du milieu, en sens contraire de sa première direction, reprenant son cours ordinaire dans les deux autres spirales.

Le mouvement du levier et du régulateur, résultant
de cette disposition, est parfaitement libre; d'abord assez
lent, il acquiert bientôt, et par degrés, le maximum de
vitesse que comporte l'énergie des courans qui le produisent, vitesse qui se maintient ensuite aussi égale que
l'intensité du courant lui-même, et aussi long-temps que
celui-ci conserve son action (1).

Je passe pour le moment sous silence quelques observations que j'ai recueillies, à cette occasion, sur l'emploi
de diverses solutions acides et salines, et de l'eau de mer.

Ce n'est pas sans un intérêt particulier que l'on con-
temple ces nouveaux effets d'une force qui surgit d'une
manière aussi singulière de la masse des corps; et il est
difficile de ne pas se laisser aller à de flatteuses prévisions
sur les applications ultérieures que suggère la conquête
de ce mystérieux moteur (2).

(1) Il y a un grand rapport, soit pour la disposition générale de
l'appareil, soit pour la nature du moteur, entre l'appareil électro-
magnétique de M. Botto, et l'horloge électrique de M. Zamboni, décrite dans notre T. XLVII, p. 183 (1831). On se rappelle que cette
horloge est mise en mouvement par un pendule, alternativement attiré et repoussé par les pôles de deux des piles sèches qui portent le
nom de ce physicien. (R.)

(2) Le Chev. Avogrado et le Chev. Bidone, qui ont vu successive-

Les dimensions de l'appareil qui vient d'être décrit, sont petites, et telles que le courant produit par quinze élémens de neuf pouces carrés, puisse déterminer le mouvement. Les cylindres électro-dynamiques, qui déterminent principalement les limites de l'effet mécanique, ont un décimètre de longueur et un centimètre et demi de diamètre ; ils sont entourés d'un fil roulé en spirale, long de 40 mètres, et d'un demi-millimètre de diamètre. Le levier est en bois ; les bras supérieur et inférieur ont une longueur respective de 35 et 7 centimètres ; l'amplitude de ses oscillations est de 15°. Enfin le régulateur pèse 2 $\frac{1}{2}$ kilogrammes ; et le poids total du mécanisme est d'environ 5 kilogrammes.

Des considérations, qui se sont facilement présentées, sur les rapports entre le maximum d'effet magnéto-mécanique de l'appareil, et les dimensions de ses diverses parties, m'ont fait penser à substituer à la forme cylindrique, la forme ordinaire en U des barreaux électro-magnétiques, et d'augmenter dans certaines limites le nombre et la grosseur de ces pièces, ainsi que la longueur des spirales.

Mais, n'étant pas encore arrivé au terme de mes expériences sur ce sujet, je me borne, pour le moment, à

ment l'appareil en mouvement, n'ont pas dissimulé la surprise agréable qu'ils ont éprouvée, non pas tant à cause de la nouveauté du fait, qu'à cause des réflexions que faisaient naître chez ces hommes si bien faits pour les apprécier, les rapports généraux qui peuvent exister entre ce simple résultat et les progrès de la physique et de la mécanique.

l'indication des faits ci-dessus mentionnés, que j'ai jugé
à propos de faire connaître, non-seulement dans l'intérêt de la science, mais aussi parce que l'étude de la nouvelle catégorie d'effets auxquels ils se rattachent, peut être
considérée comme féconde en conséquences utiles sous
le rapport physico-mécanique (1).

REMARQUES SUR LA CONSTITUTION ATOMIQUE DES FLUIDES ÉLASTIQUES; par W. Ch. HENRY. (*Philosoph. Magaz.* Juillet 1834).

Les remarques suivantes, suggérées par cette partie du
Traité du Dr. Prout, qui est consacrée aux généralisations de la philosophie chimique, ne sont mises en avant
qu'avec beaucoup d'hésitation, parce qu'elles ne s'accordent pas avec les vues de ce profond écrivain. Mais il
ne faut pas oublier que la théorie des combinaisons atomiques adoptée par le Dr. Prout, diffère elle-même
essentiellement de celle qui avait été originairement
conçue par l'auteur de la Philosophie atomique, et qui

---

(1) Les appareils mentionnés dans cette note ont été construits par
M. Jast, mécanicien de l'Université Royale de Turin, qui exécute
avec le même succès et la même exactitude toute autre espèce d'instrumens de physique.

a été long-temps admise par lui et par la majorité des chimistes anglais. Ces différences, en ce qui concerne les principes fondamentaux peuvent être comprises dans les deux propositions suivantes :

1° Des volumes égaux de tous les corps gazeux, contiennent, à une même température et sous une même pression, le même nombre de molécules à l'état de répulsion mutuelle.

2° La molécule douée de la répulsion mutuelle, telles qu'elle existe dans les corps gazeux, ne représente pas la dernière molécule, mais est composée de plusieurs autres.

I. L'idée que les particules de tous les fluides gazeux sont placées à la même distance les unes des autres, et que par conséquent un espace donné contient, pour tous ces gaz, le même nombre de molécules, paraît s'être présentée à peu près en même temps à M. Ampère et à M. Avogadro. Elle a été publiée par le premier, dès l'année 1814, dans une lettre adressée au Comte Berthollet, mais seulement comme l'hypothèse la plus probable sur la constitution des fluides élastiques (1). Elle a été reproduite subséquemment par M. Dumas, et récemment confirmée et développée par son élève M. Gaudin (2). Le Dr. Prout est arrivé à la même conception, sans savoir qu'elle avait été précédemment émise par d'autres. Mais ces divers chimistes ne se bornent pas, comme M. Ampère, à considérer cette idée comme une simple hypothèse ; ils

(1) *Ann. de Ch.* T. XC, p. 47.
(2) *Ann. de Ch. et de Ph.* T. LII, p. 113.

conçoivent qu'on peut la déduire rigoureusement de la loi bien connue de Mariotte, et des relations communes qui existent entre tous les corps gazeux et la chaleur. En conséquence ils ont fait de la première des propositions ci-dessus énoncées, la base de leur système sur les combinaisons atomiques, et ils ont certainement réussi à prouver que la seconde proposition, qui est la plus importante, découle de la première par une déduction directe et logique. Il est donc nécessaire d'examiner avec un soin particulier, le fondement sur lequel repose l'idée mère du système.

La loi de Mariotte, d'après laquelle, dans tous les fluides élastiques, les volumes varient inversément comme les forces comprimantes, ne saurait être considérée comme une conséquence du nombre d'atomes existant dans un volume donné des divers gaz. Elle est déduite de la loi des variations que subissent les forces répulsives qui agissent sur les molécules des fluides élastiques, et non de l'aggrégation numérique des atomes dans l'espace. Newton a démontré (Princ. Lib. 11, Pr. XXIII), «que des particules qui se repoussent mutuellement avec une force réciproquement proportionnelle aux distances qui séparent leurs centres, forment un fluide élastique, dont *la densité est comme la compression.*» Cet énoncé n'est autre que celui de la loi de Mariotte, qui est ainsi indépendante de tout élément autre que la force répulsive variant inversement comme les distances ou diamètres atomiques. Quelle que soit la distance comparative des particules de deux gaz A et B, sous une pression donnée, la même pour tous deux, il doit y avoir, conformément à la loi de Newton, une égale diminution de leur volume pour des accroissemens égaux de pression. Pour éclaircir le cas, supposons que les atomes du gaz A, soient séparés par une distance double de celle qui sépare les atomes du gaz B, sous la pression d'une atmosphère. Soumettons les deux gaz à une pression additionnelle d'une atmosphère. Alors puisque la force moléculaire varie dans les deux gaz suivant la même loi, ils seront l'un et l'autre réduits à la moitié de leur volume primitif. Mais le nombre des atomes du gaz B est huit fois plus considérable que celui des atômes du gaz A. Il est donc manifeste que la loi de Mariotte n'a aucun rapport quelconque avec le nombre des atomes dans les divers gaz.

II. L'argument fondé sur l'égale expansion des gaz par la chaleur, ne paraît pas plus concluant. Et d'abord, il résulte des expériences récentes les plus exactes, comme on le montrera plus tard, que des accroissemens égaux de *chaleur absolue* ne produisent pas des dilatations égales dans les différens gaz, et qu'ainsi la loi dont il s'agit ne peut s'entendre exactement que des accroissemens égaux de *température*. Maintenant il paraît plus rationnel de présumer l'existence d'une semblable relation entre le nombre des molécules et la chaleur absolue ou spécifique, qu'entre ce nombre et la chaleur de température. D'après cela, puisque des accroissemens inégaux de chaleur absolue sont requis pour déterminer des expansions égales, nous devrions en conclure que les nombres des atomes sont aussi inégaux.

Que des accroissemens égaux de température doivent affecter tous les fluides élastiques au même degré, c'est une conséquence évidente de la constitution de ces fluides. L'inégale dilatabilité des corps à l'état solide et à l'état liquide doit être attribuée à l'intervention des forces attractives, qui maintiennent la matière dans l'un ou l'autre de ces états, et qui combattent, avec une énergie qui varie dans les différens corps et à des distances différentes, l'action répulsive de la chaleur. Mais les molécules des fluides élastiques sont séparées les unes des autres par des distances telles que leur attraction mutuelle devient insensible (1). Elles sont donc soumises à l'action seule des forces répulsives. D'après la théorie de Laplace, le calorique constitue le seul agent de répulsion ; et des accroissemens égaux de température, étant identiques avec des accroissemens égaux d'élasticité, sont nécessairement suivis d'expansions égales. « Sous une pression constante, la densité d'un gaz étant, comme on l'a vu, réciproque à cette fonction de la température, son volume est proportionnel à cette fonction.... La température est alors représentée par ce volume, et ses variations sont représentées par les variations du volume d'un gaz soumis à une pression constante. »

Il n'est pas nécessaire de poursuivre plus loin la discussion, une fois qu'il a été démontré par Laplace, que la loi de Mariotte, aussi bien que celle d'égale expansion, découverte par Dalton et Gay-Lussac, peuvent être déduites mathématiquement des suppositions suivantes : — que les molécules du gaz sont à des distances telles que leur attraction mutuelle est insensible ; — que ces molécules retiennent le calorique par un principe d'attraction ; — que

_____

(1) *Mécanique Céleste*, liv. XII, Ch. I, T. V, p. 89-91.

leur répulsion mutuelle est due à la répulsion des molécules du calorique ; — et enfin que cette répulsion n'est sensible qu'à des distances imperceptibles. Si ces suppositions sont accordées, les lois de Mariotte et de Dalton sont susceptibles d'une démonstration rigoureuse, et sont de plus applicables à tous les fluides élastiques, quels que soient la nature et le nombre de leurs molécules.

Il est un troisième argument mentionné par le Dr. Prout, auquel M. Dumas attache beaucoup d'importance, pour soutenir la doctrine de l'égalité du nombre des atomes dans un volume donné. Il est fondé sur les expériences récentes de MM. De La Rive et Marcet, qui montrent que tous les gaz, dans des volumes égaux, offrent la même capacité pour la chaleur. Or il y a déjà long-temps que le Dr. Dalton a suggéré comme l'hypothèse la plus probable sur les rapports qui existent entre les fluides élastiques et la chaleur, « que la quantité de chaleur qui appartient aux dernières particules de tous les fluides élastiques, doit être la même sous des pressions et des températures égales. » MM. Dulong et Petit ont dès-lors inféré de leurs expériences, que la chaleur spécifique de quelques corps *simples*, à l'état solide, multipliée par leur poids atomique, donne pour produit une quantité constante (1). M. Neumann a démontré plus récemment que cette loi s'étendait à quelques substances minérales *composées* (2). Admettant alors que la chaleur spécifique des gaz est égale

(1) *Ann. de Ch. et de Phys.* T. X, p. 405.
(2) *Poggendorff's Annalen*, T. XXIII, p. 32.

pour des volumes égaux, et de plus que leurs dernières particules possèdent la même dose de calorique, la conclusion de M. Dumas, que des volumes égaux contiennent le même nombre d'atomes, est parfaitement légitimée. Mais un des élémens de ce calcul est erroné (1). M. Dulong, dans son savant mémoire sur la chaleur spécifique (2), a établi subséquemment l'impossibilité d'obtenir, par le procédé expérimental de MM. De La Rive et Marcet, une mesure même approximative de la chaleur spécifique des différens gaz, et a montré que les résultats précédemment obtenus par Delaroche et Bérard sont encore ceux qui méritent le plus de confiance (3). Ses

(1) *Traité de Chimie appliquée aux Arts*, T. I, p. 41.

(2) *Ann. de Ch. et de Phys.* T. XLI, p. 113.

(3) L'assertion de l'auteur nous paraît peu exacte, et nous croyons devoir rétablir les faits tels qu'ils sont. — Nous remarquerons d'abord que M. Dulong est d'accord avec MM. De La Rive et Marcet sur un point important, savoir que les gaz simples ont tous, à volume égal, la même chaleur spécifique, fait contraire aux résultats des recherches de MM. Delaroche et Bérard. Il est vrai que le savant physicien français ne trouve plus la même loi simple lorsqu'il s'agit des gaz composés. Mais il faut observer que, sur quatre gaz composés, que M. Dulong d'une part, et MM. De La Rive et Marcet de l'autre, ont soumis à l'expérience, il en est un, l'oxide de carbone, que ces physiciens s'accordent à reconnaître comme ayant la même chaleur spécifique que les gaz simples, et qu'il en est trois, l'acide carbonique, l'hydrogène percarboné et l'oxide d'azote, auxquels M. Dulong attribue une chaleur spécifique différente, tandis que MM. De La Rive et Marcet croient qu'ils ont la même. — Nous ajouterons que les deux physiciens que nous venons de nommer ont reconnu effectivement, à la suite de nouvelles recherches

propres expériences, fondées sur les relations qui existent entre la chaleur spécifique des gaz et leur pouvoir de propager le son, concourent avec celles de Bérard, pour indiquer des différences considérables dans la chaleur spécifique des gaz, que l'on compare des poids ou des volumes égaux. Substituant donc ces résultats à ceux de MM. De La Rive et Marcet, nous arrivons, par le même raisonnement que M. Dumas, à une conclusion opposée, savoir que des volumes égaux de différens gaz, contiennent des nombres d'atomes *inégaux* (1).

Le but des remarques précédentes a été de prouver qu'il n'existe pas dans les principes de la physique générale, de fondement à la nouvelle doctrine du Dr. Prout et de

dont nous ne tarderons pas à publier les résultats, que la loi simple qu'ils avaient cru pouvoir établir pour tous les fluides élastiques, ne peut s'appliquer qu'aux gaz simples et à un certain nombre de gaz composés, et qu'il est plusieurs gaz composés pour lesquels elle n'existe pas. (R.)

(1) Je n'attribue à cet argument d'autre valeur qu'une valeur *négative*. La chaleur spécifique des gaz n'est pas encore déterminée avec certitude; et même il est douteux que, si on y parvient, cette chaleur spécifique représente fidèlement la chaleur absolue. Or le raisonnement qui vient d'être exposé, implique la supposition que la chaleur spécifique est égale à la chaleur absolue d'un atome, multipliée par le nombre des atomes d'un volume donné. De plus, on ne peut nier que la chaleur spécifique de l'hydrogène, de l'oxigène et de l'azote, obtenue par Delaroche, est si près d'être la même pour des volumes égaux, qu'en tenant compte des erreurs probables, on peut la considérer comme identique pour ces trois gaz. De là, par le principe de Dulong et Petit, ces trois gaz doivent contenir le même nombre d'atomes, et le poids de l'atome d'oxigène doit être représenté par 16 (nombre adopté par Berzélius), au lieu de 8.

M. Dumas, « savoir qu'un volume donné contient le même nombre de derniers atomes dans tous les différens gaz (1).

Toutefois ces principes, à l'exception des relations de la chaleur spécifique, quoiqu'ils ne viennent pas à l'appui de cette doctrine, ne renferment, il faut le reconnaître, rien qui soit en contradiction avec elle. En conséquence elle doit être considérée simplement comme une hypothèse, dont la valeur dépend de la facilité avec laquelle elle peut être appliquée aux phénomènes chimiques. Or lorsqu'on la met à cette épreuve, on reconnaît qu'elle est tout-à-fait inadmissible, à moins qu'on ne l'appuie d'une seconde hypothèse, bien plus improbable, celle de *divisibilité des atomes*. L'exemple seul du gaz acide muriatique suffira pour démontrer à quel point elle est vicieuse. Un volume de ce gaz est formé d'un demi-volume d'hydrogène et d'un demi-volume de chlore. Le nombre des atomes d'un volume d'hydrogène est donc double de celui qui se trouve dans le même volume de gaz acide muriatique. De même, le gaz nitreux doit contenir la moitié du nombre des atomes qui sont contenus dans un volume égal d'azote. On en peut dire autant du gaz ammoniaque, du gaz acide hydriodique, des vapeurs acides hydrocyanique et chlorocyanique, et de la vapeur de sulfure de carbone, lors-

(1) Nous ne prétendons point qu'il n'existe pas deux gaz qui contiennent sous le même volume, le même nombre de derniers atomes. Au contraire, plusieurs des gaz simples et des vapeurs, et quelques-uns des gaz composés, sont généralement considérés comme constitués similairement. Nous nous élevons seulement contre la prétention de convertir ce qui est vrai dans certains cas individuels, en une proposition générale et *nécessaire*.

qu'on les compare avec un égal volume de leurs cons-
tituans. On peut donc affirmer avec confiance, que les
phénomènes chimiques, au moins tels qu'ils sont maintenant généralement interprétés, ne sont pas en accord
avec l'idée de l'égalité du nombre des atômes dans tous
les gaz, simples ou composés.

La seconde proposition du Dr. Prout est uniquement
fondée sur l'hypothèse de l'égalité numérique des atomes.
Maintenant, s'il a été démontré que cette égalité ne
peut être déduite des principes de la physique, et ne
s'accorde pas avec les faits chimiques connus, cette proposition ne saurait subsister que comme une hypothèse
indépendante ; et nous sommes amenés par la marche
logique du raisonnement, à recourir à la belle et simple
conception de l'indivisibilité de l'atome, telle qu'elle a
été enseignée par les illustres auteurs du système atomique. Quelques considérations peuvent de plus être pressées
en faveur de la doctrine de Dalton, que les molécules
des fluides élastiques, qui se repoussent mutuellement,
sont identiques avec les derniers atomes chimiques.

Nous avons déjà eu l'occasion de rappeler les *postulata*
employés par Laplace, comme bases de ses profondes
recherches mathématiques sur la constitution des fluides
élastiques. Maintenant, si la chaleur est retenue autour
des particules matérielles, par un principe d'attraction,
ou d'affinité (comme le supposait Laplace), il est impossible de concevoir une telle affinité s'exerçant par des aggrégations d'atomes, et cependant n'étant pas un attribut
des atomes simples dont ces aggrégations sont formées.
Et si les derniers atomes sont doués de l'affinité pour le

calorique, il n'y a pas de raison pour que l'union n'ait
pas lieu entre le calorique et chacun des atomes en particuliers ; en d'autres termes, les molécules de calorique
se repoussant entr'elles, il n'y a pas de raison pour que les
derniers atomes, une fois unis au calorique, ne revêtent
pas cette même propriété. L'hypothèse contraire du Dr.
Prout implique l'anomalie de supposer que le calorique
a une affinité pour se combiner avec deux ou plusieurs
atomes, tandis qu'il est dépourvu de cette affinité pour
les atomes simples, et d'admettre ainsi que deux atomes
ont vis-à-vis de deux atomes, ou trois vis-à-vis de trois,
des relations qui n'existent pas entre les atomes simples.

Il est manifeste, en outre, que la question relative au
mode d'union du calorique et des molécules des corps,
n'est pas bornée à la constitution des fluides élastiques,
mais qu'elle doit également concerner l'état de solidité et
de liquidité. Maintenant les relations de quelques corps
simples avec la chaleur, établies par les expériences de Dulong et Petit, indiquent avec certitude les atomes chimiques comme déterminant la mesure de la chaleur spécifique. Pour les treize substances simples, qui firent le
sujet de leurs expériences, ils trouvèrent que le produit
de la chaleur spécifique par le poids atomique était une
quantité constante et invariable, et qu'ainsi les derniers
atomes contenaient précisément la même quantité de
calorique. Ces résultats ont été confirmés dès lors par
plusieurs expérimentateurs allemands (1), et ne sauraient

---

(1) Voyez l'excellent rapport de M. Jonston sur la Chimie, dans le
*Rapport des première et seconde sessions de l'Association Britan-
nique pour l'avancement des sciences*, p. 418.

s'accorder qu'avec la doctrine de la combinaison du calorique avec *les derniers atomes chimiques.*

En résumé, il a été démontré :

1º Que la loi de Mariotte et celle de l'égalité d'expansion des différens gaz, se déduisent mathématiquement d'élémens étrangers aux rapports numériques de leurs dernières molécules, et que ces lois ne contiennent aucun corollaire déterminant l'égalité du nombre des atomes dans un volume donné des différens fluides élastiques;

2º Que les expériences qui méritent le plus de confiance sur la chaleur spécifique des gaz, combinées avec la loi de Dalton, Dulong et Neumann, conduisent à une conclusion opposée;

3º Que quelques exemples de combinaison chimique sont en désaccord avec la doctrine de l'égalité numérique des atomes dans des volumes égaux des différens gaz;

4º Que l'hypothèse originelle de Dalton, qui considère les molécules des gaz, qui se repoussent mutuellement, comme identiques avec les derniers atomes chimiques, a en sa faveur les plus grandes probabilités.

Manchester, 7 juin, 1834.

MÉLANGES ET BULLETIN SCIENTIFIQUE.

PHYSIQUE.

1) *De quelques phénomènes d'électricité atmosphérique*; extrait d'une lettre de M. Matteucci à M. le Prof. A. De La Rive. — Dans un Mémoire publié par extrait dans la *Bibliot. Univers.*, en 1829, j'avais annoncé une hypothèse pour expliquer la production de certaines lueurs électriques observées dans les nuits d'été, près de la terre, comme aussi l'origine de quelques secousses d'une nature entièrement électrique. Le terrain électrisé par l'évaporation des eaux chargées de sels, d'acides, d'alcalis, par les actions chimiques de l'intérieur du globe, etc., pouvait, suivant cette hypothèse, garder cette électricité, toutes les fois que par une longue sécheresse il devenait très-peu conducteur. Alors, ou il se déchargeait doucement sur les couches de la vapeur condensée le soir près de la terre, ou bien l'électricité prenait un tel degré d'intensité qu'elle devenait capable de franchir le terrain et de donner des secousses dans l'acte de la décharge. Les expériences que je vais exposer, me semblent propres à donner à cette opinion un plus haut degré de probabilité. J'ai commencé par isoler une lame métallique de trois mètres de surface, à l'aide de cordons de soie : les bords de cette lame étaient couverts d'un vernis de gomme-laque. Elle communiquait par un fil métallique avec un électromètre à feuilles d'or, muni de son condensateur. La lame était exposée au soleil, et le thermomètre marquait, aux heures les plus chaudes, pendant lesquelles j'ai toujours fait mes expériences, entre 26 et 30 degrés R. D'abord après avoir répandu sur toute la surface métallique de la terre ordinaire, j'ai mouillé celle-ci avec une solution très-chargée de sel marin. L'évaporation avait à peine commencé que les feuilles d'or divergeaient très-sensiblement par l'électricité négative ; cette

divergence est allée toujours en croissant, et quand même la terre n'était plus sensiblement humide, elle persistait ; enfin on la vit cesser après un certain temps. J'ai renouvelé l'expérience en remettant d'autre terre, et en la mouillant cette fois avec une solution saline plus composée, telle que la lessive commune. Dans ce cas aussi l'électromètre s'est chargé d'électricité négative, et il a été curieux d'observer ce développement électrique prendre plus d'intensité, toutes les fois que, par l'agitation de l'air, l'évaporation augmentait. On conçoit donc très-aisément que, dans l'évaporation lente de l'eau qui tient des sels en solution, comme celle qui mouille le terrain, il y a développement d'électricité positive dans la vapeur qui s'élève, négative dans le sol, dans lequel elle peut se condenser, celui-ci devenant, par une évaporation prolongée, presque cohibent.

Il me reste maintenant à exposer les résultats obtenus dans mes recherches sur le dégagement de l'électricité par la végétation. M. Pouillet, qui a le premier annoncé que, dans l'acte de la germination, il se développe de l'électricité positive dans l'air, n'a certainement pas obtenu un résultat bien décisif. En effet cette électricité pouvait bien être due à l'évaporation de l'eau : l'acte de la germination est, dans ses décompositions chimiques, opposé à celui de la végétation avancée. Ces doutes, que j'ai exposés dans un mémoire qui se publie maintenant dans les Actes de l'Académie de Pesaro, avaient reçu quelque appui par deux observations faites dans l'intérieur d'un grand bois, par lesquelles je n'ai pu découvrir aucun signe d'électricité dans de l'air influencé par une si vive végétation. Du reste je m'occupe dans ce moment d'une série d'observations réglées, dans un bois, et j'espère que les résultats pourront éclairer ce point intéressant de la météorologie électrique. Dans tous les cas il était à présumer que, comme le phénomène de la germination, examiné par M. Pouillet, s'opère d'une manière chimique analogue à celle de la végétation nocturne, il y avait, par celle-ci, dans le sol, un développement d'électricité négative, et qu'au contraire dans la diurne, qui dégage l'oxigène, il y avait production d'électricité négative dans l'air et positive dans le sol. C'est cette conclusion qui m'a été confirmée par l'expérience que je vais ex-

poser. Des couches de gazon, dans une très-vive végétation, ont
été enlevées en y laissant le moins possible de terre attachée : ayant
déposé ces couches sur la lame métallique, j'ai eu soin de les bien ar-
roser, soit pour maintenir la végétation, soit pour établir une meilleure conductibilité électrique. Le soleil frappait cette couche en
végétation de toute sa force, et certainement l'absorption de l'acide
carbonique et le dégagement de l'oxigène s'opéraient là très-active-
ment. J'ai vu alors les feuilles diverger sensiblement par l'électricité positive. Il y avait donc développement d'oxigène négativement
électrisé. Je sais qu'il aurait fallu un plus grand nombre d'expériences pour établir ce fait ; mais mes essais commencés maintenant, comme je l'ai dit, dans l'intérieur d'un bois, me mettront
certainement dans le cas de vérifier ce résultat. J'estime en attendant, que par ces deux causes combinées, évaporation et végétation
diurne, il doit y avoir presque toujours dans l'atmosphère un excès
d'électricité positive, puisque l'électricité contraire, développée en
quantité moindre, doit en être neutralisée.

États-Romains, Forli, 6 juin 1834.

———

2) *Intermittence régulière de la lumière du phosphore* ; par P.
S. MUNCK AF ROSENSCHÖD.—Une petite bouteille, qui contenait un
peu de phosphore, avait servi pendant quelque temps de briquet
phosphorique. Puis, le bouchon ne fermant pas assez hermétiquement, le phosphore, qui était oxidé en partie, absorba de l'eau et
devint incapable d'allumer. Ayant laissé la bouteille en repos,
sans toucher au bouchon, j'observai par hasard dans l'obscurité,
qu'elle émettait d'elle-même, par momens, une lumière assez intense. Ce phénomène attira mon attention, et bientôt je m'assurai
que la lueur se montrait régulièrement toutes les sept secondes. Je
me convainquis ensuite que cette lumière intermittente dépendait
de la température ; car lorsque l'air de la chambre, qui était chauffée, venait à se refroidir, la lumière ne paraissait qu'à de plus

grands intervalles. Lorsque je réchauffais la bouteille dans mes mains, les lueurs devenaient graduellement plus fréquentes, et enfin elles étaient presque continues. Ayant observé ce singulier phénomène par diverses températures, j'ai trouvé qu'à 11° ½ C., il avait lieu toutes les 34 ou 37 secondes, et à 7° ½ C., toutes les 59 à 65 secondes. Dans une chambre froide, où la température n'atteignait que 4°, la lueur se montra la première fois après 166 secondes, la seconde après 175, et la troisième après 180. Dans une autre occasion les intervalles furent, à 13° ½, de 14 à 17 sec.; à 12° ½, de 19 à 22, et à 12°, de 23 à 24. Par de basses températures la lumière paraissait aussi s'affaiblir; et cependant par une même température et dans des circonstances non variables, elle se montrait, tantôt forte, tantôt faible. Quelquefois elle cessait complétement, et ne reparaissait qu'après un intervalle double. Lorsqu'on enlevait le bouchon, ces lueurs régulières disparaissaient, et elles ne se montraient de nouveau que lorsque la bouteille avait été bouchée pendant quelque temps. Afin de mieux reconnaître l'influence de l'air extérieur sur le phénomène, j'entourai le bouchon de laque fondue; alors la lumière ne tarda pas à disparaître complétement, et depuis ce moment je n'ai pu parvenir à renouveler le phénomène. (*Annalen der Physik*. 1834, T. XXXII, N° 14).

CHIMIE.

1) *Sur la source de la chaleur animale*; par R. HERMANN. — On a adopté l'opinion que la chaleur animale est le résultat d'un procédé chimique analogue à celui de la combustion et qui s'opère par la respiration. S'il en est ainsi, les animaux qui dans leur respiration ne forment point d'eau, doivent émettre autant de calorique que le carbone qu'ils transforment en acide carbonique, en émettrait dans sa combustion. Nous avons reconnu que, dans la nourriture absorbée par trois pinçons en 48 heures, se trouvaient 165,2 grains de carbone qu'ils doivent convertir en acide carbonique et expirer. Pendant le

même temps, ces mêmes oiseaux fondaient, au calorimètre de La-
voisier, 16960 grains de glace. Si l'on admet, avec M. Despretz,
qu'une partie de carbone, dans sa conversion en acide carbonique,
fond 104 parties de glace, ces 165,2 grains de carbone auraient
du fondre 17180 grains de glace. On peut donc considérer comme
juste la supposition que la chaleur animale est le résultat du procédé chimique de la digestion et de la respiration. Chez les animaux
qui ne forment point d'eau par leur respiration, le développement
du calorique est proportionnel à la différence qui existe entre le carbone de la nourriture absorbée, et celui des excrémens. (*Annalen
der Physik*, T. XXXII, N° 30.)

———

2) *Absorption de l'oxigène par le platine.* — M. le Prof. Döbereiner, à Iéna, a encore découvert une des propriétés les plus
remarquables du platine et de l'iridium. Il s'est servi de ces deux
métaux à l'état de division extrême, auquel on peut les obtenir,
en mêlant leur solution dans l'acide sulfurique avec certaines substances organiques, et en exposant le mélange à l'action de la lumière. Il a trouvé alors que, lorsqu'on les expose à l'air, pour les
sécher, le métal absorbe jusqu'à 200 ou 250 fois son volume de gaz
oxigène, sans se combiner chimiquement avec lui, et le condense
ainsi avec une force qui équivaut à une pression de 800 à 1000 atmosphères. Une pareille capacité mécanique d'un métal pour le gaz
oxigène, est jusqu'à présent sans exemple, et jette un grand jour
sur les singuliers effets chimiques observés par le Prof. Döbereiner
chez ces deux minéraux, à leur contact avec diverses substances
oxidables et avec l'air atmosphérique. Le Prof. Döbereiner pense que
cette propriété, mise convenablement à profit, conduira à des découvertes plus importantes encore que celles qui ont déjà été faites par lui.
—Une autre observation du même auteur, qui n'est pas sans intérêt,
est celle-ci, que l'éther brûle déjà à une température de 90° R., mais
avec une flamme d'un bleu pâle, qui ne s'aperçoit que dans l'obscurité,
qui n'est pas capable d'allumer un autre corps, mais qui est elle-
même si inflammable, qu'à l'approche d'une bougie allumée, elle

se développe brusquement en une flamme très-haute et très-vive. (*Preuss. Staatszeitung*, 13 märz. *Annalen der Physik*, 1834, T. XXXI, nᵒ 74).

MÉDECINE.

Les principes de la méthode naturelle appliqués à la classification des maladies de la peau; par CH. MARTINS, 4ᵒ Paris 1834. — La thèse que nous analysons, est remarquable par l'étendue et la variété des connaissances de l'auteur, aussi bien que par le choix du sujet. Assez d'auteurs avaient essayé, avant M. Martins, de classer les maladies de la peau ; mais aucun d'eux n'avait, jusqu'à présent, établi aussi judicieusement que lui, les affinités qui existent entre ces diverses maladies.

M. Martins commence par un parallèle très-intéressant entre les maladies de la peau chez l'homme, et les exanthèmes des plantes ; il saisit les nombreuses analogies qui existent entre les circonstances du développement de l'*uredo*, du *puccinia*, du *phragmidium*, etc., qui doivent être considérés comme des maladies des végétaux, et celles qui président à la formation des maladies cutanées ; il montre que l'humidité, une nourriture insuffisante, et le jeune âge, sont autant de circonstances communes au développement des exanthèmes végétaux et des maladies de la peau. Il trouve dans la formation d'une pustule et la reproduction de la maladie par le pus contenu dans la pustule, une identité complète avec ce que Unger a nommé la *pustule exanthématique* des végétaux, qui affecte la même forme, se développe de la même manière, et se reproduit, comme celle-ci, par le moyen de la matière contenue dans son intérieur. M. Martins trouve une autre analogie dans la transformation des divers entophytes les uns dans les autres, suivant les découvertes récentes de Unger, qui a vu l'*uredo* devenir un *puccinia*, celui-ci un *phragmidium*, ce dernier un *peridermium*, etc. Dans les maladies de la peau, on voit également la papule devenir vésicule, et celle-ci passer à l'état de pustule; l'*eczema* devient *impetigo*, et la gale vésiculeuse devient *pustulente*.

Après ce parallèle, qui intéresse à la fois les botanistes et les pathologistes, M. M. passe en revue les diverses classifications des maladies de la peau; il fait connaître celle du Prof. Schönlein, qui a introduit dans cette étude plusieurs idées empruntées à la botanique. Il considère les maladies cutanées comme formant deux grandes classes; la première comprend celles qui sont symptomatiques de quelque inflammation des muqueuses, comme la variole, la rougeole et la scarlatine; quant aux autres affections de la peau, il les considère comme une sécrétion morbide qui parcourt plusieurs périodes analogues à celles d'une plante cryptogame. Les squammes ne sont, suivant lui, qu'une maladie avortée qu'il désigne sous le nom de *crypto-impetigines*. Les autres, qui sont arrivées à leur développement complet, sont les *impetigines veræ*; dans ces dernières, la peau est soulevée et change de couleur ou de consistance; c'est ce que M. Schönlein appelle le péricarpe commun, ou le carpophore, qui portera plus tard les fruits qui vont se développer. Les fruits se composent de deux parties, l'épiderme qui leur sert d'enveloppe, et le contenu qui est une sécrétion de nature variée; si ce fruit arrive à sa maturité, il peut reproduire le mal, qui est alors contagieux. Ces idées que l'on peut trouver bizarres, ne manquent pas d'un certain degré de vérité; il y a beaucoup d'analogies à établir entre la pathologie animale et végétale, et nous pensons que plus d'un rapprochement intéressant pourrait être déduit d'un travail fait dans cette direction.

M. M. fait connaître les raisons qui lui ont fait préférer la classification de Willan à celle d'Alibert; nous ne reviendrons pas sur cette question, qui nous paraît jugée par tous les bons esprits, et nous reconnaîtrons avec M. M. l'incontestable supériorité d'une classification déduite des lésions élémentaires, sur toutes celles qui s'appuient de caractères variables et de circonstances en quelque sorte accessoires, comme celles des sensations du malade, de l'existence des croûtes, etc. Nous pensons que les modifications introduites par M. Biett, telles que l'examen des cicatrices, sont, pour la plupart, en harmonie parfaite avec la classification de Willan et doivent par conséquent être admises.

La dernière partie de la thèse de M. M. est consacrée à montrer les affinités mutuelles des maladies de la peau ; il a tracé dans un tableau graphique la plupart de ses idées à cet égard. Représentant chaque lésion anatomique par un polygone, il a rapproché les divers groupes de maladies cutanées qui ont entr'elles le plus grand nombre de rapports. C'est ainsi que les *pustules* se trouvent placées entre les *vésicules* et les *tubercules*, que les *exanthèmes* forment la lésion intermédiaires aux *papules* et aux *vésicules*. La distribution des espèces de chaque genre est aussi fondée sur les affinités naturelles. C'est ainsi que le *lichen urticatus* se rapproche des exanthèmes et de l'*urticaria*, que le *sycosis* est placé sur la limite des pustules et des tubercules, comme la *gale* touche à la fois aux vésicules et aux pustules. Le tableau que nous venons de faire connaître, doit être consulté par tous ceux qui s'occupent des maladies de la peau ; ils y puiseront des inspirations précieuses, soit pour la pathologie, soit pour la thérapeutique. Aussi engageons-nous fortement M. M. à poursuivre ses recherches sur ce sujet, et à tracer un tableau complet des affinités qui existent entre les diverses maladies cutanées.

Le court résumé que nous venons de donner, montre de quelle utilité peut être l'application des principes de la méthode naturelle, à l'étude de la pathologie, surtout quand elle s'appuie de travaux consciencieux et de connaissances étendues.   H. L.

ERRATA pour le Cahier de juin.

Page 113, § 1, ligne 1. Les expériences sur la germination de l'eau et de l'air, *lisez*, Les expériences sur la germination des graines, à l'aide de l'eau et de l'air.

— 191, *ajoutez au titre du mémoire sur l'emploi de l'extrait alcoolique d'aconit-napel*, PAR M. LE Dr H.-C. LOMBARD, MÉDECIN DE L'HÔPITAL CIVIL ET MILITAIRE DE GENÈVE.

— 215, ligne 16, *au lieu de* Gauss, *lisez* Bessel.

DU CIEL.

[m]idi.	3 h. ap. m.
ein	serein
ein	sol. nua.
ein	sol. nua.
, nua.	sol. nua.
nua.	sol. nua.
[n]uil.	brouil.
[n]uil.	brouil.
vert	couvert
vert	couvert
nua.	sol. nua.
[i]e	pluie
nua.	sol. nua.
nua.	sol. nua.
nua.	sol. nua.
nua.	sol. nua.
e	pluie
nua.	sol. nua.
nua.	sol. nua.
nua.	serein
in	serein
nua.	sol. nua.
nua.	sol. nua.
e	brouil.
nua.	sol. nua.
nua.	sol. nua.
nua.	pluie
nua.	pluie
nua.	couvert
nua.	sol. nua.
nua.	sol. nua.

STATISTIQUE MÉDICALE.

RECHERCHES STATISTIQUES SUR LA MORTALITÉ DE LA VILLE DE GENÈVE, ET DES COMMUNES DE PLAINPALAIS ET DES EAUX-VIVES, depuis 1816 jusqu'à 1830, faisant suite aux recherches du Dr. ODIER; par MM. Th. HEYER et H.-C. LOMBARD, Dr. M.

Un grand géomètre, qui a souvent dirigé son attention vers la théorie et les diverses applications du calcul des probabilités, a dit en parlant des tables de mortalité : « La manière de les construire est très-simple. On prend « sur les registres des naissances et des morts un grand nom- « bre d'enfans que l'on suit pendant le cours de leur vie, « en déterminant combien il en reste à la fin de chaque « année; et l'on inscrit ce nombre vis-à-vis de l'année « finissante (1) »

On a des travaux de ce genre : tels sont ceux qu'ont publiés, à des époques déjà reculées, Deparcieux et Kerseboom ; mais ils n'étaient relatifs qu'à certaines classes d'individus; c'étaient par exemple, des religieux, ou bien

---

(1) Voir l'*Essai philosoph. sur les probabilités* ou l'introduction de la *Théorie analytique des probabilités*, par Laplace.

des rentiers de l'état. Le genre de vie des uns, et l'intérêt manifeste qu'on avait à s'assurer de l'existence ou du décès des autres, faisaient qu'ils pouvaient être suivis aisément jusqu'à leur mort, mais rarement depuis leur naissance.

Pour une ville de quelque étendue, ce moyen qui est sans doute le plus rationnel, deviendrait impraticable et même illusoire ; car si l'on voulait, par exemple, l'appliquer à la ville de Genève, il faudrait pouvoir éliminer du chiffre des naissances, qui aurait servi de point de départ, tous les individus qui se seraient expatriés. Or, le nombre des personnes dans ce cas est assez considérable pour rendre des recherches pareilles, si non complétement impossibles, du moins extrêmement laborieuses. Et en supposant la table construite avec exactitude, comme elle ne porterait que sur des nombres très-restreints, elle n'offrirait pas beaucoup d'intérêt, et de plus elle n'indiquerait que la loi de mortalité des individus qu'on aurait pu suivre, sans indiquer la mortalité réelle de la ville.

Le plus ancien procédé pour la construction d'une table de mortalité, est celui qu'a employé Halley pour la ville de Breslau, en Silésie, et dont le résultat fut publié en 1693 dans les *Transactions Philosophiques*. Il consiste tout simplement à chercher dans les registres mortuaires les âges divers de tous les décédés; par là on voit combien de décès ont eu lieu dans la première année, combien dans la seconde, etc. On écrit vis-à-vis de l'âge o la somme de tous les décès, vis-à-vis de 1 an tous ceux qui ont eu lieu dans la première année, et ainsi de suite pour tous les âges de la vie. Tel est l'usage que nous avons fait des registres mortuaires de notre ville.

Une fois la table de mortalité construite, quelle que soit la manière employée, la théorie enseigne à en déduire une table de population, c'est-à-dire, une table qui donne le nombre des habitans des divers âges, mais seulement lorsque la population est stationnaire. C'est parce que celle de Breslau paraissait être dans ce cas, que Halley avait fait choix de cette ville. La population de Genève est bien aussi stationnaire, dans le sens généralement attribué à cette expression, c'est-à-dire, qu'on n'y aperçoit pas de différence sensible entre le nombre des décès et celui des naissances annuelles; mais comme elle est en même temps remarquablement peu fixe, on ne peut pas penser à obtenir, par le moyen de la table que nous présenterons, le chiffre exact des individus des divers âges. Indépendamment de l'émigration dont il a déjà été parlé, et qui a lieu surtout de la part de jeunes hommes, qui vont, pendant un nombre d'années plus ou moins grand, chercher en d'autres pays des ressources qu'ils ne trouvent pas dans le leur, nous avons une population flottante de voyageurs et d'ouvriers, séjournant dans notre ville quelques mois ou quelques années, et un nombre considérable de domestiques du sexe féminin, qui viennent y passer une grande partie et souvent le reste de leur vie. D'ailleurs, la mutabilité de notre population sera démontrée par l'inspection seule des chiffres que nous présenterons; on y verra que, tandis que les naissances du sexe masculin surpassent celles du sexe féminin, les premières étant aux secondes comme 16 est à 15, les décès suivent une marche tout opposée, et qu'il y a 9 décès féminins pour 8 masculins. Puis donc qu'il meurt

plus de femmes que d'hommes, il existe à Genève plus de
femmes que d'hommes, et la différence ne pouvant s'expliquer par les naissances, provient de ce qu'une émigration d'hommes est remplacée par une plus grande immi-
gration de femmes.

Le seul moyen d'arriver à une connaissance complète
de tout ce qui concerne la population, exige l'emploi de
deux élémens : 1º de bons registres de naissances et de
décès ; 2º quelques recensemens faits avec soin. Nous
possédons, à Genève, depuis long-temps, le premier de
ces élémens : les registres mortuaires, en particulier, y
ont été tenus régulièrement dès l'année 1561. Quant aux
recensemens, il ne paraît pas qu'on puisse jusqu'à présent
beaucoup compter sur leur exactitude. Dans celui qui a
été fait cette année, par exemple, on a négligé la condition spécialement recommandée par tous ceux qui ont
le plus approfondi ce sujet, la simultanéité (1). Il est à
notre connaissance qu'un intervalle de quelques semaines
s'est écoulé entre les recensemens de divers quartiers de
la ville ; en sorte que de nombreuses mutations ont pu
avoir eu lieu pendant cet intervalle, et que, par conséquent, certaines familles auront été comptées à double,
et d'autres auront été omises. Nous croyons aussi que, tant
qu'il n'y aura pas des personnes spécialement chargées
des travaux de ce genre, on n'obtiendra pas de résultats
plus satisfaisans.

_____

(1) Voyez en particulier l'introduction que M. Fourier a publiée
en tête des *Recherches statistiques sur le département de la Seine*;
1ᵣ vol., 1821 ; voyez aussi *Preface to the abstract of the population
of Great Britain*, 1831 ; par M. Rickman, in-fol.

Quoi qu'il en soit de ces diverses remarques, qui montrent l'imperfection des matériaux employés pâr les statisticiens, on sait que toutes les recherches sur la mortalité, toutes les questions qu'on peut se proposer sur ce sujet, reposent en définitive sur cette supposition : ce qui s'est passé à l'égard de la génération qui vient d'être inscrite sur les registres mortuaires, se passera de même pour les êtres qui lui ont survécu. Ainsi nous déduirons de notre table, comme de toute autre, les notions qu'elle nous présentera, mais relativement à la mortalité seulement, et nous les attribuerons, comme on le fait d'ordinaire, à l'époque actuelle. Au reste, nous avons adopté le procédé de Halley, non qu'il soit le meilleur, mais parce qu'il est d'une facile exécution, parce qu'il n'y en avait guère d'autre à notre portée, et surtout parce que nous pourrons comparer notre travail avec des recherches analogues faites, à deux époques différentes, par feu le Dr. Odier, qui a eu l'idée de fouiller dans nos plus vieux registres mortuaires, et, en les comparant avec les modernes, a su en déduire des remarques importantes.

Ces recherches du Dr. Odier font l'objet de deux mémoires.

Dans le premier mémoire (1) on trouve, 1° un tableau général de la mortalité à Genève depuis 1561 jusqu'à 1760, 2° un tableau de la vie probable et de la vie moyenne pendant les mêmes époques, 3° un tableau comparatif de la mortalité des deux sexes de 1701 à 1760. Le premier tableau est divisé en trois sections, l'une pour les

(1) *Bibl. Britan.* T. IV, Sc et Arts, année 1797, p. 327.

40 dernières années du 16e siècle, la seconde pour le
17e siècle tout entier, et la dernière pour les 60 premières années du 18e siècle. Chaque section se compose
de deux colonnes : il y a dans la première la somme des
décès qui ont eu lieu pendant un certain intervalle d'années,
ordinairement de dix en dix ans ; dans l'autre, les nombres des survivans aux mêmes âges. Le second tableau
donne la vie probable et la vie moyenne aux âges correspondans à ceux du premier. Le troisième tableau
contient les décès, le nombre des survivans et la proportion des morts sur les vivans.

On peut regretter, dans les deux premiers tableaux,
que les sexes ne soient pas séparés, et dans tous, que
les intervalles d'années soient trop considérables.

Le second mémoire (1) fournit des données analogues,
d'abord pour les 40 dernières années du 18e siècle, ensuite pour les treize premières du 19e. Les tableaux sont
dressés d'après le même principe : seulement ils ont tous la
distinction des sexes, les intervalles d'années sont moins
considérables, et les tableaux de *survivance*, qui sont
séparés de ceux de mortalité, sont divisés en deux parties, l'une directement déduite des précédens, l'autre
calculée pour 1000 personnes que l'on regarde comme
nées en même temps. Ce mémoire contient en outre
des chiffres curieux relativement à l'influence du mariage
sur la vie moyenne des femmes, sujet dont nous n'avons
pas l'intention de nous occuper pour le moment.

Il nous a paru qu'il y aurait quelque intérêt à continuer

----

(1) *Bibl. Britan.* T. LV, Sc. et Arts, année 1814, p. 213.

ces recherches. C'est dans cette idée que nous avons entrepris, de la même manière, le dépouillement des registres mortuaires de notre ville pour les quinze années de 1816 à 1830. Il restera, il est vrai, un vide; mais les deux années 1814 et 1815 ayant été des années tout-à-fait extraordinaires, à cause du séjour des armées étrangères, nous n'avons pas cru devoir les faire entrer dans nos calculs.

Les registres dont nous nous sommes servis, et qui font suite à ceux qu'employait le Dr. Odier, renferment les décès, non-seulement de la ville de Genève, mais encore de deux communes de la banlieue, celles des Eaux-Vives et de Plainpalais, qui prennent tous les jours davantage le caractère de populations urbaines. De même que dans les mémoires déjà cités, nous avons construit une table par laquelle on voit le nombre des décès qui ont eu lieu à chaque âge, mais avec cette différence, que nous donnons les résultats d'année en année, et non de cinq en cinq ou de dix en dix ans. C'est peut-être ici le cas de dire que, quoique nous sachions qu'il est bien difficile de compter sur l'indication du registre aux âges de 40, 50, 60 ans, parce qu'on attribue souvent 60 ans, par exemple, à celui qui en a 59 ou 61, toutefois nous ne nous sommes point permis de corrections, dans la crainte de les faire porter à faux. Il vaudrait mieux, selon nous, réunir deux ou trois années, au lieu de cinq ou de dix, comme l'a fait M. Quetelet dans quelques publications, et entr'autres dans l'Annuaire de Bruxelles; mais en suivant cette méthode nous n'aurions pas pu établir de comparaison avec le travail du Dr. Odier.

Nous n'avons pas compté parmi les décès, les mort-nés, par la raison toute simple que ceux-ci n'ont pas vécu, et autant que nous l'avons pu, nous avons corrigé dans ce sens les chiffres du Dr. Odier. Nous dirons aussi que, parmi les mort-nés, nous n'avons pas fait entrer ceux à qui les registres donnaient moins de six mois de conception, les regardant comme de simples avortemens.

La table dont nous venons de parler étant construite, nous en avons déduit ce que le Dr. Odier appelait la table de *survivance*. Cette table se trouve sous deux formes différentes.

C'est d'après la table de survivance que nous avons calculé la vie probable et la vie moyenne, deux élémens d'un grand intérêt dans les recherches de mortalité, et sur lesquels il nous reste quelque chose à dire.

On entend par *vie probable*, le nombre d'années après lequel la probabilité d'exister et celle de ne pas exister sont les mêmes, et par conséquent égales à $\frac{1}{2}$. Or, cela a lieu évidemment lorsque le nombre des personnes de l'âge dont on part, est réduit à la moitié de ce qu'il était. On voit que cette quantité peut s'évaluer au moyen des tableaux de survivance. En effet, si l'on veut savoir, par exemple, le nombre d'années qu'un homme de 40 ans vivra probablement, on prendra le tableau N° 4, qui montre qu'il y a 2238 hommes de l'âge de 40 ans; la moitié de ce nombre, soit 1119, correspond à peu près vis-à-vis de 65 ans. Or, puisqu'à 65 ans une moitié de ceux qui vivaient à 40 ans est morte et l'autre vivante, il y a également à parier, pour ou contre, qu'un homme de 40 ans parviendra à cet âge ; c'est donc 65 ans moins 40 , soit 25 ans , qu'un homme de 40 ans vivra probablement. Mais comme le nombre 1119 ne se trouve pas exactement dans le tableau , et qu'il est compris entre 1130 et 1066 , nombres des vivans à 65 et 66 ans , la vie probable n'est pas exactement 25 ans ; elle est comprise entre 25 et 26 ans, c'est-à-dire qu'elle est de 25 ans plus une fraction : cette fraction s'évalue par une proportion, et elle a été exprimée en décimales dans les tableaux ci-joints.

La *vie moyenne* est le nombre d'années que chacun des survivans portés sur une table de mortalité aurait eu en partage , si la durée de la vie eût été la même pour tous. Elle correspond exactement à ce que l'on appelle *espérance mathématique*, dans le calcul des probabilités appliqué aux paris , jeux de hasard , etc.; c'est l'espérance de vie.

Pour calculer , dans une table de mortalité , la vie moyenne d'un individu d'un âge déterminé , il faut *prendre la somme des âges qu'ont atteints tous les individus de son âge, diviser cette somme par le nombre de ces individus, et retrancher du quotient l'âge actuel de l'individu en question.* C'est de cette manière que les vies moyennes données par le Dr. Odier ont été calculées. Mais il y a ici une remarque à faire. Dans les tables de mortalité , on suppose communément que tous les décès qui ont lieu dans une même année, arrivent le même jour : or il est clair qu'il y a moins d'inexactitude à supposer qu'ils tombent tous au milieu de l'année plutôt qu'à la fin. Alors les personnes mortes dans la première année de leur vie seront comptées comme ayant vécu , non pas une année , mais une demi-année ; celles qui seront mortes dans la seconde année, seront considérées comme ayant vécu un an et demi, etc. De là résulte que, comme le Dr. Odier n'a pas pris garde à cette distinction , nous avons cru devoir corriger sensiblement le résultat, en retranchant $\frac{1}{2}$; et c'est ce que nous avons fait pour les vies moyennes que nous lui avons empruntées.

Toutefois ce n'est pas par le tableau de mortalité , mais bien par celui de survivance, que nous avons déterminé la vie moyenne , parce qu'en effet on y arrive aussi , pour un âge quelconque , *en faisant la somme de tous les individus vivans , à commencer depuis l'âge au-dessous de celui qu'on considère , en divisant cette somme par le nombre des vivans de l'âge qu'on considère , et en ajoutant $\frac{1}{2}$ au quotient* ; ou bien , si l'on fait entrer dans la somme les individus vivans à l'âge qu'on considère , il faut *retrancher* $\frac{1}{2}$ après la division. Cette règle , donnée par Deparcieux dans son *Essai sur les probabilités de la durée de la vie humaine* , p. 58, serait facile à démontrer , et peut être exprimée en une formule algébrique très-simple (1).

----

(1) Réprésentons par U_n la vie moyenne à un âge quelconque n, par V_n les individus vivans à ce même âge n , et par $S.\,V_{n+1}$ la somme de tous les survivans depuis l'âge suivant $n+1$ jusqu'à la fin de la table inclusivement : on aura pour expression de cette vie moyenne

$$U_n = \frac{S.\,V_{n+1}}{V_n} + \frac{1}{2} ;$$

Après ces remarques préliminaires , nous allons passer successivement en revue les tableaux que nous présentons à la fin de ce mémoire , et exposer les divers résultats qu'ils nous ont fournis.

Le tableau N° 1 contient, année par année, le relevé des décès de 1816 à 1830 ; on y voit que la somme totale est de 9054 ; que le minimum a eu lieu en 1817 , et le maximum en 1828. La moyenne annuelle a été de 603. Il existe une assez grande différence entre les nombres des décès des deux sexes , puisqu'il n'y a eu que 4256 décès du sexe masculin pour 4798 décès féminins ; le rapport du premier nombre au second se rapproche beaucoup de la fraction très-simple $\frac{8}{9}$. Ainsi, quand il meurt huit hommes, il meurt neuf femmes ; ou, plus exactement, pour 10000 décès du sexe masculin , il y en a 11273 du sexe féminin. A Paris, la disproportion n'est pas aussi grande, il n'y a que 10376 décès féminins pour 10000 masculins (1).

ou bien , si l'on comprend dans la somme les survivans à l'âge n , on aura ,

$$U_n = \frac{S . V_n}{V_n} - \frac{1}{2} .$$

On peut aussi, en combinant les expressions générales de la vie moyenne à deux âges consécutifs, obtenir une formule par laquelle, étant donnée la vie moyenne à l'âge quelconque n, on connaîtra celle de l'âge suivant $n+1$, ou réciproquement. Voyez la *Théorie analytique des probabilités*, deuxième édition, p. 412 ; ou Lacroix, *Traité élément. du calcul des probab.*, deuxième édit., p. 200.

(1) Ce rapport a été obtenu en prenant une moyenne sur les dix années de 1816 à 1826, dans les *Recherches statistiques sur la ville de Paris et le département de la Seine* ; c'est là que nous puiserons

Ce tableau contient encore les mort-nés et les avortemens : nous ne ferons aucune remarque sur ceux-ci,
parce que la majeure partie n'a pas été déclarée. Quant
aux mort-nés, la moyenne annuelle a été de 38, et leur
nombre total 570. Ce chiffre comprend deux classes de
décès distincts en théorie, mais difficiles à distinguer en
pratique, les fœtus qui sont morts pendant la gestation,
et ceux qui succombent pendant l'accouchement. Cette
division des mort-nés serait de quelque importance pour
reconnaître l'influence des progrès de l'art des accouche-
mens; en effet, s'il est presque impossible d'empêcher
la mort du fœtus dans l'utérus, il ne l'est pas autant de
diminuer le nombre des décès pendant un accouchement
laborieux; c'est du moins le résultat que l'on doit obtenir
par des soins mieux entendus. Nous voudrions pouvoir
signaler quelque amélioration à cet égard; mais malheureusement la proportion des mort-nés aux autres décès
est à peu près la même que celle donnée par M. Odier pour
la fin du siècle dernier. Le rapport des mort-nés aux décès
a été, de 1761 à 1800, un mort-né pour $16\frac{1}{2}$ décès, et de
1816 à 1830, un mort-né pour $15\frac{1}{2}$ décès, différence peu
importante. Nous ne ferons pas à cet égard de comparaisons
avec les résultats du Dr. Odier sur le commencement du
19e siècle, parce que nous croyons qu'il s'est glissé quelque
erreur dans ses calculs. En effet, tandis que la proportion
obtenue dans le siècle dernier serait environ $\frac{1}{16}$, celle de

---

nos points de comparaison avec Paris; quand nous parlerons de la
Belgique, nous emprunterons des chiffres à l'*Annuaire de l'Observatoire de Bruxelles* pour 1834, publié par M. Quetelet.

1801 à 1813 ne dépasserait pas $\frac{1}{18}$, pour revenir ensuite entre 1814 et 1830, à $\frac{1}{16}$. Nous nous croyons autorisés, d'après ce résultat, à considérer le chiffre donné par M. Odier, comme fort au-dessous de la réalité.

L'influence des sexes est déjà sensible avant la naissance, puisque l'on compte environ *quatre* mort-nés du sexe masculin pour *trois* du sexe féminin ; M. Odier avait obtenu le même rapport dans le siècle précédent, et dans le commencement de celui-ci. A Paris, il y a, sur 10 000 mort-nés du sexe masculin, 8002 du sexe féminin, et à Genève seulement 7538 ; en sorte que la proportion des mâles, parmi les mort-nés, est plus considérable à Genève qu'à Paris. En résumé, en France et en Belgique comme à Genève, il y a toujours prédominance du sexe masculin parmi les mort-nés ; ce que l'on explique rationnellement par le plus grand volume des fœtus mâles, qui rend l'accouchement plus laborieux, et augmente les chances de mort pour l'enfant.

Enfin, quoique nous nous soyons proposé de nous occuper de mortalité seulement, nous avons mis, dans ce premier tableau, les naissances en regard des décès (1). On verra immédiatement que ceux-ci ont surpassé les naissances de 160 en quinze années ; cela ne veut point dire, toutefois, que la population a diminué : au contraire, si nous en croyons les recensemens successifs, il y a toujours eu des augmentations sensibles ; mais la différence provient, comme nous l'avons dit plus haut, d'une grande

(1) Le chiffre des naissances de la ville de Genève nous a été communiqué par M. l'avocat Mallet.

quantité de domestiques du sexe féminin, qui viennent des contrées voisines vivre et mourir dans la ville.

Le rapport des naissances du sexe masculin à celles du sexe féminin est environ $\frac{16}{15}$, résultat assez conforme à ce qui se voit généralement en d'autres pays.

Le tableau N° 2 indique comment les 9054 décès ont été répartis suivant les âges et les sexes.

Si l'on considère la mortalité d'une manière absolue, on verra que c'est dans les deux premières années qu'elle est la plus forte, et que c'est surtout sur les enfans mâles que la mort exerce ses ravages dans le premier âge. Le nombre des décès est encore considérable dans la seconde année, et même dans la troisième et quatrième ; mais dès-lors il diminue assez rapidement jusqu'à la onzième, reste stationnaire entre douze et dix-sept ans, et ensuite subit une augmentation assez marquée, qui se maintient à peu près uniforme jusqu'à la soixantième année, époque où elle est généralement beaucoup plus forte, mais sans cependant approcher de celle des deux premières années. Après quatre-vingts ans, elle diminue de nouveau.

Les décès féminins, qui, dans les deux premières années, étaient en moins grand nombre que les décès masculins surpassent assez généralement ceux-ci, à partir de là jusque vers 68 ou 70 ans, époque à laquelle il meurt beaucoup plus de femmes que d'hommes.

Nous n'avons point eu de centenaire à enregistrer ; les treize premières années du siècle en avaient fourni un du sexe féminin, et les 40 dernières années du siècle précédent vn ont eu 48, dont 18 hommes et 30 femmes.

Les faits relatifs à la mortalité pendant la première année, nous ont paru assez intéressans pour faire l'objet d'un examen particulier : nous les avons consignés dans le tableau N° 3, qui est divisé en deux parties.

La première division indique la mortalité avec beaucoup de détails. On y voit, par exemple, que sur 506 décès survenus dans les quatre premières semaines, 261 ont eu lieu dans la première, 126 dans la seconde, 106 dans la troisième, et seulement 13 dans la quatrième ; il est probable que ce dernier nombre n'est si faible que parce qu'on a reporté sur le mois suivant quelques-uns des décès qui ont eu lieu vers la fin du premier. Si l'on suppose que ce dernier chiffre n'est pas trop inexact pour être pris comme point de comparaison, nous aurons, pour *un* décès dans la quatrième semaine, environ *huit* dans la troisième, *dix* dans la seconde, et *vingt* dans la première. Nous voyons en outre que plus de la moitié des enfans qui succombent dans le premier mois, meurent dans la première semaine ; et les décès suivent à peu près cette marche : *premier jour*, 7 ; *second*, 2,25 ; *troisième*, 2 ; *quatrième*, *cinquième* et *sixième*, 1,25 ; *septième*, 1. D'où l'on voit que la grande mortalité de la première semaine porte principalement sur les premières 24 heures, et que, passé cette époque, la vitalité est déjà si bien établie qu'elle résiste aux chances de mort qui entourent les enfans.

En résumé nous voyons que la moitié des enfans qui doivent succomber dans cette année, n'achève pas le second mois, et qu'environ un dixième meurt dans les premières 24 heures. La mortalité s'exerce surtout sur les enfans du sexe masculin , qui sont à ceux du sexe féminin dans le rapport approximatif de 6 à 5.

La seconde division de ce tableau montre combien, de 9054 enfans qu'on suppose nés en même temps, il en survit aux diverses époques correspondant à celles où l'on a indiqué la mortalité ; il montre aussi comment 10000 enfans du sexe masculin et autant du sexe féminin se réduisent successivement, au bout de l'année, les premiers à 8513 et les autres à 8893.

Si l'on compare les divers résultats fournis par ce tableau avec ceux qu'on obtient à Paris, en prenant une moyenne sur dix années, de 1817 à 1826, on trouve que, pour 10000 décès de tout âge , il y a dans l'âge compris entre 0 et un an :

	Décès masculins.	Décès féminins.	Décès des deux sexes.
A Paris........	1011	831	1842
A Genève.....	699	586	1285

D'où l'on voit qu'il meurt bien moins de jeunes enfans à Genève qu'à Paris ; et la plus grande différence a lieu dans les premiers mois, comme le montrent les chiffres suivans.

Sur 10000 décès de tout âge et de tout sexe il y a :

	A PARIS.			A GENÈVE.		
	Décès masc.	Décès fémin.	Total.	Décès masc.	Décès fémin.	Total.
De 0 à 3 mois....	731	574	1305	454	347	801
De 3 à 6 mois....	96	84	180	106	85	191
De 6 mois à un an.	184	173	357	139	154	293
	1011	831	1842	699	586	1285

Les chiffres précédens, remarquablement en faveur de Genève, acquièrent encore plus d'importance quand on sait qu'un grand nombre d'enfans nés à Paris meurent hors de la ville et ne sont pas inscrits dans les registres mortuaires de Paris. M. Quetelet, dans un ouvrage que nous n'avons pas maintenant sous les yeux, estime, si nous ne nous trompons, qu'il y a annuellement 3000 enfans dans ce cas.

La vie des enfans paraît aussi moins exposée dans notre pays que dans les villes de la Belgique, comme l'indique le petit tableau suivant qui est extrait en partie de l'Annuaire de Bruxelles.

	EN BELGIQUE. (Populat. urbaines.)		A GENÈVE.	
	SURVIVANS		SURVIVANS	
	du sexe masculin.	du sexe féminin.	du sexe masculin.	du sexe féminin.
A la naiss..	10 000	10 000	10 000	10 000
1 mois..	8840	9129	9354	9519
2......	8550	8916	9180	9456
3......	8361	8760	9034	9343
4......	8195	8641	8936	9281
5......	8069	8540	8882	9225
6......	7961	8437	8809	9183
1 an....	7426	7932	8513	8893

Ainsi les décès sont, dans la première année, beaucoup plus nombreux à Paris et en Belgique qu'à Genève. Cette supériorité, l'un des traits caractéristiques de notre population, provient des soins mieux entendus qu'on donne dans ce pays aux nouveau-nés et aux très-jeunes enfans.

Le tableau Nº 4 présente la loi de mortalité de tous les décès observés. Il est divisé en deux parties : la première, directement déduite du tableau Nº 2, donne le nombre des vivans à chaque âge, en partant de l'idée que tous les décès mis au haut du tableau, sont des naissances qui ont eu lieu en même temps ; dans la seconde on voit comment disparaissent successivement 10 000 individus du sexe masculin, et autant du sexe féminin, supposés toujours nés en même temps.

On pourrait déduire plusieurs remarques de l'inspection de ce tableau ; il est facile de reconnaître, par exemple, qu'au bout de 43 ans pour les hommes et au bout de 50 ans pour les femmes, il existe encore plus de la moitié des naissances ; qu'à 66 ans pour les hommes et 69 pour les femmes, on en trouve encore plus du quart ; enfin qu'à tout âge il existe une plus grande force de vie chez les femmes que chez les hommes. Nous avons déjà fait observer qu'il ne s'est pas trouvé un seul centenaire pendant les quinze années qui nous ont occupés ; mais cela ne veut pas dire qu'en général il y ait moins de vieillards à Genève qu'ailleurs. En effet, si l'on veut bien regarder 90 ans comme l'extrême vieillesse, le rapport du nombre des individus de cet âge à celui du nombre des naissances sera la mesure de la longévité ; on trouvera de cette manière 0,0063 pour les hommes, 0,0113 pour les femmes, et pour le total 0,0089. En Belgique, pays où il y a des centenaires, on a pour le dernier rapport 0,0068, et en Angleterre, d'après les tableaux officiels de 1813 à 1830, on ne trouve que 0,0005.

Nous avons donné dans le tableau N° 5, la vie probable et la vie moyenne, année par année, pour les hommes, pour les femmes et pour les deux sexes réunis.

La vie probable, à la naissance, est à Genève de 47,21 ans, ou plus simplement, de $47\frac{1}{5}$ ans : à l'âge de deux ans, elle a acquis sa plus grande valeur, qui est environ $53\frac{1}{2}$ ans ; dès-lors, elle diminue graduellement et régulièrement jusqu'au delà de 80 ans, époque où elle oscille quelque temps entre deux et trois années avant de s'annuler.

D'après les tableaux précédens, on pouvait s'attendre à trouver une différence marquée entre la vie probable des hommes et celle des femmes. En effet, la vie probable d'un nouveau-né est $43\frac{3}{4}$ ans, s'il est du sexe masculin, et $56\frac{1}{4}$ ans, s'il est du sexe féminin. Le maximum a lieu, pour les garçons et pour les filles, à l'âge de trois ans ; il est de $51\frac{2}{3}$ ans pour les uns, et de $54\frac{9}{10}$ ans pour les autres. Les hommes ont toujours une vie probable moindre que les femmes.

Le tableau actuel fait connaître la vie probable à la naissance, c'est-à-dire, la vie probable d'un enfant qui vient de naître. On pourrait chercher quelle est celle d'un enfant qui est sur le point de naître : on y arrivera en faisant entrer dans la somme des décès le nombre des mort-nés et l'on obtiendra $43\frac{1}{2}$ ans ; on avait pour cette quantité $24\frac{9}{10}$ ans dans les quarante dernières années du siècle précédent.

Nous avons vu que le maximum de la vie probable tombait vers l'âge de deux ou trois ans, pour Genève ; en Belgique il a lieu à cinq ans, et en France à quatre, d'après la table de Duvillard (1), qui est insérée en partie dans l'Annuaire du Bureau des Longitudes.

La vie moyenne de tous les décédés, sans distinction de sexe, a été de $41\frac{3}{4}$; la plus forte, 48 ans, est à l'âge de trois ans ; à partir de cet âge elle diminue, comme la vie probable, graduellement et sans secousse jusqu'à la fin de la vie. La différence qu'on a remarquée dans les deux sexes, pour la vie probable, se retrouve à peu près de même pour la vie moyenne. En effet, celle-ci est d'abord de $39\frac{5}{2}$ ans chez les hommes, et de $43\frac{3}{4}$ ans pour les femmes. Le maximum pour les hommes, $46\frac{9}{10}$, a lieu à quatre ans ; il est à trois ans pour les femmes, et atteint presque 49 ans. C'est seulement dans une vieillesse avancée qu'on trouve quelques chiffres plus forts pour les hommes que pour les femmes.

La vie moyenne des deux sexes, inférieure à la vie probable pendant les 45 premières années, commence dèslors à l'égaler, puis à la surpasser jusque vers la fin.

La comparaison de la vie probable et de la vie moyenne à Genève, avec l'une et l'autre en France et en Belgique, nous donne les résultats suivans :

(1) *Analyse de l'influence de la petite vérole sur la mortalité*, p. 161.

VIE PROBABLE.

	EN FRANCE. (Table de Duvillard)	EN BELGIQUE. (Pop.ᵉ urb.ᵉ)	A GENÈVE.
A la naissance....	20 1/3 ans	25 ans	47 1/5 ans.
A 5 ans	45 2/3	50	52 4/5
A 30 ans..........	29 2/5	34	34
A 50 ans..........	16 4/5	19 2/3	18 1/2

VIE MOYENNE.

	EN FRANCE. (Tab. de Duvil.)	EN FRANCE. (de Deparcieux.)	A GENÈVE.
Depuis la naissance	28 3/4 ans	37 1/2 ans	41 3/4 ans.
Depuis 5 ans......	43 2/5	48 1/4	47 2/3
Depuis 30 ans.....	28 1/2	34	32 1/3
Depuis 50 ans.....	17 1/5	20 2/5	18 1/2

Nous avons mis ici des vies moyennes calculées, il y a plus d'un siècle, par Deparcieux sur des têtes choisies, parce que la loi de mortalité de cet auteur est encore adoptée par des sociétés d'assurance, et parce qu'un travail récent sur des pensionnaires militaires en France a donné des résultats sensiblement égaux (1); mais nous avons pris la table de Deparcieux, telle qu'elle est prolongée dans le premier volume des Recherches statistiques sur le Département de la Seine (1821).

La comparaison des chiffres ci-dessus n'est point rigou-

(1) V. *L'Institut*, Nᵒˢ 45 et 49, 22 mars et 19 avril 1834.

reusement exacte, puisque nous comparons la population urbaine de Genève, avec des populations mixtes, et même avec des têtes choisies ; néanmoins, comme l'avantage est toujours pour Genève, qui comme ville devrait avoir une vie moyenne et probable moins longue, nous pouvons en conclure la grande supériorité de notre chiffre mortuaire sur ceux qui sont connus jusqu'à présent, si l'on en excepte quelques communes rurales, comme Montreux et Leysin, dont les résultats remarquables ont été signalés par notre célèbre compatriote M. d'Ivernois.

La supériorité que nous avons signalée par rapport à d'autres populations, nous la retrouverons encore en comparant Genève avec lui-même, à différentes époques. Pour faciliter ce travail, dans deux tableaux (Nos 6 et 7) qui sont en grande partie empruntés aux mémoires déjà cités du Dr. Odier, nous avons réuni des états comparatifs de la mortalité de Genève depuis le milieu du seizième siècle jusqu'à nos jours.

Considérons d'abord, dans le premier de ces tableaux, les colonnes qui indiquent les nombres des survivans à divers âges, et dans lesquelles on est toujours parti de la supposition de 1000 individus nés en même temps.

Dans le seizième siècle, plus de la moitié de ces 1000 enfans avait disparu à l'âge de 5 ans ; à 30 ans, il en restait 265, soit un peu plus du quart ; à 50 ans, un huitième.

Le dix-septième siècle présente une amélioration assez sensible : ainsi, entr'autres, tandis que dans le siècle précédent il ne restait plus que 265 individus à 30 ans, dans celui-ci, il y en a encore 271 à 40 ans.

Mais le dix-huitième siècle est plus remarquable. Dans la première partie (section C), on voit qu'il faudrait aller jusqu'à 25 ans environ pour ne plus trouver que la moitié des naissances, et qu'à 50 ans, il en reste plus du tiers. La seconde partie (section D), nous montre plus de la moitié subsistant encore à 30 ans ; à 70 ans, il en restait plus que dans le seizième siècle à 50 ; à l'âge de 5 ans il y avait encore les deux tiers des enfans.

Chacune des deux parties du dix-neuvième siècle présente aussi des améliorations successives. La première (section E) nous montre à 5 ans plus des $\frac{7}{10}$, à 40 ans plus de la moitié, à 50 ans plus des $\frac{2}{5}$ des 1000 individus nés en même temps. Dans la seconde partie, celle qui a fait le sujet des tableaux précédens, nous trouvons qu'il faudrait aller jusqu'au-delà de 47 ans pour ne plus trouver que la moitié des 1000 naissances, qu'à 5 ans il en reste plus des $\frac{3}{4}$, et que le nombre 127, qui était celui des survivans, à l'âge de 50 ans, dans le seizième siècle, se retrouverait encore ici à 76 ans.

Si l'on considère ensuite les colonnes qui donnent la mortalité proportionnelle, on pourra reconnaître sur quelle époque de la vie l'amélioration se fait surtout sentir.

Pour ne pas entrer dans trop de longueurs, comparons seulement le dix-huitième siècle avec les quinze années de 1816 à 1830. La quantité de décès comptée sur 1000 vivans, d'un âge à un autre, a toujours été plus forte dans la première époque que dans la seconde, excepté pour l'âge de 15 à 35 ans, où elle est, à peu de chose près, égale dans les deux époques; il faut dire encore que depuis 90 ans cette mortalité proportionnelle était alors plus faible qu'à présent, sans doute par le fait d'un petit nombre de vieillards qui atteignaient et dépassaient l'âge de cent ans. Il paraîtrait donc que la vie, comparativement à ce qu'elle était, il y a un siècle, est moins exposée dans l'enfance et la vieillesse.

Si l'on a égard à la distinction des sexes, on trouvera d'abord qu'à tous les âges indiqués, il survit plus de femmes que d'hommes, et que la mortalité proportionnelle est généralement plus grande chez ces derniers, sauf aux environs de 30 à 40 ans.

Le second tableau comparatif (N°7) nous donne la valeur de la vie probable et celle de la vie moyenne aux différentes époques déjà indiquées.

La vie probable des nouveau-nés, qui n'était pas même de 5 ans dans le 16e siècle, surpasse maintenant 47 ans. Dans le 17e siècle elle était de 11 $\frac{1}{2}$ ans, de 27 ans dans la première partie du siècle précédent, et de 32 $\frac{1}{3}$ ans dans la seconde partie; dans les 13 premières années de ce siècle elle était de 40 $\frac{2}{3}$ ans.

La vie probable, dans la dernière section, est constamment supérieure à celle des autres jusqu'à 70 ans. A cette occasion nous remarquerons que, pendant la dernière moitié du 18e siècle, elle a un peu surpassé celle du commencement du 19e, depuis l'âge de 15 ans.

Le vie moyenne, qui depuis la naissance n'était, dans le 16e siècle, que de 18 ans, s'élève maintenant à 41 $\frac{3}{4}$ ans. Elle était, dans la première époque, de 30 ans, à partir de l'âge de 5 ans; elle est maintenant de 47 $\frac{3}{4}$.

Toutes les vies moyennes de la dernière section sont plus fortes que les autres jusqu'à 70 ans.

A partir de la naissance, la vie moyenne a surpassé la vie probable jusqu'à la fin du 18e siècle; le contraire a lieu dans le siècle actuel.

———

En résumant l'ensemble de nos recherches, on arrive aux conclusions suivantes : la vie est, à Genève, généralement plus longue, la mortalité moins forte qu'en plusieurs autres localités ; on remarque à cet égard des progrès continus et sensibles; mais surtout, la vie des enfans paraît être à l'abri des dangers et des accidens qui en enlevaient autrefois chez nous, et qui, aujourd'hui même dans d'autres pays, en enlèvent un si grand nombre.

A quelles causes attribuer ces progrès, cette supériorité?

Nous les attribuerons, en premier lieu, avec M. d'Ivernois, au petit nombre des naissances. Tandis que les mariages ne sont pas moins nombreux ici qu'ailleurs, les naissances y sont presque de moitié inférieures à celles des autres nations. Ce fait curieux lève bien des difficultés, explique bien des chiffres qui auraient pu paraître hasardés. N'est-il pas évident que, chez un peuple sachant ainsi calculer ses ressources, les enfans, par cela même qu'ils sont en petit nombre, seront mieux soignés, moins exposés aux mille chances des premières années, et que, par conséquent, il y en aura beaucoup plus qui atteindront l'âge utile, l'âge productif?

Nous les attribuerons ensuite à l'état florissant du commerce et de l'industrie, qui produit l'aisance et amène avec elle le goût du bien-être, à la diffusion des lumières, qui propage les vrais principes d'hygiène, enfin à la charité active qui distingue éminemment nos compatriotes. Elle va, cette charité, chercher le pauvre jusqu'en sa demeure; elle sait, par des secours prompts et abondans, soulager la misère et prévenir les souffrances, c'est-à-dire, combattre tout ce qui abrège sa vie.

Si la Providence continue à nous préserver des secousses qui bouleversent les populations, notre patrie, par une sage prévoyance, par des habitudes d'ordre et d'économie, s'assurera toujours de plus en plus une véritable prospérité.

No I. — Tableau des décès et des naissances de la ville de Genève et des communes des Eaux-Vives et de Plainpalais, pendant les quinze années de 1816 à 1830.

ANNÉES.	DÉCÈS.									NAISSANCES.		
	HOMMES.			FEMMES.			TOTAL.			HOMMES.	FEMMES.	TOTAL.
	Avort.	Mort-nés.	Décès.	Avort.	Mort nés.	Décès.	Avort.	Mort nés.	Décès.			
1816	0	15	252	0	13	309	0	28	561	267	265	532
1817	8	25	250	4	9	264	12	34	514	276	269	545
1818	5	24	252	1	9	348	6	33	600	272	278	550
1819	8	22	237	4	18	300	12	40	537	291	262	553
1820	9	26	275	3	22	318	12	48	593	305	314	619
1821	7	13	263	1	16	332	8	29	595	277	295	572
1822	3	22	295	1	27	324	4	49	619	313	276	589
1823	1	33	247	2	17	302	3	50	549	305	268	573
1824	2	22	295	5	12	312	7	34	607	317	281	598
1825	1	20	305	0	12	303	1	32	608	340	287	627
1826	3	23	347	0	20	303	3	43	650	317	269	586
1827	1	19	321	1	18	349	2	37	670	333	313	646
1828	1	15	344	1	19	335	2	34	679	309	290	599
1829	0	26	293	1	20	338	1	46	631	332	315	647
1830	3	20	280	4	13	361	7	33	641	336	322	658
Somme.	52	325	4256	28	245	4798	80	570	9054	4590	4304	8894
Moyen..	3 7/15	21 2/3	283 11/15	1 13/15	16 1/3	319 13/15	5 1/3	38	603 3/5	306	286 14/15	592 4/15

Nº 2. — TABLEAU DES DÉCÈS AVEC DISTINCTION D'AGES ET DE SEXES.

AGES.	HOMMES.	FEMMES.	TOTAL.	AGES.	HOMMES.	FEMMES.	TOTAL.	AGES.	HOMMES.	FEMMES.	TOTAL.
de ans				de ans				de ans			
0 à 1	633	531	1164	34 à 35	25	27	52	68 à 69	52	73	125
1 2	179	146	325	35 36	32	30	62	69 70	49	55	104
2 3	85	96	181	36 37	26	40	66	70 71	77	105	182
3 4	73	71	144	37 38	27	23	50	71 72	54	59	113
4 5	55	61	116	38 39	22	30	52	72 73	60	79	139
5 6	41	52	93	39 40	19	33	52	73 74	55	77	132
6 7	45	37	82	40 41	43	28	71	74 75	58	62	120
7 8	31	43	74	41 42	21	29	50	75 76	63	92	155
8 9	23	32	55	42 43	27	30	57	76 77	48	87	135
9 10	24	26	50	43 44	24	35	59	77 78	46	66	112
10 11	21	21	42	44 45	39	47	86	78 79	52	60	112
11 12	16	32	48	45 46	44	41	85	79 80	40	44	84
12 13	14	29	43	46 47	37	35	72	80 81	53	89	142
13 14	19	21	40	47 48	38	29	67	81 82	23	33	56
14 15	13	31	44	48 49	47	48	95	82 83	35	45	80
15 16	23	26	49	49 50	26	45	71	83 84	33	38	71
16 17	15	25	40	50 51	50	64	114	84 85	30	48	78
17 18	25	38	63	51 52	38	41	79	85 86	27	36	63
18 19	31	36	67	52 53	63	62	125	86 87	16	30	46
19 20	41	31	72	53 54	35	43	78	87 88	10	23	33
20 21	31	32	63	54 55	42	42	84	88 89	9	17	26
21 22	39	23	62	55 56	44	57	101	89 90	8	16	24
22 23	35	33	68	56 57	42	55	97	90 91	9	16	25
23 24	37	29	66	57 58	46	44	90	91 92	4	4	8
24 25	40	43	83	58 59	53	43	96	92 93	2	11	13
25 26	35	34	69	59 60	43	46	89	93 94	1	4	5
26 27	33	36	69	60 61	67	100	167	94 95	3	5	8
27 28	35	39	74	61 62	50	56	106	95 96	1	3	4
28 29	39	32	71	62 63	68	90	158	96 97	2	2	4
29 30	25	19	44	63 64	54	77	131	97 98	2	4	6
30 31	37	42	79	64 65	67	74	141	98 99	1	4	5
31 32	23	23	46	65 66	64	87	151	99 100	2	1	3
32 33	25	36	61	66 67	67	84	151	100 101	0	0	0
33 34	26	26	52	67 68	74	63	137	Sommes.	4256	4798	9054

N° 3.—DÉTAILS RELATIFS A LA PREMIÈRE ANNÉE.

DÉCÈS.

AGES.	MASC.	FÉMIN	TOT.
à 1 jour.	61	52	113
2	21	18	39
3	15	17	32
4	10	9	19
5	6	16	22
6	9	11	20
7	8	8	16
de 8 à 14 j'	72	54	126
15 à 21	66	40	106
22 à 30	7	6	13
0 à 1 m	275	231	506
1 à 2	74	30	104
2 à 3	62	54	116
0 à 3	411	315	726
3 à 4	42	30	72
4 à 5	23	27	50
5 à 6	31	20	51
0 à 6	507	392	899
6 à 7	34	21	55
7 à 8	23	35	58
8 à 9	23	21	44
0 à 9	587	469	1056
9 à 10	12	32	44
10 à 11	16	20	36
11 à 12	18	10	28
6 à 12	126	139	265
0 à 1 an	633	531	1164

SURVIVANS.

	NOMBRES RÉELS.			NOMB. PROP.	
Ages	Mas.	Fém.	Tot.	Masc.	Fém.
0	4256	4798	9054	10 000	10 000
1 j.	4195	4746	8941	9857	9892
2	4174	4728	8902	9807	9854
3	4159	4711	8870	9772	9819
4	4149	4702	8851	9749	9800
5	4143	4686	8829	9734	9767
6	4134	4675	8809	9713	9744
7	4126	4667	8793	9695	9727
15	4054	4613	8667	9525	9614
22	3988	4573	8561	9370	9531
1m.	3981	4567	8548	9354	9519
2	3907	4537	8444	9180	9456
3	3845	4483	8328	9034	9343
4	3803	4453	8256	8936	9281
5	3780	4426	8206	8882	9225
6	3749	4406	8155	8809	9183
7	3715	4385	8100	8729	9139
8	3692	4350	8042	8675	9066
9	3669	4329	7998	8621	9023
10	3657	4297	7954	8593	8956
11	3641	4277	7918	8555	8914
1 an	3623	4267	7890	8513	8893

Nº 4.—NOMBRE DES SURVIVANS DE CHAQUE AGE.

AGES.	NOMBRES RÉELS.			NOMB. PROPORTION.	
	HOMMES.	FEMMES.	TOTAL.	HOMMES.	FEMMES.
0	4256	4798	9054	10000	10000
1	3623	4267	7890	8513	8893
2	3444	4121	7565	8092	8589
3	3359	4025	7384	7892	8389
4	3286	3954	7240	7721	8241
5	3231	3893	7124	7592	8114
6	3190	3841	7031	7495	8005
7	3145	3804	6949	7390	7928
8	3114	3761	6875	7317	7839
9	3091	3729	6820	7263	7772
10	3067	3703	6770	7206	7718
11	3046	3682	6728	7157	7674
12	3030	3650	6680	7119	7607
13	3016	3621	6637	7086	7547
14	2997	3600	6597	7042	7503
15	2984	3569	6553	7011	7439
16	2961	3543	6504	6957	7384
17	2946	3518	6464	6922	7332
18	2921	3480	6401	6863	7253
19	2890	3444	6334	6790	7178
20	2849	3413	6262	6694	7113
21	2818	3381	6199	6621	7047
22	2779	3358	6137	6530	6999
23	2744	3325	6069	6447	6930
24	2707	3296	6003	6360	6870
25	2667	3253	5920	6266	6780
26	2632	3219	5851	6184	6709
27	2599	3183	5782	6107	6634
28	2564	3144	5708	6024	6553
29	2525	3112	5637	5933	6486
30	2500	3093	5593	5874	6446
31	2463	3051	5514	5787	6359
32	2440	3028	5468	5733	6311
33	2415	2992	5407	5674	6236

AGES.	NOMBRES RÉELS.			NOMB. PROPORTION.	
	HOMMES.	FEMMES.	TOTAL.	HOMMES.	FEMMES.
34	2389	2966	5355	5613	6182
35	2364	2939	5303	5555	6126
36	2332	2909	5241	5479	6063
37	2306	2869	5175	5418	5979
38	2279	2846	5125	5355	5932
39	2257	2816	5073	5303	5869
40	2238	2783	5021	5258	5800
41	2195	2755	4950	5157	5742
42	2174	2726	4900	5108	5682
43	2147	2696	4843	5045	5619
44	2123	2661	4784	4988	5546
45	2084	2614	4698	4897	5448
46	2040	2573	4613	4793	5363
47	2003	2538	4541	4706	5290
48	1965	2509	4474	4617	5229
49	1918	2461	4379	4507	5129
50	1892	2416	4308	4445	5035
51	1842	2352	4194	4328	4902
52	1804	2311	4115	4239	4817
53	1741	2249	3990	4091	4687
54	1706	2206	3912	4008	4598
55	1664	2164	3828	3910	4510
56	1620	2107	3727	3806	4391
57	1578	2052	3630	3708	4277
58	1532	2008	3540	3600	4185
59	1479	1965	3444	3475	4095
60	1436	1919	3355	3374	4000
61	1369	1819	3188	3217	3791
62	1319	1763	3082	3099	3674
63	1251	1673	2924	2939	3487
64	1197	1596	2793	2812	3326
65	1130	1522	2652	2655	3172
66	1066	1435	2501	2505	2991
67	999	1351	2350	2347	2816

Suite du Tableau N° 4.

AGES.	NOMBRES RÉELS.			NOMB. PROPORTION.	
	HOMMES.	FEMMES.	TOTAL.	HOMMES.	FEMMES.
68	925	1288	2213	2173	2684
69	873	1215	2088	2051	2532
70	824	1160	1984	1936	2418
71	747	1055	1802	1755	2199
72	693	996	1689	1628	2076
73	633	917	1550	1487	1911
74	578	840	1418	1358	1751
75	520	778	1298	1222	1622
76	457	686	1143	1074	1430
77	409	599	1008	961	1248
78	363	533	896	853	1111
79	311	473	784	731	986
80	271	429	700	637	894
81	218	340	558	512	709
82	195	307	502	458	640
83	160	262	422	376	546
84	127	224	351	298	467
85	97	176	273	228	367
86	70	140	210	164	292
87	54	110	164	127	229
88	44	87	131	103	181
89	35	70	105	82	146
90	27	54	81	63	113
91	18	38	56	42	79
92	14	34	48	33	71
93	12	23	35	28	48
94	11	19	30	26	40
95	8	14	22	19	29
96	7	11	18	16	23
97	5	9	14	12	19
98	3	5	8	7	10
99	2	1	3	5	2
100	0	0	0	0	0

N° 5.—VIE PROBABLE ET VIE MOYENNE.

AGES.	VIE PROBABLE.			VIE MOYENNE.		
	HOMMES.	FEMMES.	TOTAL.	HOMMES.	FEMMES.	TOTAL.
0	43,79	50,26	47,21	39,55	43,75	41,78
1	50,80	54,54	52,58	45,37	48,13	46,86
2	51,54	54,85	53,45	46,70	48,82	47,86
3	51,63	54,90	53,36	46,87	48,97	48,02
4	51,48	54,22	53,10	46,90	48,84	47,96
5	51,11	54,40	52,80	46,69	48,60	47,74
6	50,60	53,97	52,36	46,29	48,25	47,36
7	50,12	53,17	51,68	45,94	47,72	46,91
8	49,46	52,38	51,07	45,39	47,36	46,41
9	48,71	51,54	50,38	44,73	46,66	45,78
10	47,97	50,67	49,66	44,07	45,98	45,12
11	47,17	49,78	48,90	43,37	45,24	44,40
12	46,32	48,94	48,09	42,60	44,63	43,71
13	45,45	48,15	47,22	41,80	43,99	42,99
14	44,65	47,34	46,34	41,06	43,24	42,25
15	43,75	46,62	45,47	40,24	42,61	41,53
16	42,97	45,85	44,62	39,54	41,92	40,84
17	42,14	45,04	43,80	38,74	41,21	40,09
18	41,43	44,26	42,93	38,07	40,66	39,48
19	40,79	43,46	42,20	37,47	40,08	38,89
20	40,17	42,63	41,54	37,01	39,44	38,33
21	39,40	41,81	40,83	36,41	38,81	37,72
22	38,69	40,93	40,75	35,91	38,07	37,09
23	37,91	40,14	39,30	35,36	37,44	36,50
24	37,31	39,32	38,51	34,84	36,77	35,90
25	36,71	38,60	37,77	34,35	36,25	35,39
26	36,04	37,82	36,99	33,80	35,62	34,81
27	35,29	37,06	36,83	33,22	35,02	34,22
28	34,50	36,32	35,53	32,67	34,45	33,65
29	33,83	35,54	34,80	32,17	33,80	33,07
30	33,02	34,67	33,97	31,49	33,00	32,33
31	32,36	33,95	33,26	30,95	32,45	31,78
32	31,57	33,09	32,42	30,24	31,69	31,04
33	30,81	32,30	31,63	29,55	31,07	30,39

Suite du Tableau N° 5.

AGES.	VIE PROBABLE.			VIE MOYENNE.		
	HOMMES.	FEMMES.	TOTAL.	HOMMES.	FEMMES.	TOTAL.
34	30,04	31,45	30,82	28,86	30,34	29,68
35	29,22	30,60	30,00	28,16	29,61	28,97
36	28,46	29,78	29,21	27,54	28,91	28,30
37	27,66	29,01	28,43	26,85	28,31	27,66
38	26,86	28,14	27,59	26,16	27,53	26,92
39	26,02	27,32	26,76	25,41	26,82	26,19
40	25,17	26,52	25,94	24,62	26,13	25,46
41	24,51	25,45	25,17	24,09	25,39	24,82
42	23,51	24,68	24,34	23,32	24,66	24,07
43	22,88	24,05	23,53	22,61	23,93	23,34
44	22,07	23,33	22,72	21,86	23,23	22,62
45	21,36	22,70	22,01	21,26	22,64	22,03
46	20,69	22,02	21,32	20,71	22,00	21,43
47	19,96	21,26	20,58	20,08	21,29	20,76
48	19,22	20,46	19,82	19,46	20,53	20,06
49	18,54	19,79	19,19	18,92	19,92	19,49
50	17,72	19,13	18,47	18,18	19,29	18,80
51	17,08	18,71	17,93	17,66	18,80	18,30
52	16,44	18,04	17,29	17,02	18,12	17,64
53	16,05	17,34	16,89	16,62	17,61	17,17
54	15,41	16,53	16,15	15,95	16,94	16,51
55	14,84	15,74	15,38	15,34	16,26	15,86
56	14,18	15,03	14,62	14,74	15,69	15,27
57	13,45	14,49	13,93	14,12	15,09	14,67
58	12,75	13,69	13,28	13,53	14,41	14,03
59	12,14	13,17	12,71	12,99	13,72	13,41
60	11,54	12,46	12,08	12,37	13,03	12,75
61	11,14	12,10	11,68	11,95	12,72	12,39
62	10,56	11,46	11,07	11,38	12,11	11,80
63	10,14	11,06	10,66	10,97	11,74	11,41
64	9,63	10,68	10,18	10,45	11,28	10,92
65	9,22	10,18	9,77	10,04	10,80	10,48
66	8,78	9,65	9,31	9,61	10,43	10,08
67	8,33	9,12	8,79	9,22	10,04	9,69

Suite du Tableau Nº 5

AGES.	VIE PROBABLE.			VIE MOYENNE.		
	HOMMES.	FEMMES.	TOTAL.	HOMMES.	FEMMES.	TOTAL.
68	7,91	8,48	8,27	8,92	9,51	9,26
69	7,43	7,90	7,73	8,42	9,05	8,79
70	6,94	7,29	7,14	7,89	8,46	8,22
71	6,77	7,09	6,96	7,65	8,25	8,00
72	6,32	6,58	6,46	7,21	7,71	7,50
73	5,89	6,33	6,11	6,84	7,33	7,13
74	5,55	6,10	5,89	6,44	6,95	6,75
75	5,21	5,45	5,36	6,11	6,47	6,33
76	4,80	4,97	4,90	5,89	6,27	6,12
77	4,59	5,17	4,96	5,52	6,11	5,87
78	4,39	4,90	4,67	5,15	5,80	5,54
79	4,14	4,67	4,42	4,93	5,47	5,26
80	3,74	4,20	4,01	4,59	4,98	4,83
81	3,60	4,17	3,92	4,58	5,16	4,93
82	2,98	3,62	3,35	4,06	4,66	4,43
83	2,63	3,30	2,98	3,84	4,37	4,17
84	2,41	2,93	2,75	3,70	4,03	3,91
85	2,55	2,96	2,84	3,70	3,99	3,89
86	3,00	3,00	3,00	3,93	3,89	3,90
87	3,00	2,94	2,96	3,94	3,82	3,86
88	2,55	2,66	2,62	3,73	3,70	3,71
89	2,10	2,75	1,44	3,56	3,47	3,50
90	2,25	2,64	2,58	3,46	3,35	3,39
91	3,66	3,00	3,37	3,94	3,55	3,68
92	4,00	2,40	2,75	3,93	2,91	3,21
93	3,50	2,83	3,12	3,50	3,06	3,21
94	2,75	2,75	2,75	2,77	2,61	2,67
95	2,50	2,50	2,50	2,62	2,36	2,45
96	1,75	1,87	1,83	1,93	1,86	1,89
97	1,50	1,12	1,25	1,50	1,16	1,29
98	1,25	0,62	0,80	1,16	0,70	0,88
99	0,50	0,50	0,50	0,50	0,50	0,50
100	0,00	0,00	0,00	0,00	0,00	0,00

CHIMIE.

FRAGMENT D'UN TRAVAIL SUR LES COMBINAISONS DU BRÔME ET DE L'OXIGÈNE, par M. A. G. BALARD, présenté à la Faculté des Sciences de Montpellier, en septembre 1834.

§ I. *Des moyens de combiner le brôme avec l'oxigène.*

La théorie fait pressentir que les composés du brôme et de l'oxigène doivent être difficiles à produire, et que deux corps aussi ressemblans par leurs aptitudes électriques, doivent être en même temps peu diposés à se combiner entr'eux. Aussi j'ai cru convenable, dans l'essai des moyens propres à provoquer cette combinaison, de ne négliger aucune méthode d'oxigénation, l'une pouvant, à défaut de l'autre, être mise en pratique d'une manière plus efficace, et j'ai eu ainsi successivement recours à toutes celles dont la chimie suggère l'emploi.

Celle qui se présente la première à l'esprit, mais dont je ne devais attendre que peu de succès, est l'oxidation directe.

Le soufre, le carbone, le phosphore, etc., sont susceptibles d'être acidifiés directement par l'oxigène ; mais le chlore et l'iode ont jusqu'à présent résisté à l'emploi de ce moyen. Je n'ai pas réussi non plus en opérant sur le brôme.

L'oxidation directe, par l'oxigène éliminé d'une de ses combinaisons, au moyen de la pile voltaïque, et dans cet état qu'on nomme naissant, m'offrait plus de chances de succès ; j'ai dû y avoir recours.

Quand on décompose par la pile une dissolution aqueuse, contenant quelques principes qui peuvent se combiner avec l'oxigène, il arrive fort souvent que, tandis que le dégagement de gaz hydrogène s'opère avec abondance au pôle négatif, celui de l'oxigène est nul, parce que ce gaz, à mesure qu'il arrive au pôle de la pile vers lequel le porte son état électrique, est absorbé en entier et entre dans de nouvelles combinaisons.

Ainsi, si l'on décompose par la pile voltaïque un chlorure métallique, on voit, au pôle négatif, se dégager de nombreuses bulles d'hydrogène, tandis que le dégagement d'oxigène que l'on observe au pôle positif, est beaucoup plus faible, et, selon les circonstances, on obtient, à ce pôle, ou de l'acide chlorique, ou de l'oxide de chlore, reconnaissable à sa couleur jaune et à son odeur caractéristique.

Les mêmes phénomènes se produisent aussi avec le composé analogue au brôme. C'est ce que j'ai constaté de la manière suivante. Après avoir séparé les deux branches d'un syphon par un petit tampon de papier à filtrer, placé à sa courbure, j'ai rempli l'une d'elles d'une solution de bromure de potassium, et l'autre d'eau distillée. J'ai alors fait arriver le conducteur communiquant avec le pôle négatif, dans le bromure de potassium même, et l'autre fil dans la branche qui contenait l'eau distillée. Quand l'action a eu duré ainsi pendant quelque temps, cette eau exposée au contact de l'air, pour y perdre l'excès de brôme, contenait une petite quantité d'acide bromique libre.

Le dégagement d'oxigène, qui, dans cette expérience, s'opère abondamment au pôle positif, prouve qu'il n'y a qu'une légère portion de ce gaz qui a contribué à former l'acide bromique. Aussi cette épreuve, suffisante pour constater la formation de ce composé par l'intervention des forces électriques, ne pouvant servir à en préparer des quantités notables, j'ai modifié l'expérience de la manière que voici.

Dans celle dont je viens de rendre compte, le brôme et l'oxigène, sortant tous les deux d'une combinaison dans laquelle ils étaient engagés, se rencontraient l'un l'autre dans cet état, qu'on appelle naissant, et qui est, il est vrai, éminemment propre à opérer des combinaisons. Mais il faut remarquer aussi qu'ils se portaient vers un même pôle, et qu'ils arrivaient ainsi animés du même état électrique, circonstance qui rend beaucoup plus difficile l'union des corps. J'espérais par conséquent avoir plus de succès, si l'oxigène naissant rencontrait du brôme, libre depuis long-temps de toute combinaison, mais animé, en revanche, d'une électricité différente de la sienne. Les expériences de M. Stadion, qui est parvenu, par ce moyen, à transformer le chlorate de potasse en hyperchlorate de cette base, nous ont montré toute l'efficacité de ce moyen; celles de M. Becquerel ont mis ce fait hors de doute, et quelques-unes que j'ai faites moi-même, le confirment aussi pleinement (1).

J'ai dès-lors exposé à l'action de la pile voltaïque une dissolution aqueuse de brôme. Il s'est dégagé, au pôle positif, de l'oxigène provenant de l'eau; mais le liquide contenu dans cette partie de l'appareil, après avoir perdu, au contact de l'air, l'excédant de brôme qu'il contenait, ne jouissait nullement des propriétés acides, et n'a manifesté, par aucun indice, qu'il contînt une combinaison oxigénée du brôme. La liqueur à l'inverse avait été complétement décolorée au pôle négatif. Ceci indiquait que le brôme avait été absorbé par l'hydrogène et qu'il s'était formé de l'acide hydro-bromique, dont j'ai effectivement reconnu l'existence par les moyens ordinaires.

Cette expérience avait déjà été tentée par M. de la Rive, mais avec un succès différent. Les deux gaz fournis par la décomposition de l'eau, se dégagent, selon lui, d'une manière complète, l'un en volume double de l'autre, et sans qu'il se produise de l'acide hydro-bromi-

(1) Si l'on décompose par la pile voltaïque une solution aqueuse d'un sel à base de plomb, on n'observe point de dégagement gazeux; mais il se dépose du plomb au pôle négatif, et le fil de platine, qui constitue le pôle positif, se recouvre d'une couche de peroxide de plomb. On obtient avec les sels d'argent les mêmes résultats, avec cette différence, qu'au lieu de se déposer à l'état pulvérulent, le peroxide d'argent formé se présente sous la forme de longues aiguilles cristallines, très-régulières. Les sels de manganèse laissent aussi déposer au pôle positif un oxide plus oxigéné; mais je n'ai pas déterminé si c'est du peroxide ou du tritoxide de manganèse qui se produit dans ce cas.

que. Cependant j'en ai toujours observé la formation, ce qui tient peut-être à la durée que j'ai donnée à l'expérience.

Une solution aqueuse de chlore, soumise à l'action de la pile voltaïque, se comporte du reste d'une manière un peu différente. La totalité de l'hydrogène est absorbée avec production d'acide hydrochlorique, à moins que la pile ne soit très-énergique, car dans ce cas une partie échapperait à la combinaison. On trouve en même temps que la branche positive contient une certaine quantité d'acide chlorique.

On voit que l'oxidation directe, dans quelques conditions qu'on cherche à la produire, réussit difficilement à opérer la combinaison directe du brôme et de l'oxigène. J'ai alors essayé de la produire par des méthodes indirectes, c'est-à-dire que j'ai traité le brôme par les composés oxigénés qui réussissent, dans des cas analogues, à provoquer l'oxidation, ou par les autres combinaisons que la théorie m'offrait comme présentant quelques chances de succès.

On sait qu'en faisant agir l'acide nitrique sur l'iode, les chimistes sont parvenus à transformer ce corps en acide iodique, et cette opération, qui réussit très-bien, a encore plus de succès quand on mêle l'acide nitrique avec de l'acide nitreux, acide d'une décomposition plus facile et doué dès lors d'un pouvoir d'oxidation plus grand. Cependant l'emploi de l'acide nitrique pur ou mêlé d'acide nitreux ne m'a pas réussi pour produire l'oxigénation du brôme. Parmi les produits volatils de cette réaction, je n'ai aperçu que du brôme lui-même, et point de combinaison de ce corps avec l'oxigène. Quant à la partie qui avait conservé la forme liquide, je l'ai sa-

turée avec la potasse, et après l'avoir évaporée jusqu'à
siccité, j'ai calciné le résidu avec du charbon. La dissolution neutralisée par l'acide nitrique, ne jaunissait point
par le chlore. Elle ne contenait donc pas de bromure de
potassium, ce qui prouve que l'acide nitrique avait été in-
suffisant pour oxigéner le brôme.

Les dispositions électro-négatives du brôme étant évidemment inférieures à celle du chlore, il était naturel
d'espérer que l'acide chlorique pourrait devenir un agent
d'oxigénation pour le brôme. De l'acide chlorique concentré a été mis dès-lors en contact avec le corps
simple ; mais, quoique ce contact ait été prolongé pendant long-temps, l'action a pourtant été nulle. En exposant le mélange à une douce chaleur, il ne s'en est dégagé qu'une matière entièrement absorbable par le mercure, sans résidu d'oxigène, et qui n'était que du brôme
en vapeur. Une autre partie du liquide, exposée à l'air
quelques instans, jusqu'à ce qu'elle fût devenue tout-à-
fait incolore, ne contenait point d'acide oxigéné de brôme.
En effet, saturée par une base alcaline évaporée et cal-
cinée, elle laissait un résidu qui ne jaunissait point par
l'action du chlore, ainsi que cela n'eût pas manqué d'arriver si elle avait contenu un bromure métallique.

L'acide chlorique ne pouvant opérer l'oxidation du
brôme, j'ai essayé, dans le même but, le deutoxide de
M. Stadion.

La facile décomposition de cette combinaison du chlore,
indique assez que l'oxigène n'y est que très-faiblement
retenu, et c'est aussi par ce moyen que Davy a obtenu
pour la première fois l'acide iodique anhydre. J'ai cru
dès lors devoir faire agir cette substance sur le brôme.

Après avoir dissout dans l'eau distillée une certainé quantité de cet oxide, j'ai versé dans la solution quelques gouttes de brôme, et quelques heures après, j'ai exposé le liquide à l'ébullition, en recueiHant sur le mercure le gaz qui se dégageait. J'ai obtenu ainsi du brôme, qui a été absorbé en traversant le mercure, et de l'oxide de chlore, qui, décomposé par la chaleur, ne m'a pas donné le plus léger indice de brôme. D'un autre côté, le liquide qui avait éprouvé l'ébullition, ne contenait pas non plus de composé de brôme, de telle sorte qu'on peut regarder l'oxide de chlore en solution dans l'eau, comme incapable de contribuer à l'oxigénation de ce corps simple.

J'espérais obtenir plus de succès en mettant ces corps en contact à l'état de gaz, et de gaz naissant. Or, comme d'une part les chlorates, décomposés par l'acide sulfurique, donnent de l'oxide de chlore, et que d'une autre les bromates se changent, dans les mêmes circonstances, en brôme et en oxigène, cette condition se trouvait évidemment remplie, en traitant par l'acide sulfurique concentré un mélange de chlorate et de bromate de potasse fondus. C'est en effet ce que j'ai exécuté; mais le gaz très-rutilant qui s'est dégagé dans cette circonstance, recueilli sur le mercure, a abandonné aussi du brôme en traversant ce métal, et je n'ai recueilli pour produit gazeux, qu'un mélange d'oxigène et d'oxide de chlore. Celui-ci, ainsi que je m'en suis assuré, en le faisant détoner et en analysant les produits de sa décomposition, ne contenait pas de traces d'un composé de brôme et d'oxigène.

Ce que n'a pu faire l'acide hypochlorique, je suis

pourtant parvenu plus tard à le réaliser avec l'acide hypo-chloreux. Le brôme, ainsi que je l'ai déjà dit dans le travail que j'ai présenté dernièrement à la Faculté, est attaqué par cet acide avec dégagement de chlore, et transformé en acide bromique. Ce fait permet d'apprécier la puissance d'oxigénation de cet acide hypochloreux.

Quant à l'eau oxigénée, le temps m'ayant manqué pour préparer cette combinaison, j'ignore quelle est l'action que cet agent puissant d'oxigénation exerce sur le brôme.

Les méthodes dont je viens de parler, ont l'avantage d'offrir au brôme de l'oxigène condensé et doué dès-lors d'affinités plus énergiques que s'il était gazeux; mais, d'un autre côté, ce corps simple étant retenu dans une combinaison, il faut que celle-ci soit bien peu stable pour qu'elle puisse être rompue par la faible affinité que possède le brôme pour l'oxigène. On voit aussi qu'il y aurait plus de chances de succès pour l'oxigénation de ce corps, si l'on pouvait faire agir l'oxigène condensé et libre à la fois, ou mieux encore sortant d'une combinaison et dans cet état qu'on appelle *naissant*.

C'est à quoi l'on peut parvenir, soit en traitant par le brôme certains composés oxigénés, soit en faisant agir ces composés sur quelques combinaisons du brôme.

Les composés du brôme, dont on peut se servir, doivent évidemment remplir une double condition. D'un côté, le corps qui y est combiné avec le brôme, doit être électro-négatif par rapport à lui, afin que, s'emparant du radical du composé oxigéné, il abandonne l'oxigène au brôme lui-même; d'un autre côté, il faut que ce corps jouisse aussi d'affinités énergiques pour le radical du composé oxigéné avec lequel on veut exécuter cette double décomposition.

Il n'y a évidemment point de choix à faire, quant au composé de brôme qu'il faut employer. En effet, parmi les corps simples connus, le chlore étant le seul, l'oxigène excepté, qui soit électro-négatif par rapport au brôme, il n'y a que le chlorure de brôme que l'on puisse employer à cet usage. L'incertitude n'est pas grande non plus quant au choix de la combinaison oxigénée. Comme l'hydrogène et les métaux alcalins sont les seuls corps pour lesquels le chlore ait des affinités très-énergiques, il faut mettre le chlorure de brôme en contact avec l'eau ou avec quelques oxides métalliques alcalins.

Mais les expériences de M. Sérullas ont prouvé que le chlorure de brôme pouvait se dissoudre dans l'eau sans la décomposer; ce liquide ne peut ainsi contribuer à oxigéner le brôme. Il n'en est pas de même des oxides métalliques alcalins. La potasse, la soude, etc., en agissant sur le chlorure de brôme, donnent lieu à une double décomposition, de laquelle il résulte, du chlorure de potassium et de sodium d'une part, et un bromate de l'autre. Si celui-ci est d'une faible solubilité, il se dépose à l'état de pureté. Ce moyen est même le plus économique que l'on puisse employer pour obtenir des bromates de potasse et de baryte; d'où l'on peut ensuite séparer l'acide bromique par des procédés variés.

Le chlore, dans cette décomposition de l'oxide métallique, n'agit évidemment que par son aptitude à se combiner avec les métaux. Mais le brôme étant aussi très-avide de combinaisons avec ces mêmes corps, on conçoit qu'il pourrait faire ce que réalise le chlorure de brôme lui-même, et c'est ce qui arrive en effet. Quoique l'action s'exerce alors dans des circonstances moins favorables, puisque ce n'est alors que l'oxigène seul, et non le brôme et l'oxigène à la fois, qui sont à l'état naissant, le brôme, en agissant sur un grand nombre d'oxides métalliques, produit à la fois un bromure métallique, et une combinaison oxigénée qui varie selon les circonstances. C'est, en effet, tantôt de l'acide bromique et tantôt de l'acide hypobromeux que l'on obtient.

Mais tous les oxides ne sont pas propres à éprouver de la part du brôme cette transformation ; aussi l'action diverse que le brôme exerce sur eux, mérite d'être étudiée dans un chapitre distinct.

§ II. *De l'action que le brôme exerce sur les oxides métalliques, avec le concours de l'eau.*

Il était naturel de penser, vu la grande ressemblance que l'on observe entre le chlore et le brôme, que ce dernier corps se comporterait avec les oxides métalliques à peu près comme le premier ; je croyais aussi qu'il suffisait de constater par quelques petits essais cette similitude d'action. Mais je ne tardai pas à m'apercevoir qu'il n'y avait de ressemblance que dans le mode d'action générale, et qu'il existait des différences notables quand on entrait dans les détails. Je fus ainsi amené à étudier l'action que le brôme exerce sur chaque oxide métallique en particulier.

Celle de la potasse sur le brôme est très-vive. Mêlée avec ce corps en dissolution concentrée, elle développe beaucoup de chaleur, le brôme disparaît, perd son odeur, sa teinte, et le liquide ne possède plus qu'une couleur jaunâtre et une odeur semblable à celle du chlorure de chaux. Tant que la liqueur est fortement alcaline, elle ne laisse déposer que de très-petites proportions de bromate de potasse. Elle décolore instantanément la teinture de tournesol, ainsi que la solution sulfurique d'indigo. Les acides les plus faibles, l'acide carbonique, par exemple, en dégagent du brôme, et l'ammoniaque produit une abondante émission de bulles d'azote. Mais, si l'on ajoute à la dissolution un léger excès de brôme, il se précipite aussitôt une quantité considérable de bromate de potasse à peu près pur, et la liqueur exposée pendant quelques minutes au contact de l'air, pour y laisser perdre l'excès de brôme qu'elle contient, ne décolore plus le tournesol et ne décompose plus l'ammoniaque.

On voit donc que la première action du brôme sur la potasse a pour résultat de produire un composé décolorant, analogue à celui que forme le chlore dans des circonstances semblables. S'il faut en croire cependant M. Lowig, auteur d'une monographie du brôme, la potasse pure ne peut former de composé décolorant, et se transforme immédiatement en bromate et en bromure. Mais il est probable que, dans cette expérience, ce pharmacien distingué, employant du premier coup un excès de brôme, n'a pu ainsi suffisamment apprécier les phénomènes successifs qui se produisent quand on l'ajoute peu à peu.

J'ai vérifié, en opérant avec le brôme et la potasse, ce qui avait été observé par Berzélius dans l'action du chlore sur cet alcali. En dissolvant de la potasse pure dans une solution saturée de bromure de potassium, et ajoutant du brôme, j'ai vu se précipiter une certaine quantité de ce composé à peu près pur, par l'addition des premières gouttes de brôme.

M. Lowig assure cependant que le bromure de potassium qui se dépose d'abord, est mêlé de bromate de potasse, et il conclut que dans cette action il ne se forme pas d'autre combinaison oxigénée de brôme que l'acide bromique.

Il est certain en effet qu'il se précipite un peu de bromate de potasse dès les premiers instans; mais la quantité en est tellement minime qu'elle est bien loin de représenter tout l'oxigène qu'a dû abandonner le potassium, qui s'est déposé lui-même sous la forme de bromure. Cette production de bromate de potasse va toujours en croissant, à mesure qu'on ajoute une plus grande proportion de brôme, et ce qui se dépose à la fin n'est autre chose que du bromate de potasse presque pur.

Ces faits, ainsi qu'une foule d'autres que j'aurai l'occasion de rapporter plus tard, font penser que, dans ce cas, comme lorsqu'on opère avec le chlore, il se produit à la fois un bromure de potassium, et un sel de potasse contenant un oxide de chlore moins oxigéné que l'acide chlorique. Les analogies les plus entraînantes présentent en même temps cet acide comme formé de 2 atomes de brôme et de 1 atome d'oxigène, et lui assignent le nom d'acide *hypobromeux*. De cette sorte, le composé dé-

colorant de brôme et de potasse, doit être conçu, ainsi
que les autres, comme un mélange de 1 atome bromure
de potassium et 1 atome hypobromite de potasse.

La production d'un hypobromite et sa transformation
postérieure en bromate de potasse, tiennent sans doute à
ce que l'acide hypobromeux, comme beaucoup de combinaisons peu oxigénées, est plus avide d'oxigène que ne
l'est son radical. Tant que le liquide ne contient qu'une
petite quantité d'acide, c'est sur le brôme que se porte
l'oxide décomposé, et la faculté décolorante va en croissant; mais, à mesure que la quantité d'hypobromite augmente, ses molécules se trouvant ainsi en plus grand nombre dans la sphère d'action, c'est sur elles que cet oxigène se porte, et son changement en bromate s'effectue.

La potasse combinée avec l'acide carbonique se comporte avec le brôme comme si elle était libre. Il se produit du bicarbonate, un bromure et un hypobromite qui,
par l'action de causes variées, se transforme ensuite en
bromure et en bromate.

Quand c'est avec le bicarbonate lui même qu'on opère,
l'acide carbonique est chassé avec effervescence.

Ce n'est pas, du reste, l'acide carbonique seul que le
brôme peut éliminer ainsi de sa combinaison avec la po-
potasse; il partage avec le chlore la propriété de décomposer les acétates eux-mêmes. Quelques gouttes de brôme
versées sur de l'acétate de potasse, sont absorbées au bout
de peu de temps, et la liqueur décolore et décompose l'ammoniaque. Si on la chasse, elle laisse dégager de l'acide
acétique, ainsi que l'excédant du brôme, et l'on trouve,
comme résidu, de l'acétate de potasse, mais mêlé de
bromate et de bromure de potassium.

Quant aux acides végétaux fixes et plus énergiques, tels que l'acide oxalique et tartrique, etc., ils ne sont pas déplacés par le brôme de leurs combinaisons avec la potasse.

Ce composé décolorant de brôme et de potasse est du reste d'une décomposition facile. La chaleur et la lumière le transforment, aussi bien qu'un excès de brôme, en bromate et en bromure. Il éprouve en grande partie la même transformation, quand on essaie de le dessécher, même sous le récipient de la machine pneumatique.

Le brôme exerce sur la soude une action analogue à celle que l'on observe quand il agit sur la potasse. Avec une dissolution très-concentrée, on voit, à mesure que le brôme est absorbé, la faculté décolorante de la liqueur s'accroître; mais si l'on en ajoute un excès, il se précipite une certaine quantité de bromate de soude, et le pouvoir décolorant disparaît complétement. Comme le bromate de soude est très-soluble, il faut, pour observer cette transformation, que la liqueur alcaline soit concentrée.

Le carbonate de soude, quand on le traite par le brôme, se comporte comme celui de potasse, et l'acétate de soude est aussi décomposé par le brôme.

Il m'a paru que la lithine donnait lieu, avec le brôme, à des phénomènes semblables. La petite quantité de matière sur laquelle j'ai pu opérer, ne m'a pas permis d'étudier avec détail la réaction qui a lieu dans ce cas.

Il était naturel de penser que les terres alcalines exerceraient sur le brôme une action comparable à celle des alcalis eux-mêmes. C'est ce que j'ai constaté avec la chaux, la baryte et la strontiane.

Si l'on verse sur de l'hydrate de chaux une certaine quantité de brôme supérieure à celle qui pourrait neutraliser cet alcali, une grande partie de ce corps simple est absorbée, et si l'on fait évaporer l'excédant sous le récipient de la machine pneumatique et au-dessous d'un vase rempli de fragmens de potasse, destinés à en absorber la vapeur, on obtient une matière d'un beau rouge de cinabre, qui n'est point odorante naturellement, mais qui acquiert l'odeur du brôme par son exposition à l'air. Cette matière, laissée en contact avec l'atmosphère, en attire l'humidité et produit une dissolution jaunâtre, qui jouit à un haut degré du pouvoir décolorant. Elle ne se résout cependant pas toute en liquide ; une portion reste sous la forme d'un dépôt blanc insoluble ; c'est de la chaux en excès. Quand on l'humecte avec quelques gouttes d'eau, elle perd aussi immédiatement sa teinte, en acquérant la couleur jaune. Conservée dans un vase clos, elle ne subit aucune altération. Ce composé est évidemment analogue au chlorure de chaux, dont il diffère, comme on le voit, entr'autres propriétés, par la teinte rouge qui le caractérise quand il est sec.

On peut aussi obtenir le composé décolorant de brôme et de chaux, en agissant avec du brôme et de la chaux en bouillie. Le composé est alors liquide et d'une teinte jaune ; mais quand on concentre cette dissolution sous le récipient de la machine pneumatique, on obtient une matière solide qui a la même couleur que celle que je viens de décrire.

L'hypobromite de chaux paraît dès-lors beaucoup plus stable que celui de potasse ou de soude ; néanmoins l'action de la lumière et de la chaleur le transforment, comme les autres, en bromate et en bromure avec dégagement de gaz oxigène.

Le brôme agit d'une manière analogue à la baryte. Quand on fait dissoudre à chaud de l'hydrate de baryte en quantité bien supérieure à celle que le liquide pourrait retenir pendant son refroidissement, et que l'on y ajoute du brôme peu à peu, celui-ci disparaît, et tant que le liquide contient un grand excès d'alcali, il décolore fortement le papier tournesol. Il ne se précipite qu'une quantité presque insignifiante de bromate de baryte, dont la solubilité est cependant très-faible. Mais après l'addition d'un excès de brôme, on observe les mêmes effets que lorsqu'on opère avec une solution de potasse ; il se précipite une grande quantité de cristaux aiguillés, qui ne sont que du bromate de baryte, en même temps que le liquide retient du bromure de barium. Le pouvoir décolorant disparaît d'une manière complète et instantanée.

Le mélange de bromure de barium et d'hypobromite de baryte, qui constitue cette combinaison décolorante, se décompose facilement au contact de la lumière et par l'action de la chaleur. Mais par l'évaporation dans le vide, on peut la concentrer sans qu'elle se décompose, et l'obtenir même en paillettes cristallines, d'un beau jaune, et qui échauffent et enflamment quelquefois le papier joseph avec lequel on essaie de les dessécher.

Le peroxide de barium traité par le brôme donne lieu à un dégagement abondant de gaz oxigène, et la baryte, ainsi régénérée, agit sur le brôme comme je l'ai déjà dit.

La strontiane, dans son action sur le brôme, se comporte à peu près comme la baryte, avec cette différence seulement, que le bromate de strontiane étant très-soluble (1), rien ne se précipite pendant cette opération. Il se produit d'abord un composé décolorant, que l'action de la lumière et de la chaleur peuvent transformer ensuite en bromate et en bromure.

Quoique l'alcalinité de la magnésie soit bien faible, cette base peut cependant former, avec le brôme, un composé semblable à celui que produisent la potasse, la soude, etc., composé fortement décolorant d'abord, mais qu'un excès de brôme, l'action de la lumière, de la chaleur et une dessiccation complète dans le vide, transforment, comme les autres, en bromate et en bromure.

Je n'ai point remarqué d'action de la part de la solution de brôme sur l'alumine en gelée, ou sur la zircone; mais la glucine délayée dans l'eau s'est comportée d'une manière un peu différente. Quoique le liquide, exposé au contact de l'air, après sa solution, ne conservât aucune action sur l'ammoniaque et le papier-tournesol, ce qui prouve qu'il ne s'était point formé de bromure décolorant, de la glucine avait cependant été dissoute par le

---

(1) M. Philippe Cassola, dans un travail sur quelques bromates, cité fréquemment par M. Thénard dans sa dernière édition, assure que le bromate de strontiane est insoluble. Je ne sais à quoi attribuer la cause de cette assertion, qui me paraît tout à fait inexacte, car le bromate de strontiane que j'ai obtenu à plusieurs reprises très-régulièrement cristallisé, est d'une assez grande solubilité.

brôme, car le liquide filtré avait cette saveur douce, particulière aux sels de glucine, et quand on traitait le résidu de son évaporation par l'acide sulfurique, il laissait dégager des vapeurs de brôme, indice de l'existence simultanée d'un bromate ou d'un bromure. Cependant la totalité du brôme avait été loin d'éprouver cette transformation, quoique ce corps fût mêlé avec un grand excès de glucine. J'ai tout lieu de penser, d'après quelques essais, qu'il faut attribuer cet effet partiel à l'action de la lumière. L'alcalinité seule de la glucine ne suffirait point pour le produire; mais aidée par la lumière, dont l'efficacité pour produire de semblables réactions, est bien constatée, elle réalise sans doute, mais seulement dans les points fortement éclairés, ce que les alcalis font dans toute la masse et malgré l'obscurité.

Les observations de M. Grouvelle avaient fait penser que l'oxide de zinc et le peroxide de fer pouvaient produire, avec le chlore, des composés décolorans, et j'ai vérifié moi-même que, s'ils ne formaient pas d'hypochlorites bien caractérisés, ces oxides transformaient au moins le chlore en acide hypochloreux. Leur action sur le brôme est toute différente. L'oxide de zinc, mis en contact pendant long-temps avec un grand excès de brôme, le dissout en partie, il est vrai; mais la petite quantité qui se transforme ainsi, non en hypobromite, mais en bromate et en bromure, éprouve cette dissolution, sans doute par une cause semblable à celle qui favorise l'action du brôme sur la glucine. Quant au peroxide de fer, la solution de brôme n'en dissout pas la plus légère trace, et le peroxide lui-même, suffisamment lavé, ne contient pas la plus petite portion de ce corps simple, qui paraît être complétement sans action sur lui. On voit donc que, si jusqu'ici nous avons trouvé la plus grande similitude entre l'action du chlore et du brôme sur les oxides alcalins et terreux, les oxides de fer et de zinc se comportent à leur tour d'une manière bien différente.

Le protoxide de fer est transformé par le brôme, ainsi que par le chlore, en perbromure et en peroxide.

Le peroxide de manganèse n'éprouve aucune altération de la part du brôme ; mais le protoxide de ce métal est immédiatement changé, par l'action de ce corps, en bromure de manganèse, et en un hydrate noir qui ne peut se dissoudre à froid dans l'acide hydrochlorique sans dégager du chlore, et qui n'est dès-lors que du peroxide. M. Arfvedson assure que le protoxide de manganèse, traité par le chlore, se change en tritoxide ; tandis que M. Berthier pense que c'est en peroxide que cette transformation a lieu. Ce que j'ai observé avec le brôme donne plus de probabilité à la dernière opinion.

Le peroxide d'étain n'éprouve aucune action de la part du brôme, mais le protoxide de ce métal est attaqué fortement par cet agent. La couleur rutilante disparaît, la température s'élève, et l'on ne retrouve plus, après la réaction, que l'hydrobromate d'étain bibasique. J'ignore comment le protoxide d'étain se comporte avec le chlore.

L'oxide blanc d'arsenic, mis en contact avec le brôme, est instantanément transformé en acide arsénique, et le brôme lui-même se change en acide hydrobromique.

Le brôme que l'on fait agir sur l'oxide de chrôme hydraté, ne tarde pas à en changer la nature. La teinte verte disparaît, il reste comme insoluble une poudre brune, qui dégage du chlore par son contact avec l'acide hydrochlorique, et qui n'est autre chose que du peroxide de chrôme. La liqueur évaporée spontanément fournit des cristaux aiguillés d'un beau vert, qui sont du bromure de chrôme; mais elle ne contient pas d'acide chromique.

Les protoxides de cobalt, de nickel et de plomb, éprouvent de la part du brôme une action semblable. Ils sont tous les trois changés à l'instant en peroxides, sur lesquels le brôme n'exerce point d'action ultérieure, et la liqueur contient des bromures métalliques.

Le protoxide d'antimoine et celui de bismuth ne m'ont point paru éprouver d'altération de la part du brôme.

Le brôme transforme immédiatement le protoxide de cuivre en deutoxide; quant à celui-ci, l'action qu'il éprouve de la part de ce corps, ne ressemble pas tout-à-fait à celle que le chlore exerce sur lui.

En agissant sur l'hydrate de deutoxide de cuivre, le chlore, ainsi que je l'ai déjà dit dans ma dissertation précédente, produit un oxido-chlorure insoluble et un hypochlorite soluble au contraire, et duquel on peut extraire, par la distillation, de l'acide hypochloreux.

Le brôme se comporte à peu près de la même manière, mais avec cette différence, que l'hypobromite qui paraît se produire dans ce cas, est insoluble dans l'eau, et reste dès-lors mêlé avec l'oxido-bromure de cuivre, qui se produit en même temps que lui.

Ce mélange d'oxido-bromure et d'hypobromite de cuivre, est d'un vert-olive foncé. Il ne jouit point des proprié-

tés décolorantes, sans doute à cause de son insolubilité;
mais il possède toutes les autres propriétés qui caractérisent les combinaisons décolorantes du brôme et des
alcalis. Il décompose l'ammoniaque. Les acides les plus
faibles, l'acide carbonique même, en dégagent du brôme
pur. Si on le chauffe à une température un peu supérieure à 100°, il abandonne de l'eau du brôme et de
l'oxigène, et il laisse pour résidu de l'oxido-bromure.

Si le chlore et le brôme n'agissent pas de la même manière sur l'oxide de cuivre; il y a au contraire ressemblance parfaite dans la manière dont ces deux corps se
comportent avec l'oxide de mercure. Dans son action sur
ce composé, le brôme disparaît, et il se forme à la fois de
l'oxido-bromure de mercure, très-peu soluble, et une liqueur qui contient en dissolution, outre une petite quantité de ce sel, de l'hypobromite de mercure, ou de l'a-
cide hypobromeux, que l'on peut obtenir étendu d'eau
par la distillation opérée dans le vide.

L'oxide d'argent éprouve aussi, de la part du brôme,
la même altération que la part du chlore. Dans son action sur le premier de ces corps, il produit du bromure
d'argent insoluble et de l'hypobromite d'argent en dissolution. Mais celui-ci, comme l'hypochlorite lui même,
est d'une décomposition très-facile, et, sans doute à raison de l'insolubilité du bromure d'argent, il se transforme en bromure et en bromate d'argent. Cependant,
on peut utiliser l'action du brôme sur l'oxide d'argent,
moyennant certaines précautions, pour obtenir de l'acide
hypobromeux.

Parmi les oxides de la sixième section de M. Thénard,

je n'ai fait agir le brôme que sur les peroxides d'or et de platine, qui ne m'ont point paru éprouver d'altération.

Il me semble que les conséquences qu'on peut déduire des faits contenus dans le premier chapitre, sont, 1° que le brôme est d'une oxidation très-difficile, 2° que l'action du chlorure de brôme sur les alcalis, celle du brôme sur les mêmes corps, sont les moyens les plus efficaces que l'on puisse employer pour le combiner avec l'oxigène.

D'après les faits énumérés dans le second chapitre, on voit que le brôme, ainsi que le chlore, est susceptible d'agir diversement sur les oxides métalliques. Il en est quelques-uns sur lesquels il n'a point d'action; tels sont les peroxides de la plupart des métaux. Il en est d'autres à l'oxigénation desquels il contribue, soit en décomposant une partie de ce corps et la transformant en perbromure, soit en s'emparant de l'hydrogène de l'eau, et en se changeant en per-hypobromate, tout en mettant l'oxigène en liberté; tels sont la plupart des protoxides. Il en est quelques-uns dont il dégage au contraire de l'oxigène, et qu'il ramène ainsi à un état plus alcalin; c'est ainsi qu'il se comporte avec le peroxide de barium. Il en est enfin qu'il décompose, et avec lesquels il se transforme en bromure et en hypobromite, ou en acide hypobromeux. Les oxides alcalins, quelques oxides terreux, et les oxides de cuivre, de mercure et d'argent, sont dans ce cas. La plupart de ces hypobromites peuvent, du reste, par l'intervention des causes les plus faibles, se décomposer en bromates et en bromures.

On voit que, sans être identique avec celle du chlore,

l'action du brôme sur les oxides métalliques ressemble beaucoup à celle que ce corps exerce sur eux, et ainsi se multiplient les faits qui unissent si étroitement l'histoire de ces deux corps halogènes.

DU POUVOIR QUE POSSÈDENT LES MÉTAUX ET D'AUTRES CORPS SOLIDES, DE DÉTERMINER LA COMBINAISON DES SUBSTANCES GAZEUSES; par M. FARADAY. (*Phil. Trans.* 1834) (1).

En me servant d'un appareil destiné à recevoir et à mesurer les gaz produits par la décomposition de l'eau par la pile, je fus très-surpris de voir, au bout de quelque temps, une diminution et même une disparution complète des gaz qui avaient été recueillis et mesurés. Le tube de verre dans lequel les gaz étaient recueillis

(1) Le nouveau travail de M. Faraday, que nous publions aujourd'hui, appartient à la série des nombreuses recherches que ce physicien fait depuis quelque temps sur l'électricité, et que nous avons fait déjà connaître, à plusieurs reprises, à nos lecteurs. Le morceau dont il s'agit maintenant, nous a paru pouvoir facilement se détacher du reste du travail de l'auteur, avec lequel il ne se lie, comme on le verra, que d'une manière tout-à-fait accidentelle (R).

avait douze pouces de longueur et trois quarts de pouce de diamètre; il était fermé à sa partie supérieure, qui elle-même était traversée par deux fils de platine, destinés à servir de pôles et terminés inférieurement par de petites lames de même métal. On avait rempli d'acide sulfurique étendu d'eau, le tube et la capsule dans laquelle il plongeait par son extrémité ouverte. Une batterie voltaïque, dont les pôles aboutissaient aux deux fils de platine, avait développé une quantité suffisante d'oxigène et d'hydrogène pour occuper les $\frac{4}{5}$ du tube, soit 116 parties de la graduation. Au moment même où le circuit fut rompu, le volume des gaz commença à diminuer; au bout de cinq heures environ il n'en restait plus que $13\frac{1}{2}$ parties de la division, et enfin il disparut entièrement.

Diverses expériences me conduisirent à reconnaître que cet effet n'était dû, ni à ce que les gaz se seraient échappés, ni à ce qu'ils se seraient dissous dans l'eau, ni à une recomposition de l'oxigène et de l'hydrogène, due à un état particulier dans lequel ils auraient pu se trouver dans de telles circonstances; mais que le phénomène provenait de l'action que l'un des pôles de platine, ou peut-être tous les deux, exerçaient sur les gaz au milieu desquels ils étaient placés. On essaya alors de prendre les fils de platine qui avaient servi à décomposer l'eau de l'acide sulfurique étendu, et de les transporter séparément chacun dans un tube renfermant un mélange d'oxigène et d'hydrogène; on trouva ainsi que c'était le fil qui avait fait l'office de pôle positif, qui déterminait la combinaison des gaz, tandis que le fil né-

gatif ne produisait point le même effet. Il ne paraissait
pas non plus y avoir d'action de la part du pôle positif
sur l'oxigène et l'hydrogène séparés.

Les expériences qui précèdent démontrent que le phénomène consiste simplement dans la propriété que possède le platine, après qu'il a fait l'office de pôle positif
d'une pile, de déterminer la combinaison de l'oxigène
et de l'hydrogène, à la température ordinaire et même
à une température plus basse.

Pour étudier cette nouvelle propriété et déterminer si
elle est d'une nature électrique, on prépara plusieurs
lames de platine, larges d'un demi-pouce et longues de
deux pouces et demi environ ; quelques-unes étaient
épaisses de $\frac{1}{200}$ de pouce, d'autres de $\frac{1}{70}$, et d'autres
enfin n'avaient que $\frac{1}{600}$ de pouce d'épaisseur. Chacune
d'elles était soudée avec l'or à un fil de platine, long de
sept pouces environ. On disposa aussi un certain nombre
de tubes de verre, de neuf à dix pouces de longueur environ et de $\frac{5}{8}$ de pouce de diamètre intérieur ; ils étaient
fermés hermétiquement à une de leurs extrémités et gra-
dués avec soin. Ces tubes, placés sur la cuve pneumatique, étaient tous remplis d'un mélange de deux volumes d'hydrogène et d'un volume d'oxigène, et quand
on s'était servi d'une des lames de platine pendant un
certain temps, comme pôle positif ou négatif d'une pile,
ou qu'on l'avait soumise à quelqu'autre action, on l'introduisait, au travers de l'eau de la cuve, dans l'un des
tubes rempli du mélange gazeux ; on transportait le tout
dans un verre à pied, et on laissait l'appareil ainsi disposé, plus ou moins long-temps, jusqu'à ce que l'on eût
observé quelque action.

Le résultat que nous allons rapporter, pourra donner une idée de ce genre de recherches. De l'acide sulfurique étendu, d'une densité égale à 1,336, fut placé dans un vase de verre où plongeait une large lame de platine, mise en communication avec le pôle négatif d'une pile de 40 paires, de quatre pouces de côté, dont le cuivre était double et la charge modérée. L'une des lames de platine dont nous avons parlé plus haut, fut mise en communication avec le pôle positif de la même pile, et plongée pendant cinq minutes dans le même acide où aboutissait le pôle négatif; puis on l'enleva du circuit, on la lava dans l'eau distillée et on l'introduisit, au travers de l'eau de la cuve pneumatique, dans un tube rempli d'un mélange d'oxigène et d'hydrogène. Le volume des gaz commença immédiatement à diminuer, et cela avec une vitesse toujours croissante, jusqu'à ce que les trois quarts du mélange eussent disparu. La partie supérieure du tube avait acquis une température tout-à-fait élevée, et la lame de platine elle-même était devenue si chaude que l'eau entrait en ébullition lorsqu'en s'élevant elle venait en contact avec elle. Dans moins d'une minute un pouce cube et demi du mélange gazeux avait disparu, s'étant combiné par l'action du platine, et ayant ainsi formé de l'eau.

Cette influence extraordinaire qu'acquiert le platine en servant de pôle positif, se manifeste plus rapidement et avec plus d'efficacité sur un mélange d'oxigène et d'hydrogène que sur tout autre que j'aie essayé. Ainsi, ayant introduit un volume de gaz nitreux avec un volume d'hydrogène dans un tube où l'on avait placé une lame de platine, qui avait été mise en communication pendant quatre minutes avec le pôle positif d'une pile, dans de l'acide sulfurique étendu, on n'aperçut pas, au bout d'une heure, d'action sensible; au bout de 36 heures il n'y avait une diminution que d'environ $\frac{1}{8}$ de tout le volume. Il y avait donc eu une action; mais cette action avait été très-faible. Un mélange de deux volumes d'oxide nitreux (protoxide d'azote) et d'un volume d'hydrogène fut placé dans les mêmes circonstances; il n'y eut pas d'action immédiatement; mais au bout de 36 heures un quart du mélange environ, c'est-à-dire un demi-pouce cube, avait disparu. En comparant ce qui avait eu lieu dans ce cas avec ce qui se passait dans un tube contenant le même mélange sans lame de platine, on put en conclure qu'une partie de la diminution observée provenait de l'action dissolvante de l'eau, mais qu'il y en avait cependant une autre partie qui était due au platine; toutefois l'action de ce métal était, dans cette circonstance, lente et faible.

La lame de platine était sans effet, même après plusieurs jours, sur un mélange d'un volume de gaz oléfiant et de trois volumes d'oxigène; elle n'exerça pas non plus d'action sur un mélange de deux volumes d'oxide de carbone et d'un volume d'oxigène.

On essaya plusieurs fois l'action de la lame de platine préparée comme nous l'avons indiqué, sur un mélange de deux volumes égaux de chlore et d'hydrogène. Le volume gazeux diminua d'abord assez rapidement; mais, lorsqu'au bout de 36 heures on examina l'expérience de près, on s'aperçut que presque tout le chlore avait disparu, ayant été absorbé principalement par l'eau, et que le volume d'hydrogène n'avait éprouvé aucune modification. Ainsi il n'y avait eu, dans ce cas, aucune combinaison des deux gaz.

Revenons à l'action du platine préparé sur un mélange d'oxigène et d'hydrogène. Je trouvai que la puissance qu'il avait acquise, quoique se dissipant peu à peu, pouvait être cependant conservée pendant un temps plus ou moins long suivant les circonstances. Quand, après la condensation opérée par la lame des premiers volumes d'oxigène et d'hydrogène, on en introduisait de nouveaux, l'action continuait encore pendant trente heures, et dans quelques cas on put observer qu'il s'opérait encore une combinaison lente au bout de quatre-vingts heures; la continuation de l'action dépendait essentiellement de la pureté des gaz employés.

Quelques lames, qu'on avait laissées quatre minutes dans l'acide sulfurique étendu, pendant qu'elles étaient en communication avec le pôle positif de la pile, furent lavées avec soin dans de l'eau distillée; puis on en plaça deux dans une petite bouteille hermétiquement fermée, et on en laissa deux exposées à l'air libre. Les deux premières avaient conservé entièrement leur pouvoir au bout de huit jours, tandis que les autres l'avaient complétement perdu au bout de douze heures, et dans quelques cas où il y avait des courans dans l'air, au bout d'un temps encore plus court.

Des lames mises en contact pendant cinq minutes, toujours dans le même acide, avec le pôle positif de la pile, n'avaient point perdu de leur pouvoir, lors même qu'après

avoir interrompu leur communication avec la pile , on les
laissait pendant huit minutes, pendant quarante heures, ou
même pendant huit jours, plongées dans l'acide ; elles déterminaient la combinaison des gaz aussi bien que celles
qui venaient d'être électrisées au moment même.

On essaya de même quel serait l'effet d'une solution
de potasse caustique , pour empêcher les lames de perdre
leur propriété. Après les avoir laissées pendant quarante
heures dans cette solution , on trouva qu'elles agissaient
avec une grande énergie sur le mélange d'oxigène et
d'hydrogène, et qu'elles déterminaient une condensation
des gaz si rapide qu'elles se réchauffaient au point qu'on
s'attendait à les voir entrer en ignition.

Des lames semblables, placées dans l'eau distillée pendant quarante-huit heures, agissaient beaucoup moins vite
et beaucoup plus faiblement que celles qu'on avait mises
dans de l'acide, ou dans de l'alcali, pour les préserver de
l'action de l'air. Mais quand la quantité d'eau était petite,
le pouvoir des lames avait très-peu diminué au bout de
trois ou quatre jours. Comme l'eau avait été mise dans
un vase de bois, on en redistilla une partie dans
du verre, et on trouva qu'elle préservait alors les
lames pendant un temps beaucoup plus long. Des lames
préparées furent insérées dans des tubes remplis de cette
eau et hermétiquement fermés ; celles qu'on retira au bout
de vingt-quatre jours, exerçaient une action très-vive sur
le mélange d'oxigène et d'hydrogène; celles qu'on laissa
dans l'eau pendant cinquante trois jours, déterminaient
encore la combinaison des gaz. On n'avait fermé les tubes qu'avec des bouchons de liège.

Le fait de la combinaison semblait toujours diminuer et en apparence épuiser le pouvoir de la lame de platine employée. Il est vrai que le plus souvent, non pas cependant dans tous les cas, la combinaison des gaz, qui commençait d'abord d'une manière insensible, s'effectuait avec une rapidité toujours croissante et finissait quelquefois par une explosion. Mais quand cette explosion n'avait pas lieu, la combinaison cessait d'être aussi rapide ; malgré l'introduction d'un nouveau mélange d'oxigène et d'hydrogène, elle allait toujours plus lentement, et enfin elle n'avait plus lieu du tout. Le premier accroissement de vitesse paraissait dépendre, en partie d'un peu d'eau, qui, restant attachée à la lame de platine, établissait un meilleur contact avec le gaz, en partie de la chaleur développée pendant l'acte de la combinaison. Mais, quel que soit l'effet de ces causes, on observait toujours une diminution et enfin une cessation dans le pouvoir de la lame de platine. Cependant il faut observer que, plus les gaz employés étaient purs, plus la lame conservait long-temps son pouvoir ; tel était le cas, quand le mélange gazeux était le produit de l'action chimique d'une pile voltaïque sur de l'acide sulfurique étendu et très-pur ; probablement si l'oxigène et l'hydrogène étaient d'une pureté parfaite, ce pouvoir ne diminuerait point du tout.

Les différentes actions auxquelles on soumettait la lame de platine, après qu'elle avait servi de pôle positif, affectaient la puissance qu'elle avait acquise, d'une manière assez curieuse. Une lame rendue positive suivant le mode indiqué plus haut, lavée ensuite dans de l'eau distillée,

agissait avec force sur un mélange d'oxigène et d'hydrogène, et faisait disparaître, dans six ou sept minutes, environ un pouce cube du mélange ; mais si, au lieu de
laver simplement la lame, on la laissait plongée dans de
l'eau distillée pendant douze ou quinze minutes, ou plus
long-temps, elle manquait rarement, quand on l'introduisait ensuite dans le mélange d'oxigène et d'hydrogène,
d'entrer en ignition au bout d'une minute ou deux, et de
déterminer l'explosion des gaz. Quelquefois le temps qui
s'écoulait jusqu'à ce que l'action eût lieu, était de huit ou
neuf, et même de quarante minutes, et il y avait encore
ignition et explosion. Ce retard était dû à ce qu'une portion de l'eau acidulée, restée adhérente à la surface de
la lame, ne se dissipait que très-lentement.

Quelquefois, après s'en être servi comme pôles positifs
d'une batterie, on lavait et on frottait avec du papier à
filtrer, ou avec un morceau d'étoffe, les lames de platine ;
puis on les lavait et on les frottait de nouveau. Introduites
ensuite dans un mélange d'oxigène et d'hydrogène, elles
agissaient de manière à démontrer que ce traitement n'a-
vait affecté en rien leur propriété. On essaya aussi de sou-
lever les tubes qui renfermaient le mélange gazeux, hors
de la cuve pneumatique, de manière à pouvoir introduire
les lames de platine, sans qu'elles fussent mouillées ; mais
on ne put apercevoir aucune différence dans leur manière d'agir, sinon que l'action commençait un peu plus
vite.

On chercha aussi à étudier quelle altération la chaleur
pouvait apporter au pouvoir acquis par le platine. Des
lames rendues positives dans de l'acide sulfurique éten-

du, suivant le mode déjà indiqué, furent lavées avec soin dans l'eau, puis chauffées jusqu'au rouge à une lampe à alcool ; elles agirent encore avec force, après leur refroidissement, sur un mélange d'oxigène et d'hydrogène. D'autres, qui avaient été chauffées beaucoup plus fortement à l'aide du chalumeau, n'exercèrent pas une action aussi vive que les premières sur le mélange gazeux. Il paraîtrait de là que la chaleur ne détruit point la propriété que le platine a acquise en servant de pôle positif, mais que l'affaiblissement observé dans son action tient à d'autres causes qu'à la simple chaleur. Ainsi, par exemple, on a observé que, si la plaque n'a pas été bien lavée, après qu'on l'a sortie de l'acide, si la flamme à laquelle on l'a exposée est un peu charbonneuse, si l'alcool dont on a garni la lampe renferme un peu d'acide, une petite quantité d'un sel quelconque ou de quelqu'autre substance étrangère, son pouvoir éprouvera une diminution rapide et considérable.

Ce n'est pas seulement en servant de pôle positif dans de l'acide sulfurique de la densité de 1,336, que le platine peut acquérir la propriété remarquable que nous venons de décrire. Il l'acquiert également dans de l'acide sulfurique plus faible et plus fort, dans de l'acide nitrique étendu et concentré, dans de l'acide acétique étendu, dans des solutions d'acide tartarique, citrique et oxalique. Avec de l'acide muriatique la propriété se développe dans un moindre degré. Elle ne se développe point du tout dans une solution de potasse caustique et seulement à un très-faible degré dans des solutions de carbonate de potasse ou de soude. Quand on se sert de solutions neutres de sulfate de soude, de nitrate, de chlorate, de sulfate ou d'acétate de potasse, et de sulfate de cuivre, si l'on a soin, après avoir laissé les lames dans l'un de ces liquides, en contact, pendant quatre minutes avec le pôle positif de la pile, de bien les laver dans l'eau, on observe qu'elles exercent une action très-prompte et très-vive sur le mélange d'oxigène et d'hydrogène.

Il était très-important, pour parvenir à quelques notions sur la cause de ce genre d'action, de s'assurer si le pôle positif de la pile était seul capable de conférer cette propriété au platine, ou si, en ayant soin d'éviter les circonstances qui pouvaient s'y opposer, on ne parviendrait pas à trouver que le pôle négatif possède le même pouvoir. Trois lames mises en communication pendant quatre minutes avec le pôle négatif de la pile dans de l'acide sulfurique de la densité 1,336, et lavées ensuite dans de l'eau distillée, furent placées dans un mélange d'oxigène et d'hydrogène. Toutes agirent, mais non avec autant de force que lorsqu'elles avaient été rendues positives. Chacune d'elles détermina la combinaison, dans vingt-cinq minutes, d'un pouce cube et un quart environ du mélange. On obtint toujours les mêmes résultats en répétant plusieurs fois l'expérience ; et si on prenait la précaution de laisser les lames plongées pendant dix minutes dans de l'eau distillée, avant de les introduire dans les gaz, il en résultait une grande accélération dans leur action. Mais s'il se trouvait par hasard dans la solution acide quelque substance métallique, ou de toute autre nature, qui fût portée par le courant sur la lame négative, celle-ci cessait complétement d'agir sur le mélange d'oxigène et d'hydrogène.

Les expériences qui précédent démontrent que le pouvoir qu'acquiert la lame de platine qui a servi de pôle
positif, n'est pas un effet direct de l'action de la pile, ou
de quelque modification que ses différentes parties, ou sa
surface, éprouvent pendant qu'elles sont en communication avec cet appareil, mais qu'il lui appartient constamment, et dans tous les cas se manifeste toujours d'une
manière effective, quand la surface du métal est *parfaitement propre*. Quoique la circonstance de servir de pôle
positif dans des acides, puisse être considérée comme celle
qui est la plus propre à nettoyer complétement la surface du platine, il ne semble pas impossible de produire
le même effet à un degré moindre, il est vrai, par les
procédés ordinaires. C'est ce qu'on a vérifié en frottant
sur une plaque de verre une lame de platine avec un
liège, un peu d'eau et des cendres de charbon de terre;
après l'avoir ainsi nettoyée, on l'a lavée et mise ensuite
dans un mélange d'oxigène et d'hydrogène, sur lequel
elle a d'abord agi lentement, mais ensuite plus rapidement, et dont elle a condensé dans une heure une pouce
et demi cube. D'autres plaques nettoyées suivant les procédés ordinaires, avec de l'eau et du papier à désoxider,
de l'émeri, de l'oxide noir de manganèse, ou simplement
du charbon, ont toutes déterminé la combinaison des
gaz. L'action n'était dans aucun cas aussi puissante que
lorsqu'on se servait de plaques qui avaient été mises en
communication avec le pôle positif d'une batterie; mais
dans un intervalle de temps de 25, ou de 80 à 90 minutes,
on voyait toujours disparaître un à deux pouces cubes du
mélange gazeux.

Des plaques nettoyées avec un liège, de l'émeri et de l'acide sulfurique étendu, agissaient encore plus fortement. En remplaçant, pour opérer le frottement, le morceau de liège par une feuille de platine, on obtenait encore le même effet. Il en fut de même en substituant une solution de potasse à l'acide sulfurique étendu.

Les exemples qui précèdent sont plus que suffisans pour démontrer qu'il suffit de nettoyer la surface du platine par les procédés mécaniques les plus simples, pour donner à ce métal la propriété de déterminer la combinaison de l'oxigène et de l'hydrogène aux températures ordinaires.

. Pour essayer si la chaleur pourrait conférer le même pouvoir au platine, on plaça au milieu de la flamme d'une lampe à alcool, qu'on avait soin d'activer par le chalumeau, des lames de platine qui n'exerçaient aucune action sur le mélange d'oxigène et d'hydrogène, et quand on les eut laissé refroidir, on trouva qu'elles étaient devenues capables de déterminer la combinaison des gaz; il est vrai qu'elles n'agissaient que lentement en commençant; mais au bout de deux ou trois heures, presque tout le mélange gazeux avait disparu.

Une lame de platine large d'un pouce et longue de deux pouces et trois quarts, dont on ne s'était point servi dans les précédentes expériences, fut un peu courbée, de manière à pouvoir être introduite dans un tube, et fut placée pendant treize heures dans un mélange d'oxigène et d'hydrogène; il n'y eut aucune action, ni aucune trace de combinaison des deux gaz. Retirée, au travers de l'eau de la cuve pneumatique, du mélange gazeux dans lequel on l'avait mise, la lame fut chauffée jusqu'au rouge à la flamme d'une lampe à alcool, puis replacée, quand elle eut été refroidie, dans la même portion du gaz. Au bout de peu de temps, on aperçut une diminution dans le volume des gaz, et au bout de quarante-cinq minutes, un pouce cube et quart environ du mélange avait disparu. Plusieurs autres expériences analogues démontrèrent que les lames de platine, lorsqu'elles ont été chauffées, acquièrent le pouvoir de déterminer la combinaison de l'oxigène et de l'hydrogène.

Il arrivait cependant, de temps à autre, que les lames, après avoir été chauffées, ne paraissaient point agir sur les gaz oxigène et hydrogène, lors même qu'on les y laissait, sans les déranger, pendant plusieurs heures. Quelquefois même on observait qu'une lame, qui, après avoir été chauffée jusqu'au rouge, agissait faiblement, cessait complétement d'agir lorsqu'on la chauffait jusqu'au rouge-blanc; et dans d'autres cas, au contraire, une lame, qui, après avoir été légèrement chauffée, n'agissait point, devenait agissante lorsqu'on l'exposait à une chaleur plus forte.

Quoique n'agissant pas toujours également bien, quoique diminuant souvent le pouvoir qu'une lame a acquis en servant de pôle positif, la chaleur néanmoins peut donner la propriété dont il s'agit à une lame de platine qui ne la possédait pas auparavant. Ce qui fait que quelquefois l'action de la chaleur est incertaine à cet égard, c'est que la surface du métal est un peu salie, soit par l'effet de quelque substance qui la recouvrait déjà et que l'action de la chaleur rend encore plus adhérente, soit par un dépôt qu'y détermine la flamme elle-même ou l'air environnant. Il arrive souvent, en effet, qu'une lame de platine bien polie se ternit après avoir été chauffée à la flamme d'une lampe à alcool par le chalumeau, comme si un dépôt s'était formé sur sa surface ; cela suffit, et même est plus que suffisant, pour empêcher la lame d'exercer l'action singulière qui fait l'objet de notre étude. On assure que le platine se combine avec le charbon, et il ne serait pas impossible que, pendant que la lame est exposée à une forte chaleur, le charbon, ou ses composés qui sont présens, déterminassent sur la surface de cette lame une combinaison semblable, formant une couche très-mince, ce qui suffirait pour empêcher l'action dont il s'agit et qui ne peut être exercée que par le platine très-pur.

On essaya ensuite jusqu'à quel point les alcalis et les acides pourraient, par leur contact avec le platine, donner à ce métal la propriété en question. Des lames de platine plongées dans une solution bouillante de potasse caustique, puis lavées et placées dans le mélange des deux gaz, déterminèrent leur combinaison, quoique auparavant elles n'eussent pu produire le même effet ; il est vrai que quelquefois on n'obtenait pas le même résultat. Cela provenait probablement de ce que la surface du métal était recouverte de quelque impureté que ne pouvait faire disparaître l'action dissolvante de l'alcali ; car les mêmes lames, après avoir été frottées avec un peu d'émeri, et plongées dans la même solution alcaline, devenaient tout-à-fait actives.

L'action des acides était plus constante et plus complète. Une lame de platine plongée dans de l'acide nitrique étendu et en ébullition, puis lavée et placée dans un mélange d'oxigène et d'hydrogène, déterminait leur combinaison avec beaucoup d'énergie. D'autres lames furent plongées dans de l'acide nitrique pur et bouillant, pendant un intervalle de temps qui varia d'une minute et demie à quatre minutes; puis elles furent lavées dans de l'eau distillée; on trouva qu'elles agissaient avec beaucoup de force, et qu'elles pouvaient condenser un pouce cube et demi de gaz dans l'intervalle de huit à neuf minutes, et que le tube devenait très-chaud.

De l'acide sulfurique fort peut aussi rendre le platine très-actif. Une lame chauffée dans cet acide pendant une minute, puis lavée et placée dans un mélange d'oxigène et d'hydrogène, agissait aussi fortement sur les gaz que lorsqu'elle avait acquis cette propriété en étant mise en communication avec le pôle positif de la pile.

Des lames qui, après avoir été chauffées, ou avoir été mises en communication avec la pile dans des solutions alcalines, étaient sans action, devenaient capables d'en exercer une, si on les plongeait pendant une minute ou deux, ou pendant un instant seulement, dans l'acide sulfurique bouillant et ensuite dans l'eau. Quand les lames, après avoir été plongées dans de l'acide sulfurique, étaient immédiatement après, exposées à une forte chaleur, elles n'exerçaient aucune action, à cause des impuretés que l'acide avait déposées sur leur surface.

Les acides végétaux, tels que l'acétique et le tartarique, n'étaient pas toujours capables de donner au platine la propriété en question. Cela dépendait de la nature de la substance déposée auparavant sur la surface du mé-

tal, et qui pouvait, tantôt être enlevée, tantôt ne pas l'être,
par l'action de ces acides. De l'acide sulfurique faible
était dans le même cas ; mais l'action ne manquait jamais
avec de l'acide sulfurique fort.

La manière la plus sûre de donner à une lame de platine
la propriété qui nous occupe, est d'abord de la mettre en
communication avec le pôle positif, dans un acide très-fort,
et ensuite la suivante : on la place sur la flamme d'une
lampe à alcool ; quand elle est devenue incandescente, on
la frotte avec un morceau de potasse caustique, qui, en
se fondant, recouvre le métal d'une couche alcaline très-
épaisse, et qui reste à l'état de fusion sur sa surface pendant une seconde ou deux ; on la plonge ensuite dans
l'eau pendant quatre ou cinq minutes, pour enlever l'alcali ; on la lave, puis on la met pendant une minute environ dans l'acide sulfurique bouillant ; quand on la retire de l'acide, on la laisse pendant dix à quinze minutes
dans l'eau distillée, afin de faire disparaître les dernières
traces d'acide. Si, après lui avoir fait éprouver ces différens traitemens, on place la lame de platine dans le
mélange gazeux, la combinaison commence aussitôt et chemine très-rapidement ; le tube s'échauffe, le platine devient incandescent et le résidu des gaz s'enflamme.   On
peut répéter cette expérience aussi souvent qu'on le veut,
et produire ainsi, sans le secours d'une pile, l'effet dans
son maximum d'intensité.

En substituant à l'acide sulfurique de l'acide acétique
ou tartarique, on peut aussi donner au platine la même
propriété et le rendre capable de déterminer l'explosion
des gaz ; mais l'effet est plus sûr et plus puissant avec de

l'acide sulfurique fort. En faisant fondre du borax, ou un mélange de carbonate de potasse et de soude sur la surface de la lame de platine, on trouve, après l'avoir bien lavée dans de l'eau, qu'elle a acquis le pouvoir de déterminer la combinaison de l'oxigène et de l'hydrogène, mais seulement à un faible degré; tandis qu'elle l'acquiert à un très-haut degré, si, après l'avoir lavée, on la plonge dans de l'acide sulfurique bouillant.

On a fait quelques essais avec d'autres métaux que le platine; l'or et le palladium deviennent capables d'exercer l'action dont il s'agit, soit en étant placés au pôle positif de la pile, soit en étant plongés dans de l'huile de vitriol bouillante. Lorsque l'on emploie le palladium, il faut que l'action de la pile ou de l'acide, soit modérée, afin que ce métal n'en éprouve pas d'altération. On n'a pas pu rendre, ni l'argent, ni le cuivre, capables d'exercer la moindre action à la température ordinaire.

Il ne peut maintenant rester aucun doute que la propriété de déterminer la combinaison des gaz, que peuvent acquérir des masses de platine ou d'autres métaux, lorsqu'on les met en communication avec les pôles d'une batterie voltaïque, ou lorsqu'on nettoye leur surface par des procédés chimiques et mécaniques, est exactement la même que Döbereiner a découverte en 1823 dans l'éponge de platine, et qui, dans la même année, a été étudiée et soumise à l'expérience avec tant de soins par MM. Dulong et Thénard. Ces derniers physiciens citent, entr'autres expériences, celle d'un fil de platine fin, tourné en hélice, qui, après avoir été plongé dans de l'acide nitrique, sulfurique ou muriatique, devient incandescent, quand on le présente dans l'air devant un jet de gaz hydrogène. Ce même effet, je puis maintenant le produire à volonté sur des fils et des lames quelconques, en les préparant comme je l'ai indiqué plus haut ; et, en se servant d'une petite lame de platine courbée dans les bords, de manière à avoir très-peu de points de contact avec le tube de verre, on perd si peu de chaleur que le métal se conduit comme de l'éponge de platine, et qu'il n'y a presque plus de chance que l'expérience manque.

M. Döbereiner rapporte ce genre d'effet à une action électrique. Il considère le platine et l'hydrogène comme formant un élément voltaïque, dans lequel l'hydrogène étant éminemment positif, joue le rôle du zinc des couples ordinaires, et par conséquent, comme lui, attire l'oxigène avec lequel il se combine.

Dans les deux notices intéressantes qu'ils ont publiées sur ce sujet ; MM. Dulong et Thénard ont montré que l'élévation de température favorise ce genre d'action, sans en altérer la nature, et que le phénomène du fil de platine incandescent, dans la lampe aphlogistique de Davy, est le même phénomène que celui de l'éponge de platine de Döbereiner. Ils prouvent que tous les métaux possèdent, à un degré plus ou moins grand, la même propriété, et que même elle existe dans d'autres corps, tels que le charbon, la porcelaine, le verre, les cristaux, etc., du moins à une température élevée ; et ils attribuent à l'influence du verre chauffé l'effet curieux observé par Davy, de la combinaison de l'oxigène et de l'hydrogène dans un tube, à une température inférieure à celle de l'ignition. Ils établissent que les liquides ne produisent point le même effet, ou du moins que le mercure ne possède pas cette propriété à une température inférieure à celle de son point d'ébullition, qu'elle n'est point due à la porosité des corps, que la même substance varie beaucoup dans son action, d'après l'état dans lequel elle se trouve, et qu'il est plusieurs autres mélanges gazeux, outre le mélange de l'oxigène et de l'hydrogène, qui peuvent éprouver une combinaison par le même procédé, mais en élevant un peu la température. Ils présument qu'il est probable que l'éponge de platine acquiert la propriété dont elle est douée, par le contact avec l'acide pendant sa réduction, ou par la température à laquelle elle est soumise dans cette opération.

MM. Dulong et Thénard s'expriment avec beaucoup de réserve sur la théorie de cette action ; ils la rapprochent de la propriété inverse que possèdent certains métaux, de décomposer l'ammoniaque à une température qui ne suffirait pas à elle seule pour opérer cette décomposition, et ils remarquent que les métaux les plus propres à produire ce dernier genre d'effet, sont précisément ceux qui sont le moins aptes à déterminer la combinaison de l'oxigène et de l'hydrogène, et inversément. Ils terminent leurs recherches en observant qu'il est impossible de rendre compte de cette classe de phénomènes par aucune théorie connue, et que, quoique les effets en soient tout-à-fait passagers, comme la plupart de ceux qui tiennent à l'électricité, il est impossible cependant de leur assigner une origine électrique qui ne pourrait se concilier avec un grand nombre des résultats qu'ils ont obtenus.

Le Dr. Fusinieri s'est aussi occupé de ce sujet, et a

donné une théorie qu'il croit propre à expliquer ces phénomènes. (M. Faraday donne sur cette théorie quelques détails que nous omettons avec d'autant moins de regrets que lui-même, sentant qu'il ne peut en faire qu'une exposition imparfaite, renvoie ses lecteurs au mémoire du Dr. Fusinieri inséré dans le *Giornale di Fisica*, T. VIII, p. 259).

Ne présumant pas que le problème soit encore résolu, je me hasarde à présenter quelques idées, qui me semblent pouvoir rendre compte de ces effets d'après les principes connus.

Il faut observer, en ce qui concerne le platine, que son action ne peut tenir à aucun état particulier et transitoire, soit électrique, soit d'une autre nature, dans lequel ce métal se trouverait ; il suffit, pour n'avoir aucun doute à cet égard, de se rappeler toutes les espèces d'actions qui peuvent donner à une lame de platine la propriété dont nous recherchons la cause. L'expérience prouve aussi qu'elle ne dépend pas non plus de l'état de porosité, de ténuité ou de densité du métal. La condition qui paraît être la seule essentielle, c'est que la surface soit parfaitement propre et métallique ; il est vrai que la forme que l'on donnera au métal et l'état dans lequel il se trouvera, pourront influer sur la rapidité et par conséquent sur l'apparence du phénomène, ainsi que sur quelques circonstances accessoires, telles que l'ignition du platine et la combustion des gaz ; mais dans l'état même le plus favorable sous ce dernier rapport, si la première condition n'est pas remplie, aucun effet ne pourra avoir lieu.

L'effet dont il est question, est produit évidemment par la plupart, si ce n'est par tous les corps solides, à un faible degré, il est vrai, par plusieurs d'entr'eux, mais avec beaucoup d'énergie par le platine. Dulong et Thénard, ont montré que cette propriété appartient à peu près à tous les métaux, ainsi qu'aux terres, au verre, etc. ; il ne peut donc être question de lui attribuer une origine électrique.

Il résulte chez moi, de tous les phénomènes qui se rattachent à ce sujet, la conviction que les effets dont il s'agit sont tout-à-fait secondaires, et qu'ils dépendent des conditions naturelles de l'élasticité gazeuse, combinée avec l'action d'une force attractive que possèdent plusieurs corps à un très-haut degré ; je veux parler ici de cette force attractive qui produit l'adhésion, sans déterminer en même temps de combinaison chimique, mais qui peut, sous l'empire de circonstances favorables, telles que celles qui ont lieu dans le cas actuel, déterminer la combinaison de corps soumis en même temps à son action. Je suis disposé à admettre (et probablement je ne suis pas le seul) que, dans l'attraction moléculaire comme dans l'affinité chimique, la sphère d'action de chaque particule s'étend au-delà de celles avec lesquelles elle est immédiatement et évidemment unie, et que cette action à distance peut produire des effets d'une haute importance. Je pense que c'est là la cause déterminante du phénomène découvert par Döbereiner, et de plusieurs autres d'une nature analogue (1).

(1) Nous nous permettrons, dans le reste du mémoire, consacré à l'exposition des vues théoriques de l'auteur, d'abréger un peu les

Les corps hygrométriques, qui ont la propriété d'attirer et de condenser la vapeur d'eau, sans se combiner chimiquement avec elle, fournissent un exemple de ce genre d'attraction. La petite couche d'air, qui reste souvent adhérente à la surface du verre dans le baromètre à mercure, et qu'on ne peut chasser sans difficulté, en est un exemple encore plus frappant. Les corps étrangers qui agissent dans une solution comme centres de cristallisation, semblent produire leur effet par une action du même genre, car ils exercent sur les particules qui les avoisinent, une attraction qui, sans être assez forte pour produire une combinaison chimique, est cependant capable de les rendre adhérentes à leur surface. Il semble résulter de l'examen de plusieurs cas de ce genre d'action, que cette espèce d'attraction tient à la fois de l'attraction moléculaire et de l'affinité chimique.

De tous les corps, les gaz sont ceux que l'on peut s'attendre à voir manifester le plus facilement quelque action mutuelle, quand ils sont sous l'influence de la force attractive du platine ou de quelque autre corps solide. Les liquides, tels que l'eau, l'alcool, etc., sont si denses et tellement incompressibles qu'il n'y a pas de chance que l'attraction qu'exerce sur eux un corps avec lequel ils adhèrent, puisse rapprocher leurs particules les unes des autres plus qu'elles ne le sont déjà, d'autant plus qu'en général cette attraction les place à une distance du corps solide, plus petite que celle qui existe entr'elles.

détails qu'il donne à cet égard. Nous croyons pouvoir le faire sans nuire à la clarté et sans rien omettre d'important. (R.)

Mais les gaz et les vapeurs sont susceptibles d'éprouver de grands changemens dans les distances relatives de leurs particules, par l'action des agens extérieurs; et quand ils sont en contact immédiat avec le platine, leurs molécules peuvent s'approcher excessivement de celles du métal. Les corps hygrométriques nous en offrent un exemple; leur influence suffit pour amener à l'état liquide une vapeur qui ne pourrait se condenser par des procédés, mécaniques, qu'au moyen d'une compression capable de réduire son volume au dixième et même au vingtième de ce qu'il était primitivement.

Une autre considération importante, à laquelle on doit avoir égard, et qui n'a pas, je crois, été encore signalée, c'est la condition d'élasticité sous laquelle les gaz sont placés vis-à-vis d'une surface qui agit sur eux. Nous n'avons que des notions très-imparfaites sur la constitution intime et en particulier sur l'état des particules des corps solides, liquides et gazeux; mais cependant nous considérons toujours l'état gazeux comme dû à la répulsion naturelle des particules ou de leurs atmosphères, chaque particule étant considérée comme un petit centre d'une atmosphère de calorique, d'électricité, ou de quelqu'autre agent; nous ne sommes donc probablement pas dans l'erreur en considérant l'élasticité comme dépendant d'une action réciproque. Mais cette action mutuelle manque complétement du côté où les particules gazeuses sont en contact avec le platine, et nous devons donc *a priori* nous attendre à une diminution, dans cette portion du gaz, de la moitié au moins de la force élastique. Or, comme Dalton l'a démontré, la force élastique des particules d'un gaz n'a aucune action sur celle des particules d'un autre gaz, les deux étant l'un à l'égard de l'autre comme un espace vide ; il n'est pas non plus probable que les molécules du platine puissent exercer sur celles d'un fluide élastique, une influence semblable à celle qui serait exercée, les unes sur les autres, par des particules gazeuses de même nature. La diminution de moitié que doit éprouver la force élastique du gaz, dans la partie où ce dernier est en contact avec le métal, me paraît être une conséquence nécessaire de la constitution des fluides élastiques. Un espace rempli d'un gaz ou d'une vapeur d'une densité quelconque, est, à l'égard d'un autre fluide élastique, comme s'il était vide ; c'est ce qui fait que la vapeur d'eau se forme aussi facilement dans l'air que dans le vide, ses particules pouvant s'approcher à une très-petite distance de celles de l'air, et n'étant influencées que par leur action mutuelle les unes sur les autres. Si cette absence d'action existe pour un corps élastique à l'égard d'un autre, à plus forte raison existera-t-elle pour les particules d'un corps solide à l'égard de celles d'un gaz dont elles n'ont point l'élasticité et avec lesquelles elles diffèrent tellement sous tous les rapports. De là il me paraît résulter que les molécules de l'hydrogène ou de tout autre gaz ou vapeur, placées dans le voisinage du platine, sont, dans leur contact avec ce métal, comme si elles étaient à l'état liquide, et par conséquent beaucoup plus rapprochées de lui qu'elles ne le sont les unes des autres, en supposant que le métal n'exerce aucune attraction sur elles.

Une troisième et importante considération, qui prouve

l'action mutuelle des gaz, sous l'empire des circonstances que nous avons signalées, c'est leur facilité à se mélanger parfaitement. Si des corps liquides capables de se combiner peuvent se mélanger, leur mélange seul, sans autre circonstance déterminante, suffit pour opérer leur combinaison ; mais pour des gaz, comme l'oxigène et l'hydrogène, qui ont une affinité telle qu'ils s'unissent sous l'empire de mille circonstances différentes, la combinaison ne peut avoir lieu par l'effet de leur simple mélange. Il est vrai aussi que leurs particules sont dans l'état le plus favorable pour se combiner sous l'influence de la première cause déterminante, telle, par exemple, que l'action négative du platine, qui supprime ou diminue leur élasticité d'un côté, l'action positive du métal qui les condense sur sa surface par l'effet de sa force attractive, ou enfin l'influence de ces deux actions réunies. On a des exemples d'une force extérieure capable de déterminer une combinaison, dans le fait observé par Sir J. Hall, que l'acide carbonique et la chaux peuvent rester unis sous l'empire d'une forte pression, même à une température à laquelle, sans cette pression, ils seraient séparés, et dans la formation de l'hydrate de chlore, qui ne peut avoir lieu qu'avec le secours d'une pression sous laquelle le composé ne peut subsister à la température ordinaire.

Ainsi donc les principes que nous venons d'exposer, suffisent pour expliquer l'action du platine dans la combinaison de l'oxigène et de l'hydrogène. L'influence des causes que nous avons indiquées, savoir, l'absence de force élastique et l'attraction du métal par les gaz, produit sur eux une telle condensation que

leur affinité mutuelle peut s'exercer, même à la température ordinaire. L'absence de force élastique a le double
avantage de leur permettre de mieux obéir à la force attractive du métal, et de les mettre dans un état plus favorable à leur combinaison mutuelle, en faisant disparaître
une partie de la force répulsive qui s'y oppose constamment. Le résultat de leur combinaison est une production de vapeur d'eau et une élévation de température.
Mais l'attraction du platine pour l'eau n'est pas plus grande,
ni même aussi grande que pour les gaz; il en résulte que
cette vapeur est promptement disséminée dans les gaz;
une partie nouvelle de ceux-ci vient donc en contact
avec le platine, se combine et ainsi de suite. Cette série de combinaisons est encore facilitée par la chaleur
qui est développée, et celle-ci à son tour peut devenir assez
forte pour produire l'ignition.

Il est facile de comprendre d'après ce qui précède,
pourquoi il faut que le platine soit propre pour que la
combinaison puisse avoir lieu, et pourquoi par conséquent il n'exerce pas cette action dans les circonstances
ordinaires ; c'est qu'il ne peut y avoir alors, entre le
métal et les gaz, ce contact intime nécessaire pour que
ces derniers éprouvent les effets qui peuvent seuls déterminer leur union chimique. Il est curieux d'observer que
ce même pouvoir du platine, qui lui donne la propriété
de déterminer les combinaisons, est la cause qui fait que,
par la condensation des substances étrangères, sa surface
est, dans les cas ordinaires, trop sale pour produire son
effet sur l'oxigène et l'hydrogène.

La simple exposition à l'air suffit pour que la surface

du platine se couvre de quelque impureté qui rende ce métal incapable de produire l'effet observé. C'est ce qui fait que l'éponge de platine perd souvent sa propriété, lorsqu'on en a fait long-temps usage; une simple élévation de température est suffisante pour la lui rendre.

Il n'est pas de condition plus favorable pour la production du phénomène, que celle dans laquelle se trouve le platine que l'on retire par la chaleur, du précipité de muriate ammoniacal; sa surface est très-étendue, très-pure et éminemment accessible aux gaz qui sont mis en contact avec elle; sa surface extérieure préserve l'extérieure de toute impureté, ainsi que l'ont observé Dulong et Thénard; enfin sa structure spongieuse le rend si mauvais conducteur de la chaleur que la plus grande partie de celle qui est développée par la combinaison des premières particules des gaz, est retenue dans l'intérieur de la masse et facilite ainsi la combinaison du reste.

Il nous reste maintenant à parler de quelques anomalies singulières qu'exercent sur ces phénomènes, non plus la nature ou l'état particulier du métal, mais la présence de certaines substances mélangées avec les gaz. Dans ce qui suit nous désignerons simplement par mélange explosif le mélange d'un volume d'oxigène et de deux d'hydrogène; nous remarquerons aussi que l'hydrogène dont on faisait usage était obtenu par l'action de l'acide sulfurique étendu sur le zinc, et l'oxigène, par l'action de la chaleur sur le chlorate de potasse.

Une forte proportion d'air ordinaire introduite dans le mélange explosif n'empêchait point l'action de la lame de platine, lors même qu'elle formait les deux tiers du volume gazeux. Au bout de deux heures et demie, tout l'oxigène et l'hydrogène s'étaient combinés. Il n'en était pas de même du gaz oléfiant; il suffisait de $\frac{1}{48}$ de ce gaz dans le mélange, pour arrêter complétement l'influence de la lame de platine; au bout de 48 heures elle n'avait encore pu se faire apercevoir. Ce n'était pas que la lame eût perdu son pouvoir; car retirée de ce mélange et introduite dans un autre où il n'y avait point de gaz oléfiant, elle déterminait l'explosion des gaz dans sept minutes. En plaçant la lame de platine dans un tube renfermant 49 parties en volume du mélange et une de gaz oléfiant, on n'avait pu apercevoir d'action sensible au bout de deux heures; mais en examinant l'appareil au bout de 24, on trouva le tube brisé en mille pièces. Il paraît que l'action, qui d'abord avait été retardée, avait fini par avoir lieu et par atteindre son maximum d'intensité. Avec 99 volumes du mélange explosif et un de gaz oléfiant, une faible action commençait à se faire apercevoir au bout de 50 minutes; elle allait en augmentant jusqu'à la 80me minute, et devenait alors si intense qu'elle se terminait par une explosion. Cette expérience met dans tout son jour l'influence retardatrice que possède le gaz oléfiant, même lorsqu'il est en très-faible proportion; influence qui n'altère en rien le pouvoir des lames de platine, et qui s'exerce de même sur des lames préparées d'une manière quelconque.

L'oxide de carbone, comparé à l'acide carbonique, présente aussi une anomalie remarquable; tandis que quatre volumes de ce dernier gaz, mélangés avec un volume explosif, n'empêchent nullement la combinaison de l'hydrogène et de l'oxigène par l'effet de la lame de platine, il suffit de la présence de $\frac{1}{8}$ d'oxide de carbone dans le mélange explosif, pour arrêter complétement l'action du métal. En réduisant à $\frac{1}{18}$ du volume total, la proportion d'oxide de carbone, la lame de platine finit par agir lentement en commençant, mais avec explosion au bout de 42 minutes.

Voici les résultats généraux des essais faits avec différens gaz et vapeurs. L'oxigène, l'hydrogène, l'azote et le protoxide d'azote n'empêchent pas l'action du platine sur le mélange explosif, lors même qu'ils sont dans une proportion telle qu'ils forment les $\frac{4}{5}$ du volume gazeux; ils retardent seulement un peu l'action, à des degrés peu différens des uns des autres.

Nous avons déjà signalé l'influence remarquable du gaz oléfiant et de l'oxide de carbone. L'hydrogène sulfuré présente un phénomène semblable; il suffit de la présence de $\frac{1}{16}$ et même de $\frac{1}{20}$ de ce gaz dans le mélange explosif, pour empêcher l'action du platine, qui n'est pas même sensible après 70 heures. Mais ce qui distingue l'effet négatif de l'hydrogène sulfuré de celui des deux autres gaz, c'est que les lames de platine placées dans le mélange gazeux dont il fait partie, ont perdu, lorsqu'on les retire, la propriété d'agir sur un mélange pur d'oxigène et d'hydrogène. Des vapeurs de carbure de soufre, d'éther, ou du liquide qui résulte de la condensation du gaz de la houille, introduites successivement dans le mélange explosif, ont empêché presque entièrement l'action de la lame de platine, sans néanmoins détruire son pouvoir.

En se servant d'éponge de platine, et en dirigeant sur elle un jet d'hydrogène mélangé en diverses proportions avec les différens gaz dont nous venons de parler, on a obtenu des résultats parfaitement analogues à ceux qui précèdent. Ainsi, tandis que l'éponge de platine entrait en ignition sous l'influence d'un jet d'*un* volume d'hydrogène avec *sept* d'acide carbonique, elle ne pouvait s'échauffer par l'action d'un jet d'*un* volume de gaz oléfiant, ou d'oxide de carbone, avec *un* d'hydrogène. Un mélange d'hydrogène et de vapeur, soit d'éther, soit du liquide retiré du gaz de la houille, détermine l'ignition de l'éponge de platine; il ne paraîtrait pas d'après cela que l'influence retardatrice des hydrogènes carbonés tienne à la proportion plus ou moins grande de charbon qu'ils renferment.

Nous devons encore signaler la propriété singulière de l'hydrogène obtenu en faisant passer la vapeur d'eau sur du fer rouge. Cet hydrogène mélangé avec l'oxigène, non-seulement ne se combine pas par l'action du platine et ne fait pas rougir l'éponge de platine, mais même empêche, par sa présence dans le mélange explosif ordinaire, l'action du métal sur ce mélange. Il est probable que c'est à une petite quantité d'oxide de carbone qu'il renferme, qu'est due cette propriété négative de l'hydrogène retiré de la vapeur d'eau, propriété qu'on ne fait point disparaître en lavant beaucoup le gaz et en le laissant long-temps exposé sur l'eau.

Les effets que nous venons de décrire, dépendent-ils de quelque action exercée sur les particules du mélange explosif, par celles du gaz qu'on y introduit, ou de quelques modifications temporaires qu'elles feraient éprouver au métal? C'est ce qui ne peut être décidé que par une série plus nombreuse d'expériences.

La théorie que j'ai donnée pour expliquer le phénomène principal, me paraît suffisante pour donner l'explication de tous les effets que nous avons signalés, sans qu'il soit nécessaire de recourir à une nouvelle propriété de la matière. Si j'y ai insisté avec quelque étendue, c'est que je suis convaincu que les actions superficielles de ce genre deviendront chaque jour d'une plus grande importance dans les théories chimiques et dans la mécanique corpusculaire; dans la combustion ordinaire en particulier, il est évident qu'une action de ce genre sur la surface du charbon ou de la flamme, a une grande influence sur les combinaisons qui ont lieu (1).

Il y a plusieurs cas dans lesquels certaines substances, telles que l'oxigène et l'hydrogène, produisent, à l'état naissant, des effets qu'elles ne sont pas capables de produire une fois qu'elles ont pris l'état gazeux; c'est ce qui arrive, par exemple, au moment où ces gaz se développent aux pôles de la pile. L'absence de force élas-

_____

(1) Un exemple remarquable de l'influence de la force mécanique sur l'action chimique, nous est fourni par la non-efflorescence qu'éprouvent certaines substances, quand leurs surfaces sont parfaitement nettes, tandis qu'elles tombent en efflorescence dès qu'une portion de ces surfaces est altérée. Des cristaux de carbonate, de phosphate et de sulfate de soude peuvent, quand leur surface est intacte, être maintenues pendant plusieurs années sans efflorescence, pourvu qu'on les mette à l'abri de toute action extérieure. Mais il n'en est plus de même dès qu'une portion de cette surface est entamée; aussitôt l'efflorescence commence, et gagne tout le cristal.

tique dans ce moment les met, par rapport aux particules avec lesquelles ils sont en contact, dans la même position dans laquelle sont placées les molécules d'oxigène et d'hydrogène à l'égard de la lame de platine, quand sa surface est parfaitement propre.

Quant à l'influence exercée par la présence des gaz étrangers dans le mélange d'oxigène et d'hydrogène, elle se lie peut-être, jusqu'à un certain point, avec les phénomènes singuliers que présentent des substances gazeuses dans leur passage au travers de tubes étroits, et dans leur diffusion les unes dans les autres. Nous rappellerons, sous ce dernier rapport, les recherches récentes et remarquables de M. Graham et du Dr. Mitchell de Philadelphie. Il est probable que si, au lieu de se servir du plâtre de Paris, comme substance poreuse à travers laquelle on faisait passer les gaz, ou eût fait usage de l'éponge de platine, la diffusion des gaz aurait paru être soumise à d'autres lois.

PHYSIQUE.

SUR L'ÉLECTRICITÉ ANIMALE ; par M. Charles MATTEUCCI.

—————

Quoique depuis bien long-temps on nous parle de l'existence de l'électricité des animaux, il faut avouer cependant que nous manquons encore d'un fait clair et précis qui en constate l'existence.

Wollaston le premier essaya d'expliquer les sécrétions animales à l'aide de l'électro-chimie : en envisageant de plus près ce phénomène, j'ai obtenu avec la pile des fluides dont la nature chimique était analogue à celle des reins, par exemple, et du foie (1). J'ai aussi démontré la décomposition des sels métalliques mis en circulation, dans lequel cas les oxides passent dans la bile, les acides dans l'urine (2). Mais tout cela n'était pourtant pas démontrer l'existence de l'état électrique des organes sécrétoires; c'était, au contraire, supposer la chose démontrée.

M. Donné, dans un travail présenté à l'Académie des Sciences le 27 janvier 1834, est enfin parvenu à démon-

(1) *Annales de Chimie et de Physique.*
(2) *Annali delle Scienze del Regno Lombardo-Veneto.*

trer l'existence de l'état électrique opposé de la peau et
de la membrane muqueuse de la bouche ; c'est aussi
entre l'estomac et le foie de tous les animaux, qu'il a
trouvé des courans électriques extrêmement énergiques.
Le fait est hors de doute, et se reproduit toujours dans
le même sens et dans le même degré que M. Donné l'a
observé. Il est curieux cependant qu'il ait voulu expliquer ces courans par l'action des acides et des alcalis
qui se séparent par les différens organes. C'est en réfléchissant à la faible alcalinité et acidité des liquides sécrétés, à l'imparfaite conductibilité du plus grand nombre
des substances organisées, que j'ai douté de la vérité de
cette théorie, et que j'ai été plutôt conduit à regarder
ces substances alcalines et acides comme produites par
l'état électrique contraire propre des organes sécrétoires. Le sens du courant favorisait du reste cette supposition. Mais comme il était possible de décider cela
par l'expérience, j'ai voulu l'essayer. Le raisonnement
est simple : si ce courant tient à l'action des acides et
des alcalis sécrétés, il doit sans doute durer après la mort
de l'animal, puisque ceux-là ne disparaissent pas. Sur un
lapin dans lequel, en touchant l'estomac et le foie avec les
extrémités en platine d'un galvanomètre assez sensible,
j'avais une déviation de 15° à 20°, j'ai coupé tous les vaisseaux sanguins et avec eux les nerfs qui se rendent dans
l'abdomen, supérieurement au diaphragme. En renouve-
lant alors l'expérience, la déviation se trouva réduite à
3° ou 4°; en coupant enfin la tête de l'animal, on cessa
complétement de l'obtenir. Ce n'est qu'en introduisant
dans la moëlle épinière un fil métallique, et en excitant

ainsi de fortes contractions, que j'ai pu quelquefois reproduire passagèrement la déviation. Une mort plus accélé-
rée était à essayer, et je n'avais pour cela qu'à faire usage
de l'acide hydro-cyanique. J'ai commencé donc par observer sur un autre lapin les courans de l'estomac et du
foie. Qu'on introduise alors dans l'intérieur de la poitrine
l'extrémité d'un tube de verre communiquant avec une
cornue de laquelle l'acide hydro-sulfurique développé est
obligé de sortir à travers le cyanure de mercure. La mort,
qui ne se fait pas attendre, est précédée dans ce cas de quelque mouvement convulsif. Le courant se montre et disparaît; son existence semble liée avec les secousses et produite comme par saccades ; il disparaît enfin entièrement
et il n'est plus possible de l'observer. Inutile de dire que
j'ai toujours vérifié, après la mort et la cessation des
courans, l'acidité et l'alcalinité des fluides du foie et de
l'estomac. Sur un grand nombre de grenouilles j'ai aussi
vérifié ces résultats. J'ajoute enfin., pour contr'épreuve,
qu'on ne cesse pas d'observer les courans, même après
avoir fait disparaître l'acide de l'estomac par un alcali
quelconque. C'est donc dans la vie et par la vie que ces
états électriques existent et se produisent.

Il restait, après cela, à voir par quels organes cette
électricité parcourait le corps, par lesquels elle se produisait. M. Pouillet, dans un mémoire publié depuis
long-temps dans le Journal de Magendie, annonce n'être
jamais parvenu à observer des courans électriques, en touchant les nerfs par les extrémités en platine d'un galvanomètre. M. Nobili a publié avoir observé constamment
un courant entre les muscles et les nerfs d'une grenouille

préparée. Enfin j'ai dernièrement annoncé (1) avoir découvert un courant électrique, en liant avec des lames de platine communiquant au galvanomètre, les deux extrémités des nerfs pneumogastriques coupés.

Je ne suis point surpris des résultats obtenus par M. Pouillet, ni de n'avoir pu toujours vérifier les résultats de M. Nobili, après avoir observé qu'un courant, même très-fort, d'une pile de dix couples, qu'on fait passer par une grenouille préparée, ne quitte jamais les organes de l'animal pour entrer dans le fil du galvanomètre. Que ce courant passe par les muscles seulement, par les nerfs. ou par les muscles et les nerfs, jamais le galvanomètre placé intermédiairement n'en est atteint ; toujours, au contraire, la grenouille est fortement excitée. J'ai isolé le nerf de la cuisse d'une grenouille, en en coupant toute la partie musculaire : le même courant excitant toujours les convulsions, n'a jamais quitté le nerf pour passer dans le fil du galvanomètre, dont les extrémités touchaient les surfaces du muscle coupé. Enfin en laissant intact le muscle, j'ai coupé le nerf, et j'en ai lié les extrémités autour des lames de platine du galvanomètre : le courant électrique de la pile n'excita plus, dans ce cas, que de très-faibles convulsions, et une déviation presque insensible se fit apercevoir dans l'aiguille. Ces résultats s'observent, quelle que soit la direction du courant par rapport à la distribution des nerfs. Désappointé alors, j'ai dû revenir à mes dernières expériences sur les pneumogastriques, et c'est en les répétant avec toute la préci-

(1) *Annali del Regno Lombardo-Veneto.*

sion possible, que j'ai été obligé, malgré moi, de re-connaître qu'aucun courant ne se montre dans ces nerfs, et que c'est à des causes étrangères qu'on doit l'attribuer quelquefois, s'il se présente.

Des états électriques opposés existent donc dans les organes vivans, et c'est à eux qu'avec toute probabilité les sécrétions sont dues ; mais aucun moyen connu ne nous montre par quels organes ils peuvent se transmettre et se produire. Cette électricité nous est cachée par l'organisation : c'est dans la torpille qu'il faut chercher ce secret ; c'est là une grande découverte à faire.

Florence, 10 *septembre* 1834.

ASTRONOMIE.

RECUEILS D'OBSERVATIONS ASTRONOMIQUES.

Nous avons reçu dernièrement, pour l'Observatoire de Genève, de nouveaux volumes des observations astronomiques faites à Greenwich et à Cambridge, ainsi que la première partie des Annales de l'Observatoire de Bruxelles ; et nous regrettons de ne pouvoir dire ici que quelques mots sur chacune de ces publications.

La collection des observations faites à Greenwich , déjà
si précieuse par sa longue série, par la bonté des instrumens dont cet Observatoire est pourvu, aussi bien que par
les soins et l'assiduité avec lesquels on y observe, et la
promptitude avec laquelle on y publie les observations,
vient de recevoir encore un développement important. On
y a joint, dans une partie supplémentaire, à partir de l'année 1830, la réduction des observations, ce qui tend à
en augmenter considérablement l'utilité pratique, en
fournissant des résultats tout calculés et dont on peut
faire un usage immédiat pour les diverses déterminations
astronomiques. Les quatre cahiers in-folio d'observations,
faites en 1833 par M. Pond et ses six adjoints, sont ac-
compagnés d'un fascicule à part, renfermant un catalogue des positions, en ascension droite et en distance polaire, de 1112 étoiles, résultant des observations faites à
Greenwich de 1816 à 1833, et réduites au 1er janvier
1830, en faisant usage, pour les distances polaires, de la
table de réfractions de Bradley. Ce catalogue est important, par la vérification qu'il fournit des positions des
étoiles qui y sont rapportées, et par la détermination
plus exacte qu'il procurera, par sa comparaison avec les
catalogues précédens, des mouvemens propres de quelques-unes de ces étoiles. Les ascensions droites y surpassent, en moyenne, d'environ trois dixièmes de seconde de temps celles du catalogue de la Société Astronomique, qui résultent des obervations de Bradley et de
Piazzi. L'ascension droite de la Polaire, résultant de 1854
observations faites à Greenwich, excède celle de ce
même catalogue de onze secondes et demie, tandis que sa

distance au pôle, déduite de 2096 observations, ne diffère que de six dixièmes de seconde de degré de celle de ce catalogue.

Les cahiers supplémentaires, renfermant les réductions des observations de Greenwich pour 1830, 1831 et 1832, ont déjà paru. On y trouve d'abord quelques détails sur les instrumens et sur leur rectification ; puis le résultat de chaque observation faite, soit avec la lunette méridienne de Troughton, de 5 pouces d'ouverture et de 10 pieds de distance focale, dont le grossissement ordinaire est de 170 fois, soit avec les deux cercles muraux de Troughton et de Jones, de 6 pieds de diamètre, tant par vision directe que par réflexion. Les observations diverses des mêmes étoiles, faites avec ces derniers instrumens, s'accordent en général dans leurs résultats à un très-petit nombre de secondes près. Chaque cahier de réductions est terminé par un catalogue, en ascension droite et en distance polaire, de 2881 étoiles (nombre égal à celui des catalogues de Flamsteed et de la Société Astronomique) réduit au 1er janvier de l'année dont il s'agit, d'après les observations de toute cette année-là. On y trouve aussi le résultat des observations du soleil, de la lune et des planètes, leur comparaison avec les positions calculées dans le *Nautical Almanac*, et la réduction des éclipses et occultations observées. On signale, au commencement du cahier de réductions pour 1830, une singulière différence, d'environ trois dixièmes de seconde de temps, qui existe à peu près constamment, entre les instans des passages des astres à la lunette méridienne, observés par deux des adjoints de l'Observatoire,

MM. Taylor et Simms, le premier les observant plus tôt
que le second de cette quantité. Cette circonstance
n'est pas nouvelle dans les annales de l'astronomie. Mas-
kelyne avait eu déjà un adjoint dont les observations de
passages étaient un peu différentes des siennes, et qui
avait quitté l'Observatoire à cette occasion. Une petite
différence constante analogue, entre les observations de
deux astronomes allemands, a été signalée aussi, à ce que
nous croyons nous rappeler, par l'un d'entr'eux, dans les
Astron. Nachrichten. Cela prouve de plus en plus la
convenance de l'usage adopté dans les recueils des observations de Greenwich et de Cambridge, que chacune
d'elle soit accompagnée du nom de l'astronome qui l'a
faite.

Le tome sixième de la collection des observations de
Cambridge, comprenant celles de l'année 1833, faites
par M. le Prof. Airy et ses deux adjoints, forme un volume
in-4° de 328 pages, presque double en étendue de ceux
des années précédentes. Cette augmentation tient à ce
que ce volume est le premier de ce recueil où l'on ait
pu insérer des observations faites avec un cercle-mural.
Le bel instrument de ce genre, de 8 pieds de diamètre,
que possède maintenant cet Observatoire, y a été monté
en octobre 1832, et a été divisé par M. Simms, en novembre de la même année, par la méthode des bissec-
tions, après avoir été établi sur la face orientale d'un
fort massif vertical de pierre, dans lequel a été enchassé ho-
rizontalement l'axe conique creux, de quatre pieds et demi
de long, qui porte le cercle et qui tourne avec lui. Cet
instrument, le plus grand de ce genre qui existe, est

d'une construction semblable à celle des cercles-muraux de Greenwich. Il est divisé sur sa tranche, de cinq en cinq minutes de degré ; et six microscopes micrométriques, fixés sur le massif, servent à faire les lectures des arcs verticaux décrits par le cercle et la lunette, à la précision des dixièmes de seconde. Les mouvemens doux s'effectuent à l'aide de cinq vis de pression, munies de vis tangentes, qui agissent immédiatement sur le limbe, et dont deux ont été supprimées ensuite pour diminuer le frottement. Un écran en bois, composé de trois parties, sert à abriter l'instrument des effets de la radiation du soleil, dans les observations de cet astre. Deux thermomètres placés au haut du massif, du côté du nord et du sud, indiquent la température de l'air ambiant pour le calcul des réfractions, et les volets supérieurs restent toujours ouverts pendant les observations, de manière à procurer un fort courant d'air sur ces thermomètres. Il nous est impossible d'entrer ici dans les détails qui sont donnés par M. Airy dans l'introduction de ce volume, au sujet de la rectification de l'instrument et de la réduction des observations ; nous nous bornerons à dire quelques mots sur le résultat de celles-ci. L'instrument ne portant, ni niveau, ni fil à plomb, ce sont les observations elles-mêmes qui doivent servir à déterminer la position d'un point de départ, tel que le zénith ou le pôle, à partir duquel on compte les arcs mesurés avec le cercle. M. Airy étant parvenu à observer successivement, dans un même passage, un astre par vision directe et par réflexion sur un horizon artificiel de mercure, a pu déterminer par la moyenne des lectures de ces doubles observations la position du cercle lorsque la lunette est verticale. Les déterminations de ce genre, obtenues par des astres ou en des jours différens, devraient toujours s'accorder, du moins à très-peu de chose près : mais cet accord n'a pas été complétement obtenu ; il y a eu des différences s'élevant à plusieurs secondes, suivant que l'astre doublement observé était situé près du zénith, ou des points nord et sud, et ces différences ont varié aussi d'une manière tout-à-fait irrégulière avec l'époque des observations. M. Airy a étudié à fond la division et la figure de son cercle, et a trouvé qu'elles ne pouvaient produire aucune erreur sensible dans la moyenne des lectures faites aux six microscopes. La liaison de la lunette avec le cercle, effectuée, soit vers le centre, soit aux deux extrémités, est trop forte pour faire craindre aucun dérangement, et l'examen du cercle n'a pas donné lieu à M. Airy de penser que sa figure changeât, ou qu'il y eût aucun effet de flexion. Il est à remarquer, cependant, que depuis le commencement de juillet, où M. Airy, ayant trouvé que l'objectif de la lunette n'était pas parfaitement contrebalancé, fit appliquer du côté de l'oculaire un anneau de plomb pesant une livre, les discordances ont considérablement diminué, en changeant de loi, et se sont réduites à une fraction de seconde. Il observe aussi que les cercles de Greenwich et du Cap de Bonne-Espérance, examinés à peu près de la même manière, paraissent en défaut suivant la même direction ; et que la petite différence d'obliquité de l'écliptique, qui existe presque constamment entre les résultats des observations faites par les astronomes aux solstices d'été et d'hiver, semble indiquer quelque cause d'erreur analogue. Quoi qu'il en soit, M. Airy n'ayant pas pu dans ce premier examen parvenir à découvrir aucune loi analytique dans les petites discordances de son cercle mural, et à en trouver l'explication, a été réduit à se construire, d'après l'ensemble des observations, une espèce de loi graphique qui représentât ces différences, suivant la distance polaire de l'astre et l'ordre des dates, en donnant à chaque étoile un poids en quelque sorte proportionnel au nombre des observations; et c'est d'après la table obtenue par ce procédé empirique, qu'il a corrigé ensuite chacune de ses observations, avant d'en déduire le résultat final. Les nombres contenus dans cette table sont compris entre — 1″,4 et + 0″,8. Quand on songe que, même sur un cercle de huit pieds de diamètre, une seconde de degré ne correspond encore qu'à un 358e de ligne, on ne peut beaucoup s'étonner que M. Airy n'ait pu obtenir un accord plus complet dans la première année des observations faites avec son cercle-mural; et la loyauté avec laquelle il livre au public des résultats qu'il trouve imparfaits, nous paraît bien honorable pour son caractère.

· L'espace nous manque pour parler ici des observations faites avec la lunette méridienne, l'équatorial et les lunettes mobiles de l'Observatoire de Cambridge, que renferme ce volume, ainsi que de leurs résultats, calculés tous avec le plus grand soin; et nous devons renvoyer nos lecteurs à ce que nous en avons déjà dit dans de précédentes occasions (1). M. Airy s'excuse dans sa préface,

(1) Voy. *Bibl. Univ.* T. LII, p. 99; et T. LIII, p. 423.

on y a adopté aussi une pagination différente pour chaque classe particulière d'observations. L'introduction des
observations météorologiques et magnétiques dans ce genre
de recueil, nous paraît très-avantageuse : car quoiqu'elles
soient plutôt du ressort de la physique que de l'astronomie, et qu'elles doivent être, par conséquent, en seconde
ligne dans un observatoire, elles y sont généralement admises; et il suffit de rappeler les travaux de ce genre de
MM. Cassini, Bouvard et Arago à l'Observatoire de Paris,
pour faire sentir combien les parties de la science, si curieuses, si difficiles et imparfaites encore, auxquelles se rapportent ces observations, ont à gagner par cet usage. Nous
espérons que M. Quetelet pourra bientôt compléter ce volume par une première série d'observations astronomiques.
Il s'est rendu dernièrement à Paris, pour y aller chercher
lui-même le grand instrument des passages, muni d'un
cercle vertical de trois pieds, et dont la lunette a 6 pouces
d'ouverture et 7 pieds de distance focale, qui a été construit pour l'Observatoire de Bruxelles par M. Gambey, et
qui doit être terminé maintenant. MM. Troughton et Simms
ont été chargés d'exécuter pour le même observatoire un
cercle mural de 6 pieds le diamètre, semblable à ceux de
Greenwich, et un équatorial pareil à celui qu'ils ont construit pour l'Observatoire de Cambridge, dont les deux
cercles ont trois pieds de diamètre, le cercle de déclinaison étant situé entre quatre colonnes cylindriques, qui
s'appuient sur le cercle des heures, et sont placées dans
la direction des pôles. L'Observatoire de Bruxelles doit
posséder encore une pendule de Kessels, entr'autres instrumens à mesurer le temps. Nous faisons des vœux bien

sincères pour que M. Quetelet soit promptement en possession de ces précieux appareils, et puisse en faire profiter la science aussi complétement qu'il le désire lui-même.

A. GAUTIER.

MÉLANGES.

MÉDECINE.

L'oxide de fer nouvel antidote de l'acide arsénique; extrait d'une lettre du Dr. BUNSEN à M. Poggendorff, en date de Göttingen, 1er mai 1834. — Déjà depuis long-temps j'avais été amené à reconnaître qu'une solution d'acide arsénique était si complétement précipitée par l'hydrate d'oxide de fer bien pur, récemment précipité lui même et suspendu dans l'eau, qu'un courant d'hydrogène sulfuré, introduit dans le liquide filtré mélangé d'un peu d'acide muriatique, n'y révélait *aucune trace* d'acide arsénique.

Je trouvai plus tard, que ce même corps mélangé de quelques gouttes d'ammoniaque, et digéré doucement avec de l'acide arsénique trituré très-fin, transforme bientôt cette dernière substance en un arséniate basique d'oxide de fer insoluble. Une série d'expériences fondées sur cette observation, me donne la ferme persuasion, que ce corps réunit les propriétés les plus favorables, pour servir de contrepoison à l'acide arsénique solide et en solution. Le Dr. Berthold, sur ma demande, a eu dès-lors la bonté de se réunir à moi pour un travail commun, dans le but de soumettre cet objet, dans toute son étendue, à un examen plus approfondi. Les résultats de cet examen ont beaucoup dépassé notre attente, et nous ont confirmé dans l'opinion que l'hydrate d'oxide de fer est un antidote plus efficace contre l'acide arsénique solide ou en solution, que le blanc d'œuf ne l'est contre le sublimé.

De jeunes chiens, qui n'avaient pas encore un pied de haut, auxquels nous administrâmes de 4 à 8 grains d'acide arsénique trituré en une fine poudre, et dont nous liâmes ensuite le gosier pour empêcher le vomissement, vécurent plus d'une semaine, sans donner le moindre symptôme d'empoisonnement par l'arsenic, ni pendant leur vie, ni dans la dissection. Les excrémens, qui étaient très-peu abondans, parce que les animaux vivaient sans manger ni boire, contenaient presque la totalité du poison à l'état d'arséniate basique d'oxide de fer, mais aucune trace d'acide arsénique non décomposé.

Nous nous sommes convaincus par des expériences sur des animaux, qu'une dose d'hydrate d'oxide de fer, correspondant à 2 ou 4 drachmes d'oxide de fer, mélangée avec 16 gouttes d'ammoniaque, peut suffire pour convertir, dans l'estomac, 8 à 10 grains d'acide arsénique bien pulvérisé, en ce sel insoluble que nous avons indiqué. Du reste il est facile de comprendre que, dans un cas d'empoisonnement par l'arsenic, on peut employer ces substances en doses beaucoup plus considérables, avec ou sans ammoniaque, en boisson ou en lavement, puisque l'hydrate d'oxide de fer, substance tout-à-fait insoluble dans l'eau, n'exerce aucune action sur l'organisation animale. (*Annalen der Physik*, 1834, N° 6.).

MÉTÉOROLOGIE.

Observations météorologiques faites à Macao et à Canton.
Nous trouvons dans le *Journal of the Asiatic Society*, imprimé à Calcutta (N° 7, juillet 1832), les documens météorologiques suivans, qui, bien qu'un peu vagues et incomplets, n'en ont pas moins de l'intérêt, à cause des stations qu'ils concernent. Les deux pre-

miers tableaux renferment les moyennes thermométriques mensuelles de l'année 1831, pour Macao et pour Canton. Celles de Macao sont tirées du journal particulier de M. Blettermen, celles de Canton du journal météorologique du *Canton Register*. Nous avons traduit les indications de l'échelle de Farenheit, dans celles de Réaumur, afin de les rendre comparables avec celles que publie notre journal, et nous avons déduit les moyennes générales mensuelles et annuelles, sur celles du maximum et du minimum. Du reste les quatre indications qu'offrent ces tableaux ne sont pas toutes également nettes et bien choisies ; la seconde est marquée par le mot *nuit* qui est bien vague ; les deux dernières le sont par les mots *le plus haut* (highest) et *le plus bas* (lowest) Est-ce de véritables maxima et minima recueillis à l'aide d'instrumens construits dans ce but ? C'est ce que nous ignorons. La moyenne annuelle est 16°,73 R. pour Canton, et 18°,50 pour Macao : nous rappellerons que celle de Genève est 7°,83.

Le troisième tableau renferme la quantité d'eau tombée à Macao pendant 18 années, savoir de 1812 à 1831 inclusivement, en omettant les deux années 1817 et 1818, pour lesquelles apparemment les documens manquent. Pour chaque année la quantité d'eau est marquée par mois, sauf pour 1815 et 1816, dont on n'a que les sommes annuelles. Nous avons réduit les indications en pouces français. On voit par les moyennes mensuelles de ce tableau, qu'à Canton les mois pluvieux sont mai, juin, septembre, août et juillet ; avril et octobre sont moyens ; puis les plus secs sont janvier, décembre, février et novembre. La moyenne des 18 sommes annuelles est de 64,64 po. ; la moyenne de Genève est de 28,70 po. et celle du Saint-Bernard de 55,47. L'année la plus faible à Canton, 1816, a été une des plus abondantes en pluie en Europe : et cependant la quantité d'eau tombée à Canton cette année là, 45,75 p. est plus considérable que celle qu'offre à Genève l'année la plus abondante sur les 38 dernières, savoir l'année 1799, où il tomba 44,82 po. L'année 1812 offre à Canton l'énorme quantité d'eau de 110,46 po.

MOIS.	MIDI.	TEMPÉR. DE LA NUIT.	MAXI-MUM.	MINI-MUM.	MOYEN. MENS. prises sur le maximum et le minim.
Janvier....	+14°,22	+ 8°,00	+18°,67	− 1°,33	+ 8°,67
Février....	11,11	7,56	20,44	+ 2,67	11,56
Mars.....	17,78	12,44	22,22	3,56	12,89
Avril.....	20,00	16,00	24,00	10,22	17,11
Mai......	20,44	17,78	24,89	14,22	19,56
Juin......	23,56	16,89	25,78	18,67	22,22
Juillet....	23,56	21,78	27,56	20,89	24,22
Août.....	23,56	20,44	25,78	19,11	22,44
Septembre.	22,67	19,56	24,89	16,89	20,89
Octobre...	20,00	16,44	23,56	11,11	17,33
Novembre.	15,56	11,11	21,33	3,56	12,44
Décembre.	13,33	8,89	16,89	5,78	11,33
Moyennes annuelles.	+18°,82	+14°,74	+23°,01	+10°,45	MOY. GÉNÉR. + 16°,73

MOIS.	MATIN.	APRÈS MIDI.	MAXI-MUM.	MINI-MUM.	MOYEN. MENS. prises sur le maximum et le minim.
Janvier....	+13°,23	+14°,67	+17°,78	+11°,67	+14°,72
Février....	12,00	12,00	17,33	7,56	12,44
Mars... .	15,11	16,44	20,00	10,22	15,11
Avril.....	18,22	19,11	22,67	15,11	18,89
Mai......	20,00	20,44	23,56	17,33	20,44
Juin......	22,22	23,11	25,33	18,67	22,00
Juillet....	23,11	24,89	26,67	21,78	24,22
Août.....	22,22	23,56	25,78	20,89	23,33
Septembre.	21,78	23,11	24,89	19,56	22,22
Octobre...	19,11	20,44	24,00	12,89	18,44
Novembre.	14,67	16,00	21,33	11,11	16,22
Décembre..	13,33	14,67	16,89	11,11	14,00
Moyennes annuelles.	+17°,91	+19°,04	+22°,19	+14,82	MOY. GÉNÉR. + 18°,50

No 3.—QUANTITÉ D'EAU TOMBÉE A MACAO , DE 1812 A 1831 (en pouces français).

	1812	1813	1814	1815	1816	1819	1820	1821	1822	1823	1824	1825	1826	1827	1828	1829	1830	1831	Moy. des mois.
Janvier.	0,92	0,75	2,91			2,33	1,31	0,92	0,37	»	»	»	1,03	»	0,09	2,25	»	»	0,68
Février.	2,33	1,50	2,62			3,56	0,28	3,37	0,28	0,09	»	0,28	2,25	»	1,31	4,78	0,37	1,12	1,53
Mars...	5,06	0,92	2,91			2,53	1,59	2,25	1,12	0,56	0,75	3,75	3,62	1,87	3,37	1,31	0,92	0,84	2,00
Avril...	5,72	3,94	5,06	Du 1er janv. au 31 déc.	Du 1er janv. au 31 déc.	1,87	3,28	4,69	3,56	5,25	2,81	3,28	17,44	»	10,41	9,47	0,37	6,19	5,21
Mai...	18,56	13,87	17,44			7,50	4,69	8,62	16,69	0,92	5,81	7,97	5,44	9,28	21,25	11,34	4,12	24,00	11,09
Juin..	15,00	12,19	27,19			3,94	4,69	9,56	8,53	12,00	16,78	12,56	4,12	8,16	16,31	2,56	2,12	7,22	10,41
Juillet.	11,44	5,44	11,16			4,03	7,03	7,50	3,00	10,87	4,41	6,56	11,06	8,62	6,31	3,94	4,31	4,22	7,25
Août...	13,22	5,28	6,71			17,34	5,44	10,78	6,56	6,56	4,03	12,75	10,78	15,00	9,37	3,84	6,66	6,56	9,29
Sept...	16,50	4,78	4,12			5,62	19,50	2,53	14,81	5,62	15,66	7,69	14,25	3,28	15,19	8,62	9,66	10,97	10,25
Octobre...	5,62	»	4,33			4,31	12,19	9,84	2,81	10,31	6,00	3,56	3,28	0,56	5,53	8,25	18,19	8,62	5,17
Novemb.	4,03	2,06	8,25			1,69	0,94	2,33	4,50	»	6,56	0,94	2,53	1,31	0,19	0,94	4,97	0,75	2,31
Décemb.	2,06	0,47	»			1,03	0,75	1,87	0,28	»	1,50	0,94	»	0,94	4,31	0,75	0,94	»	0,93
Som. ann.	100,46	51,20	89,72	60,47	45,75	55,75	61,69	64,26	59,51	52,18	64,31	60,28	74,80	49,02	97,55	55,49	50,51	70,49	64,64

TABLE DES MATIÈRES

CONTENUES DANS LE TOME II DE 1834, LE LVIme DE LA
SÉRIE.

ASTRONOMIE.

Observations de nébuleuses et amas d'étoiles, etc.; par Sir J.
Herschel. (*Premier extrait.*)......................... 107
Idem. (*Second et dern. extrait*)....................... 225
Recueil d'observations astronomiques................... 431

OPTIQUE.

Sur l'absorption de la lumière par les milieux colorés, etc.;
par Sir John Herschel............................... 56

MÉTÉOROLOGIE.

Description d'un orage observé sur le Faulhorn; par L.-F.
Kæmtz... 75

PHYSIQUE.

Note sur le magnétisme; par M. L. Nobili.............. 82
Nouvelles observations sur les apparences électro-chimiques,
les lois électro-dynamiques, et le mécanisme intérieur de
la pile; par M. L. Nobili........................... 150
Note sur l'application de l'électro-magnétisme à la mécanique;
par J.-D. Botto.................................... 312
Remarques sur la constitution atomique des fluides élastiques;
par W.-Ch. Henry.................................. 316
Sur l'électricité animale; par M. Charles Matteuci........ 427

PHYSIQUE DU GLOBE.

Quelques observations de physique terrestre, faites à l'occasion de la perforation d'un puits artésien, etc.; par MM.
A. De La Rive et F. Marcet........................ 30

CHIMIE.

De l'altération de l'air par la germination et par la fermentation ; par M. Théodore de Saussure.................... 113

Fragment d'un travail sur les combinaisons du brôme et de
l'oxigène ; par Mr. A.-G. Balard.................... 372

Du pouvoir que possèdent les métaux et d'autres corps solides , de déterminer la combinaison des substances gazeuses; par M. Faraday.......................... 394

HISTOIRE NATURELLE.

Sur la vitalité des crapauds renfermés dans les corps solides;
par M. W. A Thompson.......................... 90

Sur la prétendue vitalité des crapauds renfermés dans des
corps solides ; par M. Vallot, Dr. M................ 251

Extrait d'un mémoire sur une caverne à ossemens fossiles, etc.
par M. J.-P.-A. Buchet, de Genève, etc.............. 266

Histoire abrégée des végétaux fossiles, d'après les travaux les
plus récens ; par M. Alph. De Candolle.............. 280

BOTANIQUE.

Fragment d'un discours sur la géographie botanique, etc.;
par M. A. De Candolle, Prof. de botanique rurale....... 1

Instruction pratique sur les collections botaniques; par M.
A.-P. De Candolle............................... 169

MINÉRALOGIE.

Observations sur l'hydroxide de fer épigène; par le Prof.
Ange Sismonda................................. 242

MÉDECINE.

Mémoire sur l'emploi de l'extrait alcoolique d'aconit-napel
dans le traitement du rhumatisme articulaire aigu; par le
Dr. Lombard................................... 191

STATISTIQUE MÉDICALE.

Recherches statistiques sur la mortalité de la ville de Genève,
et des communes de Plainpalais et des Eaux-Vives, depuis
1816 jusqu'à 1830, etc.; par MM. T. Heyer et H.-C. Lombard, Dr. M................................... 337

MÉLANGES ET BULLETIN SCIENTIFIQUE.

Nouveau télescope à lentille fluide, du Dr. Barlow......... 99

Reconstruction et dotation de divers observatoires......... 102

Sur un phénomène de couleurs accidentelles; par M. Plateau. 103

Expériences sur la vision; par Mad. Mary Griffiths........ 106

Sur l'aspect général des Campos du Brésil; par M. P.-W.
Lund... 108

Mort de Pohl...................................... 111

Mémoire de Sir John Herschel sur les satellites d'Uranus.... 217

Quelques déterminations géographiques sur la côte d'Alger ;
    par M. A. Bérard................................. 219

Su la igiene dei bambini, o sia su l'arte di conservare et mi-
    gliorare la loro salute; saggio del Dr. A. Pisani......... 221

Sur une nouvelle espèce de pomme de terre sauvage au Me-
    xique; par MM. de Schlechtendal et Bouché.............. 222

De quelques phénomènes d'électricité atmosphérique; par M.
    Nobili..... 328

Intermittence régulière de la lumière du phosphore ; par
    P.-S. Munck af Rosenschöd........................ 330

Sur la source de la chaleur animale ; par R. Hermann...... 331

Absorption de l'oxigène par le platine; par M. le Prof. Döbe-
    reiner............. 332

Les principes de la méthode naturelle appliqués à la classifi-
    cation des maladies de la peau; par C. Martins......... 333

L'oxide de fer nouvel antidote de l'acide arsénique; par le
    Dr. Bunsen.................................... 441

Observations météorologiques faites à Macao et à Canton.... 442

ERRATA.

Errata pour le Cahier d'avril................ 224

Errata pour le Cahier de juin........................ 335

D.

IIIᵉ SIÈCLE,
e 1761 à 18 1830.

FEMMES.		s. Prop. des morts.	TOTAL.	
Survivantes.	Prop. des mor		Survivans.	Prop. des morts.
000			000	
973	2	18	980	20
909	6	31	944	37
884	28	19	920	25
824	68	48	871	53
771	64	34	836	40
38	43	23	816	24
99	53	33	787	36
46	76	48	748	50
22	37	36	724	32
96	42	44	692	44
67	49	46	654	55
36	55	4()	618	55
07	54	50	586	52
73	67	54	555	53
09	135	133	476	142
15	230	205	371	221
78	435	395	219	410
61,58	654	631	77,31	647
7,26	882	874	8,95	884
2,38	672	740	2,43	728
0,40	832	1000	0	1000

ORis o ou la na   section A, relative
aux dividus qu'on   ; la seconde colonne
mon 7, etc. — La   es sections présentent
des c

Lightning Source UK Ltd.
Milton Keynes UK
UKHW012242110219
337137UK00006B/1007/P